新理系の化学（上）
〈四訂版〉

石川正明 著

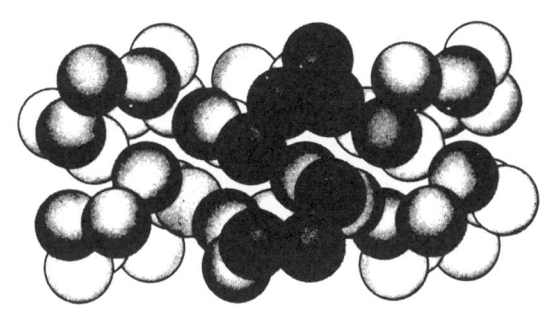

駿台文庫

序

　君たちは，なぜ化学など自然科学を学んでいるのでしょうか。「文部省が決めたから，入試にあるから，試験で合格点を取らないと進級できないから」でしょうか。「馬鹿にしないでくれ，将来生きていくための素養となるからだ」という頼もしい人もいるでしょう。でも，「学び出したら，面白くて止まらなくなったから」と答える人は，さすが少数ではないでしょうか。現実には，入試や試験というおどしのもと，重苦しい雰囲気の中で学ぶ過程が進行しているのではないでしょうか。本来，学ぶという行為は，「面白い，やめられない，もっと成長したい，どんどんためになる」というような人間のすばらしい営みであるはずです。質量の保存則を発見して現代化学の夜明けをもたらしたラボアジェは，命令や義務感から研究していたのではないでしょう。彼の心は，未知のものを見ようとする躍動で満ちあふれていたにちがいありません。そのような，躍動する精神の積み重ねによって明らかにされてきた成果が，ただ何の感動もともなわないで与えられ，しかも，点数を取るための手段だけに使われているとすれば何と悲しいことでしょうか。

　化学は物質を対象とする学問です。本来，私たちの身のまわりに存在するものや起こっていることは，私たちにとって興味がわかないはずはありません。でも，それは一見すると無秩序であり，その中に何か規則性や法則性があるとは思わずに日常生活を送っています。ところが，その混沌とした姿の中から，パッと統一的な姿が見えたらどうでしょう。「エッ！ そうだったのか。そんなところがつながっていたのか。」と感動するのではないでしょうか。化学を学ぶということは，このような，身のまわりにありながら日常的には"見えていないもの"を"見えるようにする"ことであり，そのことを通じて，私たちの心はより豊かになっていくはずのものなのです。化学を学ぶ過程で，そのような感動が生まれてこないならば，それは本当の学び方ではないと私は思っています。

　では，どのようにすれば，"見えない"ものが"見える"ようになるのでしょうか。もちろん，すべての化学者の歩みを追体験することなどできるわけはありません。やはり，化学の現時点での到達点をふまえて，その成果を最も効果的に伝えられるように工夫された教科書や参考書をまず教える側がつくり，それを諸君が学んでいくことによってでしょう。今日まで，いろいろな教科書や参考書が出されてきました。その中には，すぐれたものも多数あります。ただ，教科書は，書かなくてはならない内容とページ数に制限があるため，どうしてもある部分が詳しいと他方が雑になり，結局，網羅的になることが多く，残念ながら教科書だけでは化学の全体的な理解を深めることはできません。一方，参考書はこの点では自由であるため，薄いものから厚いものまで，種々様々あります。ただ，そのいずれもが受験という現実，しかも，できるだけ読者の多様なニーズに応えて販売数も上げねばならないという要請，のもとにつくられているため，雑多で化学の全体像がなかなか見えてこない内容になっていることが多く，「結局は，たくさん覚えなくてはならない」と思ってしまうような内容のものが多いようです。

私は，高校で登場する化学現象について，徹底して説明を与える参考書が必要だと常々考えていました。でも，そのような参考書はありませんでした。そこで，重要な点を解説した補助プリントを作り，私の教えている予備校生に配布していました。そんなとき，それを出版する話がもち上がり，前著「理系の化学」が約5年前に出版されることになったのです。幸い，多くの読者から，「化学現象が理解できるようになった。」「化学は暗記でないことがわかった」などのたよりを得ることができました。しかし，一方で，「難しすぎてついていけない」という声もよく耳にしました。もともと，私の補助プリントから出発したため，説明が不足していることも難しく感じさせた一因であったでしょう。でも，なにより，私の力量不足，つまり，私の化学現象に対する認識の浅さや表現力不足が主な原因でした。事実，この5年間で，私の授業での説明の方法はかなり変化し，「理系の化学」と違う説明を授業ですることも出てきました。そこで，今回，思いきって書き直す作業を始めたわけです。ところが，いざ始めると，「理系の化学」の約6〜7割は完全に書き直してしまいました。そこで，本書は，前書の基本方針を受けつぎつつも，新しい内容の参考書であると考えて，「新・理系の化学」という書名にしました。

　この本は，高校で登場する化学現象に対し基礎から順に系統的・統一的に説明を加えたものです。このような本は，試験の直前に買ってきてすぐに役立つようなものではありません。もし本当に化学の学力をつけたいと思うのなら，できるだけ早いときから，この本を読み出して下さい。わからない所はどんどんとばしてもよいから，まずは全部を読み通して下さい。そのあと，学校で習った所や自分の理解の浅い分野を中心に何度も読み直して下さい。すぐに100%理解できなくてもよいですから操り返し読み，理解を深めるようにして下さい。そうしていくうちに，徐々に化学の世界が見えてくるようになり，入試に対しても十分に対応できるようになります。

　また，私はこの本で，「化学は暗記だ」という，悲しく，ある点では犯罪的なドグマを徹底的に打ち破ったつもりです。多くの高校生諸君だけでなく，高校の化学教育にたずさわる先生方もぜひ読まれることを願っています。ただ，この本で述べたことは，ベストの説明であると言って押しつけているのではありません。私自身，わずかこの5年間でも，工夫に工夫を重ねて次々とより良いと思える説明方法に変えてきたのですから。これからも，多くの先生方や生徒諸君の意見を聞きながら，改良を重ねていくつもりです。この本が生き生きとした化学教育が日本各地で行なわれるための一助となれば，筆者の望外の喜びです。

1990年4月　　　　　　　　　　　　　　　　　　　　　　　　　　　　　　　　　著　者

前著・「理系の化学」の序

　日本では，非常に長い間，「化学＝物質の知識の丸暗記または事実の羅列」式の教育がとられてきた。その結果，非常にたくさんの化学嫌いの人がつくられた。確かに化学は物質に関する学問だから，多種多様な物質が出てくるのは当然である。しかし化学は学問であって百科辞典ではない。これら物質がいろいろな性質を示すのはなぜなのか。そのような性質を示す背後にどのような法則性があるのかを探求するのが化学である。事実の背後にある法則を学び，その法則を使って多種多様な現象を理解していくことなくして化学を学んだことにはならない。これからの化学教育は，このような線に沿って行われるべきであろう。

　諸君が使っている教科書は過去の教科書に比べて理論的な面もある程度重視されている。しかし，現実には理論（法則など）の深い意味や理論と多数の物質の性質との関係などがうまくかみあわされて教えられていないことが多いようだ。その結果，徹底して理論的に考えるわけでもなく，かといって丸暗記をするわけでもない生徒が多く，結局丸暗記に徹していた時代より学力の劣っている生徒がけっこういるのである。

　この状態をなおすには，①とにかく徹底的な暗記教育をする。②あくまで理論の徹底的理解を土台にしてねばり強く多数の物質との関係を教える，が考えられる。①は簡単であるが，このような方針をとっては当然いけない。②のような化学教育の本来の姿にしたがっていくしかない。しかしこの方針で教育するには，今までただ事実としてのみ教えられてきたことを，1つ1つ再検討し，その背後にある理由を明らかにして見通しのよいように整理し直すという大変な作業がいる。しかも高校生が理解できる範囲でやらなければならない。この困難だがやりがいのある作業を続けて現時点でまとめた成果をこの参考書にのせてある。したがってこの参考書には，ほとんど天下り方式の説明はない。諸君は自分の頭を働かせながら決してあわてずに，じっくりとこの本を読めば，多種多様な物質の世界も驚くほどわかりやすく理解できるようになるだろう。

　一方，諸君の思考力を試しているのが二次試験の問題であることを考えると，この本の学習がそのまま入試対策につながっていくのである。さらに重要なことは，この本は大学の教養や学部レベルのことと，高校レベルのこととの間にあるかなり大きなミゾを埋める内容を持っているため，諸君が大学へ行ったとき，この本を学習した人は無理なく化学を学んでいけるということである。私たちの目標は諸君が将来に通用する本当の学力をつけることであり，その力をつける過程で堂々と入試を突破してくれることなのである。

　この参考書をつくるにあたり，原田孝之助先生とは数多くの有益な討論をした。本書の一部は先生との共同の成果である。また北山一先生とは，情熱を持って化学教育について議論した。さらに駿台生諸君の質問や意見は大変参考になった。この参考書は，このような多くの人々の知恵の成果でもあり，これらの人々に厚く感謝したい。

1985年3月　　　　　　　　　　　　　　　　　　　　　　　　　　　　　　　著　者

四訂版刊行にあたって

　2014年度より新課程に移行しました。新課程では，選択分野がなくなり，より深い内容が「発展」等の形で教科書にのせられています。今後，このようなレベルの高い内容を含む思考力が必要な入試問題も増えてくるでしょう。でも，本書は，それらに十分対応できる内容をもっています。化学現象をしっかり考え，根本から説明する内容をもっているからです。ただ，よりわかりやすい説明をした方がよいと思うところについてはかなりの部分新しく書き換えることにしました。本書をよく読んで，よく考えてくれれば，本物の化学的思考力がつくでしょう。そのようになってくれることを願っています。

2016年3月　著者

三訂版刊行にあたって

　2006年度の入試より新課程に移行します。新課程では，「生活と物質」「生命と物質」という単元が，選択分野で導入されました。これら単元は，確かに身近かで親しみやすいトピックスで化学を学ぼうとする点ではよいことなのですが，一方で扱う素材が増えて学ぶ負担も増えています。また，これらが入試でどれくらい扱われるのかも今のところはっきりしません。そこで，今回の改訂では，新しく導入された分野について，詳しすぎない程度に加筆しました。本書が，確かな化学的思考力を身につけたいと願う皆さんの学習に役立つことを願っています。

2005年12月　著者

前回の改訂にあたって

　97年度の入試より，新課程に移行します。新課程では，化学は「化学ⅠA」，「化学ⅠB」，「化学Ⅱ」の3つの教材が，用意されています。文系の場合，化学をさらに深く学ぶよりは，『化学と社会』という観点から学ぶ方に興味がある人がいるのではという発想から出されたのが「化学ⅠA」です。一方，理系でも，学ぶ深さは2通りあってもいいのではということで，「化学ⅠB」をベースにしつつ，より深く入るときの「化学Ⅱ」を用意したということです。

　このように，課程が変更されたのですが，実際の高校の教育現場では，カリキュラムを組むのが大変であり，理系の場合，たいてい「化学ⅠB＋化学Ⅱ」の教科書を持たせて，まとめて教えていることもあるようです。いずれにしても，多くの理系の学生にとっては，平衡定数の計算や速度の計算などがかなり重要になったという点からは，旧課程よりかは理論的には難しくなったと考えられます。

　さて，このような課程の変更にともなって，本書も改訂すべきかと検討したのですが，結論からいうと単位の変換（cal → J）以外は，このままでよいということになりました。というのも，今まで，本書では旧々課程で出されていて旧課程ではcutされた分野であってもそれが理系の諸君にとって絶対に必要と思われる分野は，確信をもって載せておきました。今回の新課程への移行では，その一部が"晴れて"正規の課程に組み込まれただけであるからです。

　というわけで，主にcalからJ（ジュール）への単位の変換にともなう数値の変更というささいな改訂を今回はすることになりました。本書が今後とも，本物をめざす理系諸君の一助になってくれることを願っています。

1996年4月　著者

新 理 系 の 化 学（上）

第1章　化学の基本
1．自然科学における化学 ……………2
   1 化学は物質を対象とする学問である　2 自然科学における化学の位置
   3 Micro と Macro
2．原子の構造確立の歴史 ……………4
   1 質量保存，定比例の法則　　2 原子説
   3 分子説　　　　　　　　　　4 周期表
   5 原子の内部構造
3．化学式 ……………12
   1 物質の表し方　　　　　　　2 化学式
4．化学反応式，イオン反応式 ……………13
   1 化学反応式　　　　　　　　2 イオン反応式
5．化学で使われる量とその計算 ……………15
   1 比較量（相対量）
   2 原子量，分子量等にグラムをつけた量
   3 アボガドロ数, mol, 物質量　　4 モル計算

第2章　原子
1．原子の構造 ……………21
   1 原子の構成粒子　　　　　　2 電子殻の構造
   3 電子配置
2．原子の性質の周期性 ……………27
   1 周期表　　　　　　　　　　2 原子と電子の出入り
   3 原子，イオンの大きさ

第3章　結合
1．原子間の結合をもたらしているものは何か ……………35
2．粒子間に働く力とエネルギー ……………36
3．結合の分化 ……………37
   1 まず共有結合が生じる　　　2 共有結合から金属結合へ
   3 共有結合からイオン結合へ
4．電気陰性度 ……………41
   1 電気陰性度の評価法　　　　2 周期性
   3 電気陰性度と化学結合の関係の整理

5．周期表での位置と化学結合　　　　　　　　　　　　　　　　　　………………44
　　　　①　単体（A－A 結合）　　　　　②　化合物（A－B 結合）

第4章　物質の構造と性質

　　1．構造の一般的な見方　　　　　　　　　　　　　　　　　　　　………………47
　　　　①　配位数　　　　　　　　　　　②　構造の同一性
　　　　③　構造の最小単位
　　2．金属結晶の構造と性質　　　　　　　　　　　　　　　　　　　………………49
　　　　①　構造を決める要因　　　　　　②　構造
　　　　③　金属の性質
　　3．イオン性結晶の構造と性質　　　　　　　　　　　　　　　　　………………53
　　　　①　構造を決める要因　　　　　　②　構造
　　　　③　イオン結晶の性質　　　　　　④　イオン性結晶中の共有結合性
　　4．共有結合による物質の構造と性質　　　　　　　　　　　　　　………………57
　　　　①　構造を決める要因　　　　　　②　構造
　　　　③　分子性物質の性質
　　5．水素結合による物質の構造と性質　　　　　　　　　　　　　　………………69
　　　　①　水素結合とは　　　　　　　　②　水の体積変化と水素結合
　　　　③　沸点と水素結合　　　　　　　④　酸性度と水素結合
　　　　⑤　水素結合例
　　6．物質の構造と性質（まとめ）　　　　　　　　　　　　　　　　………………73

第5章　物質の状態

　　1．物質の三態　　　　　　　　　　　　　　　　　　　　　　　　………………74
　　　　①　状態を決める因子　　　　　　②　状態図
　　2．気体の法則　　　　　　　　　　　　　　　　　　　　　　　　………………76
　　　　①　気体とは何か　　　　　　　　②　気体の法則の歴史
　　　　③　理想気体の法則の使い方　　　④　実在気体と理想気体
　　3．状態変化　　　　　　　　　　　　　　　　　　　　　　　　　………………85
　　　　①　一種類の物質のみが容器に入っているとき
　　　　②　混合物が容器に入っているとき
　　4．蒸気圧　　　　　　　　　　　　　　　　　　　　　　　　　　………………89
　　　　①　平衡ではなぜ気相の圧力が1つの値しかとりえないのか
　　　　②　蒸気圧と系内で起こることの判定
　　　　③　具体例

5．溶液　　　　　　　　　　　　　　　　　　　　　　　　　………………92
　　① 溶解の可否　　　　　② 濃度
　　③ 溶質の平衡……溶解平衡　④ 溶媒の二相間平衡……溶液の性質
6．コロイド溶液　　　　　　　　　　　　　　　　　　　　　　………………105
　　① 微粒子が分散する理由　② コロイド粒子を構成する物質
　　③ コロイド粒子の合体を妨害する要因　④ コロイド溶液の性質
　　⑤ コロイド粒子の析出　　⑥ 界面現象

第6章　基本的な化学反応

1．酸，塩基と中和反応　　　　　　　　　　　　　　　　　　　………………113
　　① 酸，塩基，塩の定義
　　② 酸，塩基の強さの評価方法
　　③ 中和反応
　　④ [H$^+$] を計算で求める方法
　　⑤ 中和滴定
2．酸化還元反応　　　　　　　　　　　　　　　　　　　　　　………………137
　　① 酸化・還元の定義
　　② 酸化数の定め方
　　③ 還元剤と酸化剤
　　④ 酸化還元反応式
　　⑤ 酸化還元滴定
3．沈殿生成反応　　　　　　　　　　　　　　　　　　　　　　………………152
　　① どんなとき沈殿が生じるか
　　② なぜ K_{sp} や溶解度が塩によって違うか
　　③ 沈殿する陽，陰イオンのペア
　　④ 沈殿反応式の組み立て方
4．錯イオン生成反応　　　　　　　　　　　　　　　　　　　　………………156
　　① 錯イオンはどうしてできる
　　② 配位子の例
　　③ 配位子の数と錯イオンの形
　　④ 代表的な配位子が配位する金属イオン
　　⑤ 水溶液中での錯イオン生成反応の考え方
　　⑥ 錯化合物の色の原因

第7章　無機化学反応の系統的理解のために

0．無機化学反応の学習の仕方 　……………164
1．無機物質の基本的分類とその反応 　……………165
  1　基本的分類法
  2　単体の反応
  3　酸性物質，塩基性物質
  4　各物質間の基本的変換関係
2．基本的な化学反応 　……………180
  1　中和反応
  2　沈殿生成反応
  3　錯イオン生成反応
  4　酸化還元反応
3．反応の進む理由を考える 　……………186
  1　分解反応
  2　平衡移動
  3　2.と3.のまとめ
  4　酸塩基，酸化剤還元剤の強さと反応予測（補足説明）
4．応用 　……………198
  1　気体の生成反応
  2　気体検出法
  3　両性元素の反応
  4　陽イオン分析
  5　陰イオンの検出

新理系の化学（上）
〈四訂版〉

第1章 化学の基本

1. 自然科学における化学

1　化学は物質を対象とする学問である

　水，空気，木，石，……見渡せば私たちのまわりには，なんと多様な物質が存在していることであろう。しかも，木を燃やせば，あたたかい火とともに木とは似ても似つかぬ灰が残り，土からはいつの間にか草花が生長していくことに見られるように，すべての物質は，消えては生まれ，生まれては消えて，絶えず生成─消滅を繰り返している。永遠に不滅な物質というのは1つとしてないのである。

　地球が生まれ，その地球に生命が誕生し，そして遂に，人類が登場した。知的生物である人類は，なぜ物質は生成したり消滅したりするのか，いったい物質とは何なのか，この多様性はどこからくるのかを考え続けてきた。宗教，哲学，……あらゆる方向から人類は物質を探っていった。そして幾多のジグザグを繰り返しながらも，約200年前，遂に，確固とした科学的認識──物質は原子から構成されている──に到達することができた。さらに，地球上には，原子からなる約100種類もの違った元素があることを知った。そして，この元素の多様な離合集散こそ，物質の生成─消滅，多様性をもたらしていることを知るようになったのである。

　このように，物質の正体を追い続けてきた人類は，原子という基本粒子を探り当てたことによって，飛躍的に物質についての知識を増大させることができるようになった。現在の化学は，**この物質に関する事実や法則を，原子レベルの認識を交えながら明らかにする学問**だと言ってよいであろう。

2　自然科学における化学の位置──化学はどういうレベルの問題を扱うか

　自然は幾多の階層から成り立っている。私たちから小さい方へ目を向けると，私たちは分子からでき，分子は原子からでき，原子は素粒子からでき，そして素粒子は……と続いていく。一方，大きな方向に目をやると，私たちは地球に含まれ，地球は太陽系に含まれ，太陽系は銀河系に含まれ，銀河系は……と果てしなく続いていく。そして，それら1つ1つの階層は，独自の法則にしたがって，独自の運動を行っている。それら1つ1つの階層

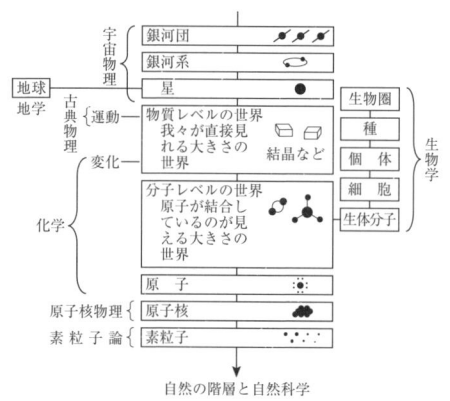

自然の階層と自然科学

の事実や法則を明らかにするのが自然科学であり，現在では，それらの階層に対応して，宇宙物理，地球物理，化学，原子核物理，素粒子論，生物学などに分かれている。ただ，現在の宇宙物理が最もミクロなレベルの素粒子論と結びついて発展していることに示されるように，各階層を対象とする学問は相互浸透しながら発展してきている。それでも，対象の大きさを問題にするなら，やはり前ページの図のように自然科学を分類することができよう。化学はその中で，**だいたい私たちと同じ大きさのレベルから原子のレベルまでの範囲の事柄に関する事実や法則を明らかにする学問**だと言ってよいであろう。

3 Micro と Macro

木が燃える，氷が融ける，……私たちが目にする物質のマクロな変化や性質は，必ず原子間，分子間の結合状態の変化など，ミクロな変化や性質と結びついている。だから，物質を対象としている化学では，

① 物質のマクロな世界の事実や法則，
② 原子，分子，電子などミクロな世界の事実や法則だけでなく，
③ マクロな世界とミクロな世界とがどのようにつながっているか

が常に問題になる。化学を学ぶとき，ミクロとマクロの関係に十分に注意を払うことが必要である。

マクロ		ミクロ
例1．水素1gと反応する酸素は8gである。	⇔	酸素分子1個に対し水素分子2個が反応して2個の水分子ができ，かつ，H_2 と O_2 との重さの比は $1:16$ である。
例2．水の沸点は硫化水素に比べ異常に高い。	⇔	液体の H_2O は，H−O⋯H−O のような水素結合を多く形成している。
例3．遷移元素の単体の多くは高融点の金属である。	⇔	内殻の d 軌道の不対電子もまた自由電子として働いて，金属結合を強化している。

巻末の図表1は，私たちが化学で学習する各内容はどのレベルにあるのかなど，その位置づけと各内容間の相互関係を明らかにしたものである。化学は電子殻の構造から物質の変化におよぶ広い範囲の事柄を扱うわけだから，いろいろなレベルの法則が，また事実が，雑多な感じで出されている場合が多い。**1つ1つの事実や法則が，全体の中でどのような位置にあり，他の事柄とどのような関連を持っているのか**をしっかり学ぶことによって，事実や法則の理解を一層深くすることができるであろう。

2. 原子の構造確立の歴史

1 質量保存，定比例の法則

① 自然科学の歴史を学ぶ時に注意すること

T: 質量保存則って何ですか。

S: 反応しても全質量は変化しないということでしょう。

T: この法則を実感することができますか。

S: そりゃー，物質は一定の質量を持った原子からできており，原子と原子がくっついたり離れたりしているのが化学反応であるから，成り立って当たり前と思います。

T: でも，木を燃やしたら，熱が出てあとには軽い灰しか残りませんね。質量は熱に変わったと考えたらいけないのですか。

S: 先生，それはないですよ。確かに軽い灰しか残りませんよ。でも，CO_2 とか H_2O とかが空気中に逃げたから軽くなったのであって，それらをちゃんとかき集めたら質量は保存されているはずです。

T: そうですね。でも，燃えたとき CO_2 や H_2O が出ているなんてどうして君は知っているんですか。見えるわけはないですね。ここが大切なんですよ。私たちにとって，空気は常に透明で均一であり，これがいろいろな気体の混合物であるとか，燃えると CO_2 が生じてこの空気に混ざっていくなどということは，なかなか気づくものではないのです。むしろ，木は灰と熱に変わったと考える方が人間の認識にとっては，ずっと当たり前のことであり続けたのです。このことをまず認識しておかないと，質量保存則という人類の科学的認識上の大発見の革命的な意義が見えてこないのです。この質量の保存則に限らず，自然科学についての発見や発明の意味を考えるとき，現在私たちが持っている知識を持ち込まないことが大切です。科学的認識の発見というのはそれまで人類が持たなかった認識の発見であり，その認識は，それ以降はそれらが自由に使われていくため私たちが生きているとき通常は意識しない空気のような存在になってしまうのです。発見の意味を考えるというのは，**無から有が生じたときの意味を考えること**であり，それは，**あくまで，無の時点から理解すべき**です。有の時点つまり現在の地点からみたら，これらはいつも当たり前になってしまうのです。

② 気体の発見

人類にとって，空気つまり気体は実にとらえにくいものだった。実際，固体や液体には色とりどりの物質があるが，空気は全く無色透明であり，どうみても一種類の物質（つまり元素）としか考えられなかった。固体については錬金術などを通して古くからそれなりに研究がなされていたが，気体については研究しようという考え方さえほとんど出てこなかったのである。その転機は，ワットの蒸気機関の発明の頃にやってきた。蒸気という気体の膨張，収縮を通じ

て動力を得るということが大々的に行われるようになると,気体や燃焼についての性質をもっと知る必要が生じてきた。まず,木などの燃焼や石灰石の加熱のときに生じる気体（今でいうCO_2）が発見された。石灰石を加熱したときに残る固体（今でいう CaO）を空気中に放置すると再び石灰石になることにより,空気中にこの気体（CO_2）が存在することもわかった。次に,ローソク,リンで燃焼させたあとの気体を石灰水（$Ca(OH)_2$）に通じてもなお,気体が残り,その中では生物は生きることができないため,空気中には生物を窒息させる気体,窒素があることも発見された。さらに,金属と酸が反応するときの気体（H_2）なども次々としっかりと分離されて研究されるようになった。

③ 質量保存則の発見

相次ぐいろいろな気体の分離,発見の中で,気体について何かまとまった説明が必要となってきた。そして,この頃になってやっと,空気も視野に入れて反応を考えるという発想が出てきた。ただ化学変化を追っている者にとって,その変化の外面的な姿に目が行きがちになるため,それにともなう量の収支を測定しようとする考え方はなかなか出てこなかった。空気を視野に入れて反応を考え,正確な量の測定を通じて何かを見出そうとしていたのが,フランスのラボアジェであった。空気を視野に入れるためには空気を逃がさないことが必要である。彼はある実験を密閉容器の中で行い,まずは質量の変化を調べてみた。そうすると,容器内で変化が起こり熱の出入りがあるにもかかわらず,密閉容器の全質量は全く変化していないことに気づいた。彼は,このことが他の反応についても成り立つかどうかを知るため,次から次へと実験を重ねた。そして,遂に,**質量は決してつくり出されたり,失われたりすることはなく,ただある物質から他の物質に移動するだけである**ことを明らかにした。この瞬間,人類は,変化における熱と質量の間にくさびを打ち込むことに成功したのである。「化学反応では熱と質量は互いに変換する」という人類が持っていた誤った認識を打ち破るという革命的な業績を残したラボアジェは,当時王権の徴税機関で働いていたため,不幸にも,あのフランス革命の際,ギロチン台にかけられて,この世から去ってしまった。

④ 定比例の法則の発見

ラボアジェは不幸にもこの世から去ってしまったけれど,彼が反応に際し質量が保存されることを示したことは,残された人びとに研究の指針を与えた。つまり,質量をはじめ,正確な量を測定することが非常に大切であることが,化学の分野で初めて認識されるようになったのである（あのニュートンでさえ錬金術を信じ,化学の分野における量の重要性に気づかなかった！）。まず,酸 A と反応する塩基 B の質量比は常に一定であることが明らかにされた。このようなことが,もっと一般的に,つまり,元素 A と元素 B から A と B による化合物をつくるときにも成り立つかどうかを調べてみようと実験を始めた人がプルーストである。ただ,当時では化合物と混合物の関係が十分に理解されていたわけではないので,かなり困難な作業であった。だが,骨の折れる実験を多くの物質について行い,彼は**物質を構成する元素の質量比は常に（場所,合成法などにかかわらず）一定である**ことを明らかにした。

2 原 子 説

「定比例の法則はいったい何を意味するのであろうか。もし元素 A と元素 B が，気体の外観のように連続したものからできているのなら，A と B は任意の割合で混ざり合うはずである。質量比が一定値しかとらないことを説明するには，この連続性の考え方をまず放棄すべきであろう。すなわち，元素は，究極ではある一定の質量を持った不可分の粒子＝原子からできていると考えよう。さらに，A の原子と B の原子は，ある定まった個数比でのみくっつき合うことができると考えなくてはならないであろう。そうでないと，A 原子と B 原子は任意の割合で混ざり合えるため，物質中の A と B の質量比は一定にならなくなる。」

なぜ物質中で元素 A と元素 B の質量比 W_A/W_B は一定なのか。

⇩

物質についての連続性を放棄しよう→元素は原子からなる ……ⓐ

⇩

質量関係を説明するため→原子は固有の質量しか持ちえないとする ……ⓑ

⇩

定比を説明するため→A 原子と B 原子は一定の割合でのみ結合する ……ⓒ

⇩

すなわち，元素 A，元素 B からなる物質は A_nB_m で表される微粒子が何個か（N 個とする）か集まったものである。そこで，

$$W_A = M_A \times n \times N$$
$$W_B = M_B \times m \times N$$

$$\rightarrow \frac{W_A}{W_B} = \frac{M_A \cdot n}{M_B \cdot m}$$

となるが，ⓑより，原子の質量 M_A，M_B は一定，ⓒより n，m は一定なので，W_A/W_B も一定になるのだと説明できる。

以上のような推論から，1803 年ドルトンは，ほぼ次のようにまとめられる原子説を提案した。

① 物質はそれ以上分割できない粒子＝原子からなる。
② 同じ元素の原子は質量も性質も等しい。
③ 化学変化は原子の組み替えであって，原子がなくなることも生じることもない。
④ 原子は種々の簡単な整数比で互いに結合して化合物をつくる。
　　（②，③は質量保存則，②，④は定比例の法則の説明を与えている）

この説は，質量保存則と定比例の法則を全く合理的に説明した。ただ，だからといって誰も見たことのない原子をもとに組み立てられたこの説が正しいと皆がすぐに感じられるものではない。この原子説が正しいと信じさせる何か別の証拠はないのであろうか。ドルトンは，原子 A と原子 B は何個対何個で結合するのかで頭を悩ませていた。彼は思い切って，自然の根本は simple に違いないから，基本は 1 対 1 だと言い切った。しかし，A と B からなる化合物で，

第1章 化学の基本 7

異なる物質もいくつか知られていたので，例外的に1:2とか2:3などの比もあると考えた。そうすると，元素A，Bからなる化合物がⅠ，Ⅱの2つあって，それらがたとえばAB，AB_2の微粒子からなるとして，これら微粒子がそれぞれN個集まった量を考えると，これらの量の中に含まれる，A，B原子の数は，

　　　　化合物Ⅰ（AB）　では　A原子…N個，　B原子…N個
　　　　化合物Ⅱ（AB_2）では　A原子…N個，　B原子…$2N$個

であるので，Aの質量が同じ条件下（W_A）で，Bの質量（W_B）比をとれば，$W_B^Ⅰ:W_B^Ⅱ=1:2$という整数比となるはずであることに気づいた。もちろん，微粒子はA_2B，A_2B_3，AB_3…かもしれないので一般には，1:2とはならないが，きれいな整数比になる（**倍数比例の法則**という）ことは確かであると確信し，そのような例が多く見つかるはずだと主張した。この予言は見事に的中し，原子説を信じる人が増加した。

③ 分 子 説

① 気体反応の法則

この頃，気体の研究は依然として盛んであった。1800年代の初めには，発見された気体の種類も多くなり，それらの性質が広く研究されるようになっていた。もちろん，その中に気体間の反応も研究の対象になっていた。ゲーリュサックは**反応気体，生成気体の同温，同圧下での体積を測定すると整数比が成り立つ**ことを見出した。

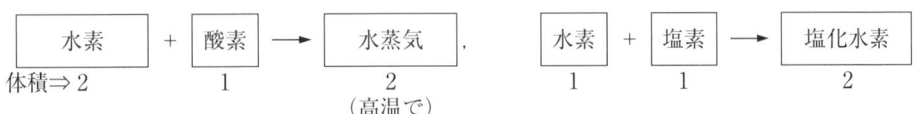

いったい，なぜ，このような整数比が成り立つのであろうか。もちろん，整数比の説明は原子という最小の粒子の存在から説明できそうに思われた。

② アボガドロの分子説

ところが，問題はそう簡単ではなかった。気体が原子からなる微粒子からできているという仮定が正しいとしても，

　(1) ある体積中にこの気体粒子が何個入っているのか，さらに

　(2) その微粒子が何個の原子からなるのか

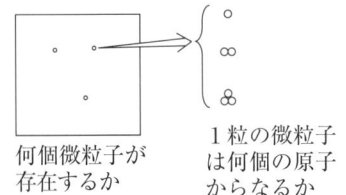

がわからないかぎり，原子の存在から気体反応の法則など説明できないのである。結局，これらも仮定するしかなかった。(2)について言えば，たとえばAとBからなる気体粒子は，基本的にはⒶ-Ⓑという2個の原子からなることに誰も異論はなかった。問題は，水素や塩素などの元素の気体（今でいう単体の気体）がどうなっているかであった。ドルトンにとっては，自然の根本はsimpleであった。だから当然1原子からなると考えた。一方，当時，「原

子と原子が結合するのは，原子は正負どちらかの電気力を持ち正と負の力で引き合うからだ」という考え方が支配的であった。この考えからすると，水素原子は正，塩素原子は負であるから，水素と塩素を混ぜると発熱的に塩化水素が生じるのは全く理にかなっていた。これが正しいとすれば，正の水素原子どうしが結合して，分子 ⒽⒽ になるなど思いもよらないことになる。そこで，当時のほとんどの人は，単体気体は，すべて単原子からなると仮定していた。

この頃，アボガドロが登場した。彼は，まず (1)については，**同温，同圧下では同体積中には気体粒子は同数ある**と仮定した。たとえば，水素＋塩素→塩化水素　の反応では，体積は1：1：2になるから，気体粒子数は，たとえば4個，4個，8個の関係になるとした。

ここで，もし，水素，塩素の気体が1個の原子でできているとすると，8個の塩化水素が生じるためには，水素，塩素を割って塩化水素分子を◐のようにしなくてはならなくなる。これは原子は不可分であることと矛盾するから，これを避けるため，**水素，塩素気体の1粒を2個の原子からなる粒子**と考えようと提案した。

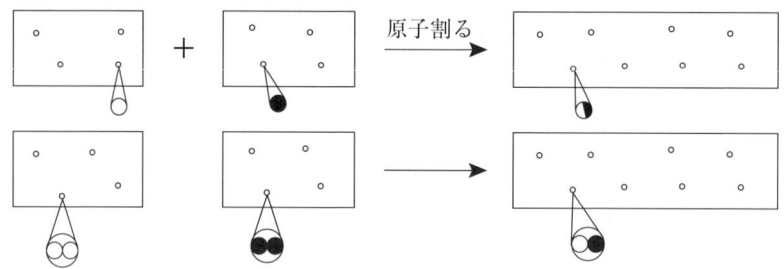

これは気体反応の法則を説明するすばらしい提案であった。また，これが正しいのなら，原子量の正確な値も決定できるという注目すべきものであった。だが，この説が広く支持されたのは約50年後であった。これは，同種原子が気体状で結合する理由が見当たらなかったことや，同温，同圧下で，同体積中に同数の気体粒子が含まれているという仮説の正誤の判断は，まだ，気体の圧力の本質や，温度とは何かなどについての正しい認識がなかった段階では無理であったことなど，当時としてはある程度やむをえないことであった。

④ 周　期　表

① 原子量の確定

ドルトンが　原子量＝原子の相対的質量　という考え方を提出して以来，さまざまな仮定をおいて各元素の原子量を求める努力が続けられ，今から見てもかなり正確な原子量の値もあった。本来，原子量は原子1個の質量を測定すれば決められるのであるが，それは当時では無理であった。そこで，化合物中での元素の質量比などをもとに，原子量を決定していたのであるが，そもそも，ミクロなレベルで原子と原子が何個対何個で結合しているのかが不明であったのだから，このようにして決められた値が本当に正しい値だと確信することは誰もできなかっ

た。また，そうである限り，当時発展してきた有機化合物の分子式さえ正しいかどうかがわからなくなる。そこで，1860年，原子量の決定のために，世界の化学者が一堂に会した。この会議で，カニッツァロは，アボガドロの分子説をもとに，原子量を決定する方法を提案した。そして，その正当性が多くの参加者に支持されることによって，世界の化学者の安心して使える原子量の値が遂に確定することになった。

② メンデレーエフの周期表の発見

　1800年代に入ると，これ以上分けることができない物質，つまり元素が次々に発見されてきた。これによって，化学の可能性は広がっていったが，一方で，化学者は不安にもなってきた。いったいいくつ元素なるものが存在するのだろうか，100, 1000, ……？。明らかに，元素を体系化すること，つまり元素の中に秩序を見出す必要を感じ始めていた。しかし，どう並べたらよいのかさえわからなかった。ところが，1860年に化学者が十分に信じうる原子量の値が確定し，また，それと同時に，化合物中の原子数の比も確定したため，原子価（結合手の値）も正しく決定されるようになった。これを受けて，メンデレーエフは元素を，まず**原子量の順に並べてみた**。ただ，それだけでは，隣り合わせになっている元素の間にまだ発見されていない元素が存在するのかもしれない。彼は，**原子価という整数値の並び方の変化**に目をつけた。

```
H  Li Be B  C  N  O  F  Na Mg Al Si P  S  Cl
1   1  2  3  4  3  2  1   1  2  3  4  3  2  1   ⇐ 原子価
```

そして，Li～F，Na～Clを繰り返しの一周期とみなして，周期と原子価で元素を分類する表をつくりあげた。彼は，原子価という整数値にこだわったため，同一周期でたとえば原子価2と3の元素の間には新しい元素は絶対ありえないと言い切れたし，逆に，原子価2のZnと3のAsの間には，原子価3, 4の未発見元素が必ずあると予言することもできた。しかも，その未発見元素の性質も，まわりの元素の性質をもとに予想することさえできた。この未発見元素についての彼の予言は的中した。それは，まさに劇的なことであった。元素の間には，周期表で示されるような秩序があることを示したこの発見は，混沌としていた元素の研究に射し込んだ一本の輝く光であった。その後，Arが発見された。Arは全く反応しない元素であった。これは原子価ゼロを意味した。この発見で，原子価が 1 2 3 4 3 2 1 　 1 2 … 2 1 と周期から次の周期へ不自然に移っていたことの意味もはっきりした。0族（今では18族という）が周期表に加えられて周期表も充実してきた。ただ，**原子量が変化しても原子価がほとんど変化しない元素群（ランタノイド）の存在や，そもそも，元素がなぜこのような周期表にまとめられるのかなど周期表についての根本的な説明は全くできないまま**であった。これらは，原子の内部構造についての研究の発展とともに徐々に明らかにされていった。

5 原子の内部構造

① 電子の発見

原子説以来，原子は不可分の究極の粒子という思想が支配的であった。また，原子を見ることもできないのにさらにその原子の内部まで見ようと思いつく人などまずいなかった。確かに，1800年に電池が発見され，電気分解によっていろいろな物質が単離されてきたのであるから，物質が原子という粒子でできているのなら，電気も連続体でなく微粒子の集合体と考えてもよさそうであるが，そこまで考えが及ぶ人はいなかった。ところで，19世紀の半ばまでくると，かなりの程度の真空をつくることができるようになり，これに高電圧をかけると放射線が出ることが発見された。陽極と陰極の間に金属を置くと陰極と反対側のガラスに影が生じることにより，この放射線は陰極から出ていることは明らかだった。そこで陰極線と名づけられた。この陰極線に，磁場と電場をかけるとその進路が曲げられることより，この陰極線は荷電粒子であることがはっきりした。トムソンは，この粒子の電荷 Q と質量 m の比を実験的に求めた。その結果，$Q/m = 1.76 \times 10^8$ C/g が得られた。この値は異常に大きなものであった。当時，電気分解の実験により，1 g の水素イオンが水素（H_2）になるには 96500 C の電気量が必要なことがわかっていた。つまり，水素イオンでは Q/m は $96500/1 ≒ 10^5$ である。この値より，約 1800 倍も陰極線を担う粒子の Q/m の値は大きかったのである。そこで彼は，**この粒子は，電荷を持った原子ではなく，原子のかけらの粒子（今でいう電子）**であると考えた。

② 原子核の発見

19世紀の末にX線が発見され，それに続き，キュリー夫人による放射性元素の分離が行われた。ラザフォードらはこのときに生じる放射線の中の正に帯電した粒子（α粒子，今でいう He^{2+}）を金の薄い箔に照射し，その散乱の様子を観測する実験を行った。ほとんどの粒子は少し進路を変えつつも箔を通り抜けた。これは原子の中には，ほとんどさえぎるものがない，つまり，原子はほとんど空間であることを意味していた。ところが，ほんの少数のα粒子は鋭く（時には180度で）はね返ってきた。これは，原子の中に重くて，正電荷の高い粒子が存在すると考えなくては説明がつかないことで

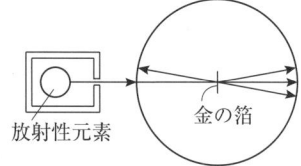

あった。これらの実験をもとに，彼は，**原子には，10^{-12} cm 程度に小さくて，正に帯電し，かつ質量の大きい核，つまり原子核が存在する** と提案した。

③ 原子核のまわりの電子の存在状態

負に帯電した質量の小さな粒子＝電子と，正に帯電した質量の大きな粒子＝原子核　の発見は，原子がこれらからできていることを強く示していた。たぶん，正に帯電した原子核に引きつけられて，いくつかの電子が集まり，原子核のまわりを電子がぐるぐる回転して原子ができているのではないかと誰しも思いそうである。ところが，このようなモデルは，当時の電磁気学の上では成り立ちえないものであった。つまり，**荷電粒子である電子が原子核の引力を受け**

て原子核のまわりを運動するということは，e^-は振動していることになる。そうすると電磁波を放出しエネルギーを失って原子核に吸い込まれてしまうのであった。では，いったい原子の中はどうなっているのであろうか。

話は前後するが，19世紀には，光は回折や干渉現象という波動とみなされる挙動をするため「光は波動」とみなされていた。ところが，19世紀の後半から，「光は波動」とすると説明できない光の現象が発見された。そして，それらを説明するには「光は粒子」と考えなくてはならないことがわかった。このことは，**物事を波動としてとらえることと粒子としてとらえることの関係が，とくにミクロなレベルではそうすっきりと割り切れるものではない**ことを暗示していた。このような中で，今まで，電子は粒子と考えていたが波としても挙動し，原子の中では電子は特別な波のようになっているのではないかという大胆な考え方が提出された。この考え方を一層進めることによって，遂に，1927年頃に**ミクロなレベルの力学＝量子力学**が誕生することになった。今日，私たちはこの量子力学によって，原子核のまわりの電子の存在状態を知ることができるようになった。

④ 原子核の構造

原子核中の陽電荷の値が元素の固有X線の測定実験を通じて知られるようになった。それによると，水素の原子核（陽子）の整数倍であった。そこで，原子核の陽電荷は陽子が何個（n個）か集まって生じているという考え方が出された。ところが，原子の質量はn個の陽子の質量の2倍以上あった。原子核の中には陽子以外に質量を担う中性の部分が存在しなければならなかった。一方，イオン化したネオン（Ne^+）の流れに磁場をかけると2つの流れに分離した。これは，Neには異なる質量の原子が存在していることを示した。そして，それらの原子量は20と22であった。これらのことから，原子核にある中性の質量を担う部分は，陽子とほぼ同じ質量を持つ粒子＝中性子が整数個集まってできていると推定された。ただし，中性子の検出は1932年になって初めてなされた。このことによって，**原子核は，陽子と中性子からなる**ことは明らかとなった。このことによって，新たな疑問『では陽子と陽子が10^{-13} cmぐらいまで接近して反発し合っているのに，**なぜ原子核は普通はこわれないのか**』が生じてきた。これに対し，これらの**粒子の間には，中間子を媒介とする核力が働いているから**と説明を与えた人がいた。それは，日本人初のノーベル賞を受けた湯川であった。この中間子が，戦後，宇宙線から発見されて，この考えは受け入れられていったが，同時に，宇宙線から，電子，中性子，陽子以外の多数の微粒子が発見されて，本当の究極の粒子は何なのかがまたわからなくなった。ただ，現在のところ究極に近いと言われているクオークなどの粒子の存在状態は，私たちが住んでいるような温度の世界よりはるかに高いエネルギーの状態によってのみ研究されうる。そこで，これらの微粒子の間の体系化のためには，ますます高いエネルギーでの実験を必要とするようになってきた。しかも，そのような高エネルギーの状態は，宇宙の発生とも関係しているため，今や究極の粒子への探検は決して見ることのできない世界を知ろうという人類の果てしないロマンの舞台ともなっている。

3. 化 学 式

1 物質の表し方

たとえば，ある物質に対し，食塩，塩化ナトリウム，NaClの3つの表し方がある。食塩は，食用の塩という意味であり古くから使われていた名前である。一方，後二者は，この物質が塩素とナトリウムという元素が化合してできた物質であることが明らかになって初めて使われるようになったものであり，約200年ほどの歴史しか持たない。これらの表し方（慣用名，化学名，化学式）はいずれも化学の記述で登場するものであるから，何を指しているのかがわかるようになっていなくてはならない。ただ，**化学の現象をミクロなレベルからしっかりと理解していくときは，化学式が最も多くの情報を与えてくれる。**化学名と化学式は同じ情報量しかないと考える人もいるかもしれないが，そうではない。たとえばNaClにはNaとClの個数比が1対1であるという情報がある。さらに，Na_2SO_4という化学式に比べて硫酸ナトリウムという化学名では硫酸の部分がSO_4となっているという情報がない。このように，**化学の理解において，化学式を使って物質を表すことは決定的に重要な意味を持っている。**

2 化 学 式

物質をその構成元素をもとに表そうとするとき，できるだけミクロな情報が反映されることが望ましい。ただ，たとえば水は，H_2O，H−O−H，H:Ö:H，H͡O͡H（104.5°）などいろいろに表すことができる。これらは，そのときの用途によって自由に使われる。

① **組成式（実験式）** 化合物中の各元素（またはイオン）の粒子数比を表す。金属やイオン性結晶などのように結合が連続して物質が構成されているときは，化学式としては，この組成式しか書けない。例　C（黒鉛），NaCl，$Ca_3(PO_4)_2$，Cu

② **分子式** 物質が分子からなる場合，分子を構成する元素とその原子数で示したもの。

③ **構造式** 分子中での元素と元素の結合関係を表した式。通常は価標はすべて書く。

④ **示性式** 分子中の官能基の存在がはっきりするように表した式。構造式と分子式の間の表し方であるので，目的に応じて表し方を工夫すればよい。ただ，入試ではC＝OはCOとするが，C＝C，C≡Cは＝や≡を省略せずに表すことが多い。これは単なる習慣にすぎない。

⑤ **簡易構造式** Cと結合するHなどをいちいち価標を展開して書かなくてもわかると思われるときは，$-CH_3$，$-CH_2-$，$-\underset{|}{C}H-$と表すことがある。

⑥ **電子式** 1つの元素のまわりの最外殻電子の配置を‥を使って表す。

例　グリセリンアルデヒド

組成式	分子式	示性式	構造式	簡易構造式
CH_2O	$C_3H_6O_3$	$CH_2(OH)CH(OH)CHO$	H H H H−C−C−C＝O O O H H	$CH_2-CH-C\!\!\begin{smallmatrix}H\\\\O\end{smallmatrix}$ OH OH

4. 化学反応式，イオン反応式

1 化学反応式

　化学変化を化学式で表した式が化学反応式である。水素と酸素を混合し点火すると水が生じる。この反応を例にすると，水素＝H_2，酸素＝O_2，水＝H_2Oであるから，まずは，

$$H_2 + O_2 \longrightarrow H_2O$$

と書ける。ところが，化学反応では原子間の結合関係が変化するだけであり，どの原子もなくならないから，このままではまだ正しい式になっていない。H原子は左辺も右辺も2個で問題ないが，O原子は左辺2個，右辺1個になっている。そこで，左辺のO_2の前に1/2をつければ原子数については問題なくなる。

$$H_2 + 1/2\, O_2 \longrightarrow H_2O$$

ところが，酸素分子と酸素原子は化学的には全く反応性が違うから，原子数の上では$1/2\,O_2 = O$であるが，物質の基本単位の表示方法という点からすると$1/2\,O_2 = O$とはならない。酸素分子の最小単位はO_2であり$1/2\,O_2$なるものは全く実体のないものである。したがって，**化学式の前の係数を分数にすることは一般には望ましくない**。そこで，全体を2倍して

$$2\,H_2 + O_2 \longrightarrow 2\,H_2O$$

とすると化学反応式が完成する。以上をまとめると反応式の書き方は次のようになる。

　(i) 物質を化学式で表す。ただし触媒は反応式に加えない。
　(ii) すべての元素について左辺，右辺での原子数を合わせるように係数を決める。
　(iii) その結果，分数係数ができれば全体を何倍かして整数の係数になるようにする。

例1． 白金の触媒下でアンモニアを燃焼すると一酸化窒素と水が生じる。
　(i) 白金＝Pt ただし触媒なので反応式に書かない，アンモニア＝NH_3，燃焼する＝O_2との反応，一酸化窒素＝NO，水＝H_2O

　(ii) 　① N＝1，H＝3
　　　　$1\,NH_3 + \dfrac{5}{4}\,O_2 \longrightarrow 1\,NO + \dfrac{3}{2}\,H_2O$　　（①，②は係数を決定していった順序）
　　　　スタート　　　② O＝5/2
　　　　　　　　⇓ ×4

　(iii) 　$4\,NH_3 + 5\,O_2 \longrightarrow 4\,NO + 6\,H_2O$

例2． $KMnO_4 + H_2O_2 + H_2SO_4 \longrightarrow K_2SO_4 + MnSO_4 + O_2 + H_2O$

　この反応式では，多くの物質が出てくるため，すべての元素の原子数を左辺と右辺で合わすことが上のように簡単にはいかない。ただ，このように多くの物質が出てくる反応はたいてい酸化還元反応であり，**還元剤が出す電子数は酸化剤が受け取る電子数と等しい**　という点に注目すると，酸化剤と還元剤に関係する物質の係数をまず決定することができる。

$$\underset{+7}{\textcircled{2}\,KMnO_4} + \underset{-1}{\textcircled{5}\,H_2O_2} \longrightarrow \underset{+2}{\textcircled{2}\,MnSO_4} + \underset{0}{\textcircled{5}\,O_2}$$

$(+1) \times 2 \times \textcircled{5}$
$(-5) \times \textcircled{2}$ ⇐ 酸化数の増減が等しいとして係数を合わせてある。

このようにして，酸化数の増減する元素を含む4つの物質の係数を決めると，残る係数はわずかであるので次の①，②，③の順にすれば係数決定は簡単にできる。

スタート ↓
$2\,KMnO_4 + 5\,H_2O_2 + 3\,H_2SO_4 \longrightarrow 1\,K_2SO_4 + 2\,MnSO_4 + 5\,O_2 + 8\,H_2O$

① K = 2
② SO_4 = 3
③ H = 16

問 次の反応における係数を定めよ。

$a\,Al + b\,NaOH + c\,H_2O \longrightarrow d\,Na[Al(OH)_4] + e\,H_2$

(解 $a = 2$, $b = 2$, $c = 6$, $d = 2$, $e = 3$)

2 イオン反応式

　水溶液中で起こる反応で，反応前後で水溶液中では変化しないイオンを除いた式である。各物質が**水溶液中では溶けるのか，電離するのか**などの知識が正確でないと反応式が書けない。

例1. $(Ag^+, NO_3^-) + (Na^+, Cl^-) \longrightarrow (AgCl\downarrow, Na^+, NO_3^-)$ ⇨ $Ag^+ + Cl^- \longrightarrow AgCl$

2. $(Cl_2) + (H_2O) \longrightarrow (H^+, Cl^-, HClO)$ ⇨ $Cl_2 + H_2O \longrightarrow H^+ + Cl^- + HClO$

3. $(Cu(OH)_2) + (4\,NH_3) \longrightarrow ([Cu(NH_3)_4]^{2+}, 2\,OH^-)$
　　　　　　　　　　　　　　⇨ $Cu(OH)_2 + 4\,NH_3 \longrightarrow [Cu(NH_3)_4]^{2+} + 2\,OH^-$

なお，イオン反応式の係数も，化学反応式と同様な原理に基づいて決定する。ただしある場合には，**両辺でイオンの持つ総電荷数が等しい**という原理も利用することができる。

〔例題〕 $Cu + NO_3^- + H^+ \longrightarrow Cu^{2+} + NO + H_2O$ の係数を決定せよ。

(解) ・Cuの酸化数は ($0 \to +2$) で2アップ，Nの酸化数は ($+5 \to +2$) で3ダウン。
　　　したがって Cu : NO_3^- = 3 : 2

　　　　$3\,Cu + 2\,NO_3^- + x\,H^+ \longrightarrow 3\,Cu^{2+} + 2\,NO + y\,H_2O$

・原子数を比べる。　　　　　　　または　・両辺の総電荷をみる。

O……$2 \times 3 = 2 \times 1 + y \times 1$ ∴ $y = 4$　　　$(-1) \times 2 + (+1) \times x = (+2) \times 3$

H……$x = 2 \times y = 8$　　　　　　　　　　　∴ $x = 8 \to y = 4$

∴ $3\,Cu + 2\,NO_3^- + 8\,H^+ \longrightarrow 3\,Cu^{2+} + 2\,NO + 4\,H_2O$

問 $Cr_2O_7^{2-} + Fe^{2+} + H^+ \longrightarrow Cr^{3+} + Fe^{3+} + H_2O$ の係数を決定せよ。

(解 順に，1, 6, 14, 2, 6, 7)

第1章 化学の基本 15

5. 化学で使われる量とその計算

1 比較量（相対量）

① **当量**—元素間の質量比はここから始まった

水素と元素Aの化合物において，その化合物中の水素の質量（$W_{水素}$）と元素Aの質量（W_A）の比は，定比例の法則によって一定となった。つまり

$$一定 = W_{水素} : W_A = 1 : E = 2 : 2E = \frac{1}{2} : \frac{E}{2} = \cdots\cdots$$

そこで水素の質量を1とすると，水素に結合している元素Aの相対的質量Eは決まる。このEは水素1の質量に相当する元素Aの質量なので元素Aの**当量**（equivalent）といった。**当量は定比例の法則から計算されたものであり，これが初めて考えられたとき，まだ原子説は出されていないことに注意しよう。**

② **原子量**

原子説が提出されると，原子の質量が問題になった。原子の質量は，非常に小さく，また，当時としては原子1個の質量を測定することはできなかったので，同数の原子が含まれていると推定される条件の下で測定された元素の質量比で原子の質量を考えた。つまり**基準になる原子に対する各原子の質量の比を原子量**とした。最初（1803年）Hを基準の原子にしたが，現在では（1961年以降）$^{12}_{6}C$を基準の原子にすると約束している。$^{12}_{6}C$原子1個の質量をM($^{12}_{6}C$)，他のA原子1個の質量をM_Aとすると

$$M(^{12}_{6}C) : M_A = 12 : F = 6 : \frac{F}{2} = 24 : 2F = \cdots\cdots$$

のように表されるが，**$^{12}_{6}C$の相対的質量を12としたときのAの相対的質量FをAの原子量**と現在では約束している。

ただし，1つの元素の原子には，中性子数の異なる同位体が存在するため，**その元素の原子量はそれらの平均値（期待値）で表す。**

このように当量も原子量も，もともとは相対的な量であり単位のない量である。

③ **当量**—現在からみた意味

原子量は，原子1個の相対的質量という明確な意味がある。では，定比例の法則の比から求まる当量は現在の地点から見ると原子の質量の何を表したものになるのだろうか。化合物の最も小さな単位は分子であるが，この分子において定比例の法則が成り立っているからこそどんな質量においてもこの法則が成り立ったのであった。今Aの原子価をnとするとHとAはH_nAの分子をつくる。このとき，

$$W_A : W_H = M_A : 1 \times n = \frac{M_A}{n} : 1$$

となる。すなわち，$W_H = 1$に結合してい

る元素 A の質量 W_A は M_A/n となるので，現在では，当量は

$$\text{当量} = \frac{\text{原子量}}{\text{原子価}}$$

と定義しなおされた。すなわち ${}^{12}_{6}\text{C} = 12$ としたときの 1 原子価あたりの原子の相対的質量という意味を持つようになった。

④ **分子量**　${}^{12}_{6}\text{C} = 12$ としたときの分子の相対的質量である。これは当然，分子を構成している原子の原子量の総和から求まる。

⑤ **イオン量**　${}^{12}_{6}\text{C} = 12$ としたときのイオンの相対的質量である。電子の質量は相対的に小さいので，イオンを構成する原子の原子量の総和より近似的に求めることができる。

⑥ **式　量**　塩化ナトリウムのようなイオン性化合物は分子を有していないので，分子量を求めることはできない。そのかわり ${}^{12}_{6}\text{C} = 12$ としたとき，組成式（たとえば NaCl）の示すイオン集合（Na$^+$, Cl$^-$）の相対的質量を式量という。これはイオン量の総和より求まる。ただし，式量のことを分子量ということも多い。

以上をまとめると次のようになる。

$$M({}^{12}_{6}\text{C}) : M({}^{16}_{8}\text{O}) = 12 : \boxed{16} \rightarrow {}^{16}_{8}\text{O} \text{ の原子量}$$

$$M({}^{12}_{6}\text{C}) : M(\text{O}^-) = 12 : \boxed{8} \rightarrow \text{O の当量}$$

$$M({}^{12}_{6}\text{C}) : M(\text{H}_2\text{O}) = 12 : \boxed{18} \rightarrow \text{H}_2\text{O の分子量}$$

$$M({}^{12}_{6}\text{C}) : M(\text{Na}^+) = 12 : \boxed{23} \rightarrow \text{Na}^+ \text{ のイオン量}$$

$$M({}^{12}_{6}\text{C}) : M(\text{Na}^+ + \text{Cl}^-) = 12 : \boxed{58.5} \rightarrow \text{NaCl の式量}$$

2　原子量，分子量等にグラムをつけた量

原子量，分子量などは，実際の原子や分子を g で表した質量ではなく，${}^{12}_{6}\text{C} = 12$ としたときの相対的な質量である。この相対的な質量に単位をつけると具体的に測定できる量になる。その中で g をつけたときの具体量は私たちにとって使いやすい量であるので具体量としてこのグラムをつけた量を使うことにしている。

$^{12}\text{C} = 12$　　⇨　^{12}C 原子が　　N_1 個集まって 12 g になった量

$\text{H}_2\text{O} = 18$　⇨　H_2O 分子が　N_2 個集まって 18 g になった量

$\text{Na}^+ = 23$　⇨　Na^+ イオンが　N_3 個集まって 23 g になった量

$\text{NaCl} = 58.5$　⇨　Na$^+$Cl$^-$ が　N_4 個集まって 58.5 g になった量

^{12}C の 12 g，H_2O の 18 g 等は，天秤で具体的にはかれる量であり，その中に，原子，分子等が具体的に N_1 個，N_2 個，…が含まれている。そして，大切なのは，

$$M({}^{12}\text{C}) : M(\text{H}_2\text{O}) : M(\text{Na}^+) : M(\text{NaCl})$$
$$= 12 : 18 : 23 : 58.5$$

であるので，　$N_1 = N_2 = N_3 = N_4$　が成り立つ。すなわち，原子量，分子量の数値にグラムをつけた具体的な量の中には，原子，分子等が，必ず同数含まれていることになる。

3 アボガドロ数，mol，物質量

アボガドロは，1811年，気体は，原子がいくつか結合した粒子，すなわち分子からなり，

同温，同圧では，同体積中に含まれる気体分子は，気体によらず同数である

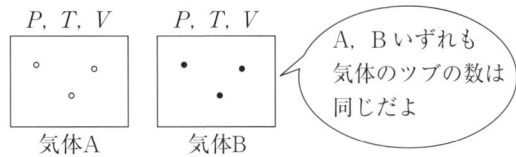

という仮説を提出し，ゲーリュサックの気体反応の法則を説明した。しかし，彼の仮説は全く無視され続けた。皮肉にも，彼のこの仮説…気体状態になれば，気体粒子は同数あるという仮説…を使って，約50年後，原子の質量比すなわち原子量の値が正しく決まることになった。2で扱ったように，『原子量，分子量等の値にグラムをつけた量の中には，原子，分子等が同数ある』ということと，アボガドロの仮説の『気体状態で同温，同圧，同体積で気体粒子が同数あること』は，全く異ったことがらであるが，彼の分子説を使って原子量が決められたので，原子量，分子量等の値にグラムをつけた量に含まれる，原子，分子等の個数は，アボガドロの功績をたたえてアボガドロ数と呼ばれるようになった。また，水素ガス2g，酸素ガス32gなど，分子量にグラムをつけた量の中の分子数を 1 molecules と言っていたことから，

  アボガドロ数 ＝ 1 mol

とされるようになった。このようにして，微粒子の個数はmolを単位で表すことが定着し，この数値は，長らくモル数と呼ばれてきた。ただ，最近では，たとえば，H_2O 2 mol，O_2 3 mol と言うときの 2 mol，3 mol は，H_2O，O_2 で表される物質の基本粒子（ツブ）の個数に比例する量を表しているということから，物質量（amount of substance）という用語が使われ，物質量の単位は mol であると言うようになっている。

［例］

  O の原子量 ＝ 16 ⟶ 16 g の O 原子 ＝ 1 mol の O 原子 ⇒ O 原子 16 g/mol

  CO_2 の分子量 ＝ 44 ⟶ 44 g の CO_2 分子 ＝ 1 mol の CO_2 分子 ⇒ CO_2 分子 44 g/mol

  NaCl の式量 ＝ 58.5 ⟶ 58.5 g の NaCl 粒子 ＝ 1 mol の NaCl 粒子 ⇒ NaCl 粒子 58.5 g/mol

なお，電気量，結合数等は物質ではないが，これらも mol あたりで表現されることが多い。

  1 mol の e^- の電気量 ＝ 9.65×10^4 C/mol …ファラデー定数

  H－H 結合 1 mol あたりのエネルギー ＝ 436 kJ/mol …結合エネルギー

また，1 mol あたりの粒子の数 6.02×10^{23}/mol はアボガドロ定数という。

  アボガドロ定数 ＝ 6.02×10^{23}/mol

4 モル計算

　物質の変化は，すべて非常に小さな粒子（原子，分子など）が動くことによって引き起こされる。そして質量や体積，気体の圧力，溶液の凝固点降下度なども粒子の数に比例する。物質に関する量は，常にこれら粒子の数が関係するから，化学では粒子数を数えることが必要になる。ただ，この数は 10^{23} 個程度の非常に大きな数であるので，モルという集団量を使って個数を扱うことにしたのであった。ところが，このモルは結局は粒子の数であるから，これを直接測定することは通常は無理である。私たちが物質の量で測定できるのは，質量，体積，圧力などであるから，これらを使って物質の量を与えることが多くなる。したがって

$$\boxed{\text{g, L, Pa など}} \longleftrightarrow \boxed{\text{モル}}$$

の換算が自由自在にできることが，化学の量に関する計算問題を解くための第一歩である。

問 次の(1)～(5)の粒子の物質量〔mol〕を求めよ。Aの分子量は M とする。

　　(1) W〔g〕のA　　(2) 標準状態，V〔L〕の理想気体　　(3) Q〔C〕の電子

(解) (1) Aは M〔g/mol〕なので，W/M〔mol〕

　　　(2) 標準状態で理想気体は 22.4〔L/mol〕なので，$V/22.4$〔mol〕

　　　(3) 電子 e^- は 96500〔C/mol〕なので，$Q/96500$〔mol〕

　ところで，私たちはたとえば水素と酸素が反応して水が生じる反応において，水素が W〔g〕なら酸素は何g必要かというような問によく出会う。もちろん，水素の量を与えたときに酸素の量が求まるからには，水素の量と酸素の量の間に関係式が存在するはずである。それは何から知ることができるのであろうか。そのために，まず，反応式を書いてみよう。

$$2\,\text{H}_2 + \text{O}_2 \longrightarrow 2\,\text{H}_2\text{O}$$

この式が示している水素と酸素の量の関係は，2個の H_2 に対して1個の O_2 が必要ということのみである。このように，私たちが反応が進行するときに直接的に知りうる物質の変化量関係は反応式の係数が示している **粒子の個数の関係だけ** なのである。そして，私たちは，この物質の個数をアボガドロ数をひとまとめにした数，つまりモルで数えているのであるから，化学反応における物質の変化量関係は，このモルのみを媒介にして示されることになる。化学反応における物質の量計算を通常，モル計算というのは，このように，ある物質のいかなる変化量も，まずモルに換算されてのみ，他の物質の変化量に移し換えることができるからである。したがって，化学反応の進行にともなう量計算は，

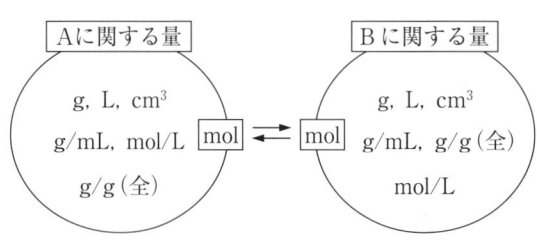

　　(i) g, L, cm³, 濃度……と mol の間の換算をすること

　　(ii) A, B の変化量関係を反応式の係数から知り，A と B の mol をつなぐこと

というたった2点の操作で原理的にはなしうるのである。

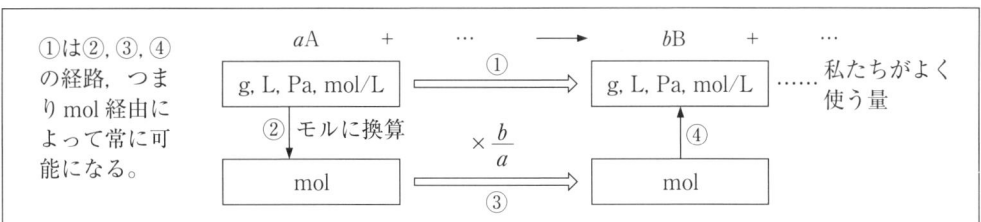

①は②,③,④の経路，つまりmol経由によって常に可能になる。

〔例題1〕 3.20 g の CH$_4$（分子量 16.0）を完全燃焼させるのに必要な O$_2$ は標準状態で何 L か。

（解）　CH$_4$ + 2 O$_2$ ⟶ CO$_2$ + 2 H$_2$O

$$\frac{3.20}{16.0} \underset{\text{mol(CH}_4\text{)}}{} \times \underset{\text{mol(O}_2\text{)}}{2} \times \underset{\substack{\text{L} \\ \text{mol}}}{22.4} \underset{\text{L(O}_2\text{)}}{} = \boxed{8.96} \text{ L}$$

〔例題2〕 アンモニア 5.10 g と塩化水素 7.30 g を反応させると何 g の塩が生じるか。

（解）　NH$_3$ + HCl ⟶ NH$_4$Cl

この場合，NH$_3$（17 g/mol）と HCl（36.5 g/mol）の両方の量が与えてあるから，どちらが過剰であるかのチェックが必要である。NH$_3$ は 5.10/17 = 0.300 mol，HCl は 7.30/36.5 = 0.200 mol。よって，NH$_3$ は過剰であり，HCl と同 mol の NH$_4$Cl（53.5 g/mol）が生じる。

$$\underset{\substack{\text{mol(HCl)} \\ = \text{mol(NH}_4\text{Cl)}}}{0.200} \times \underset{\substack{\text{g} \\ \text{mol}}}{53.5} \underset{\text{(NH}_4\text{Cl)}}{\text{g}} = \boxed{10.7} \text{ g}$$

〔例題3〕 硫黄 3.2 質量% を含む燃料 1 kg を燃焼させたときに生じる SO$_2$ を，炭酸カルシウムを加熱分解して得られる酸化カルシウムを用いて以下の反応で除去したい。

$$2\,\text{SO}_2 + 2\,\text{CaO} + \text{O}_2 \longrightarrow 2\,\text{CaSO}_4$$

酸化カルシウムの 50 % が上の反応をするとすれば，90 % の SO$_2$ を除去するために，炭酸カルシウムは何 kg 必要か。（原子量 C = 12, O = 16, S = 32, Ca = 40 とする）

（解）　Ⓢ $\xrightarrow{\text{O}_2}$ SO$_2$

• CaCO$_3$ ⟶ CaO + CO$_2$
• 2 SO$_2$ + 2 CaO + O$_2$ ⟶ 2 CaSO$_4$

$$\underset{\substack{\text{kg} \\ \text{(燃料)}}}{1} \times \underset{\substack{\text{kg} \\ \text{(S)}}}{\frac{3.2}{100}} \times \underset{\substack{\text{kmol(S)} \\ = \text{kmol(全 SO}_2\text{)}}}{\frac{1}{32}} \times \underset{\substack{\text{kmol(反応 SO}_2\text{)} \\ = \text{kmol(反応 CaO)}}}{\frac{90}{100}} \times \underset{\substack{\text{kmol(必要 CaO)} \\ = \text{kmol(必要 CaCO}_3\text{)}}}{\frac{100}{50}} \times \underset{\substack{\text{kg} \\ \text{(CaCO}_3\text{)}}}{\overset{\overset{\text{CaCO}_3 \text{ の}}{\text{g/mol}}}{100}} = \boxed{0.18} \text{ kg}$$

注　上記では kmol が使われている。kg, mg, μg と同様に mol も kmol, mmol, μmol などを使ってよい。

$$\text{kmol} \times \frac{\text{g}}{\text{mol}} = \text{kg}, \quad \text{mmol} \times \frac{\text{g}}{\text{mol}} = \text{mg},$$

$$\text{kg} \times \frac{\text{mol}}{\text{g}} = \text{kmol}, \quad \text{mg} \times \frac{\text{mol}}{\text{g}} = \text{mmol}$$

などが成り立つ。

〔例題 4〕 金属 M の 54 g を酸化すると 102 g の酸化物 M_2O_3 が得られた。酸素の原子量 $= 16$，原子価 2 として，金属元素 M の原子量と当量（原子量/原子価）を求めよ。

（解）

$4M$	$+$	$3O_2$	$\longrightarrow$	$2M_2O_3$
54 g				102 g

解法 1. 元素 M の原子量を X とすると，M_2O_3 の式量は $2X + 48$。よって，

$$\underbrace{\frac{54}{X}}_{\text{mol(M)}} \times \underbrace{\frac{2}{4}}_{\text{mol}(M_2O_3)} = \underbrace{\frac{102}{2X + 48}}_{\text{mol}(M_2O_3)} \Rightarrow X = \boxed{27}$$

また，酸化物の化学式が M_2O_3 であることより，M の原子価は 3。よって，

$$当量 = \frac{原子量}{原子価} = \frac{27}{3} = \boxed{9}$$

解法 2. 反応した酸素は $102 - 54 = 48$ g であり，そして，M と O_2 は $4:3$ のモル比で反応することに着目すると，

$$\underbrace{\frac{54}{X}}_{\text{mol}(X)} \times \underbrace{\frac{3}{4}}_{\text{mol}(O_2)} = \underbrace{\frac{48}{32}}_{\text{mol}(O_2)} \Rightarrow X = \boxed{27} \Rightarrow 当量 = \frac{27}{3} = \boxed{9}$$

解法 3. 化合物 M_2O_3 102 g 中，M は 54 g，O は 48 g であり，M と O の原子数比は，$2:3$ であることに着目すると，

$$\underbrace{\frac{54}{X}}_{\text{mol(M)}} \times \underbrace{\frac{3}{2}}_{\text{mol(O)}} = \underbrace{\frac{48}{16}}_{\text{mol(O)}} \Rightarrow X = \boxed{27} \Rightarrow 当量 = \frac{27}{3} = \boxed{9}$$

解法 4. 当量 = 原子量/原子価　にグラムをつけた質量の中には，1 mol の結合手がある。

$$M\text{ の当量} = E = X/3 \Rightarrow E \text{ [g] 中に 1 mol の結合手}$$

$$O\text{ の当量} = 16/2 = 8 \Rightarrow 8\text{ g 中に 1 mol の結合手}$$

そして，化合物中では，M と O の結合手は等しい。そこで

$$\underbrace{\frac{54}{E}}_{\substack{\text{mol}\\(M \text{ の結合手})}} = \underbrace{\frac{48}{8}}_{\substack{\text{mol}\\(O \text{ の結合手})}} \Rightarrow E = \boxed{9} \Rightarrow X = E \times 3 = \boxed{27}$$

のようにして，当量と原子量を求めることもできる。**解法 4** は当量にグラムをつけた量に着目した解法であるが，この方法は中和反応や酸化還元反応などにも広げられ，歴史的には，化学の計算といえば，この方法（グラム当量計算）が主流であった。しかし，**解法 1 〜 3** にみられるように，ミクロなレベルでの何らかの微粒子間の個数比（モル比）に着目すれば，中和反応，酸化還元反応に限らず，すべての化学反応でそれにともなう変化量計算は可能であるので，現在では，当量を使った計算法は少なくなり，現在の高校の教科書でも取り扱われなくなった。

第2章 原　子

1. 原子の構造

1 原子の構成粒子

ドルトンは原子は不可分の粒子と考えたが，現在では，陽子と中性子からなる原子核と，そのまわりを運動している電子によって構成されていることがわかっている。

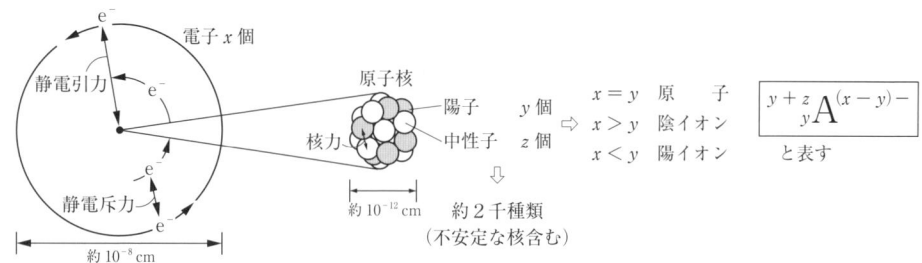

① 質　量

原子の質量については，原子説以来基準原子に対する相対的質量である原子量を使って表してきた。しかし，20世紀に入って，原子の内部構造が明らかにされるにつれて，原子の質量の大半は原子核が担っており，また，その原子核は，質量がほぼ同じである陽子と中性子からなるために，原子の質量は，陽子の数＋中性子の数 にほぼ比例することがわかった。そこで，陽子の数＋中性子の数＝**質量数** と定義し，これも**原子の質量の目安として**，よく使われるようになった。

$$\text{陽子} ≒ \text{中性子} ≫ \text{電子} \left(≒ \text{中性子} \times \frac{1}{1840}\right)$$

$$\therefore \text{原子の質量} ≒ \text{原子核の質量} ≒ k\underbrace{(\text{陽子の数}＋\text{中性子の数})}_{y+z} \quad (k\text{は定数})$$

$$\Rightarrow \boxed{\text{質量数}＝y＋z\ (＝\text{整数})}$$

では原子量と質量数はどう関係しているのであろうか。^{12}C の原子量は 12 と約束したから質量数と完全に一致している。^{13}C では，中性子が1個増えただけなので，^{12}C の正確には $\frac{13}{12}$ 倍ではない。そこで，原子量は正確に 13 とはならない。$^{16}_{8}$O は $^{12}_{6}$C に比べ，すべての粒子数が $\frac{8}{6}$ 倍になっている。したがって，^{16}O の原子量は正確に 16 になりそうである。ところが左表に見るようにそう

	$^{12}_{6}$C	$^{13}_{6}$C	$^{16}_{8}$O
質　量　数	12	13	16
陽　子　数	6	6	8
中性子数	6	7	8
電　子　数	6	6	8
原　子　量	12	13.003 ≒ 13	15.995 ≒ 16

ならない。これは，原子核で中性子と陽子が結合するときに質量欠損が起こるからである。太陽のエネルギーや原子力発電のエネルギーは，この質量欠損と関係する。とにかく，このようなことにより**原子量は質量数に極めて近いが，^{12}C 以外はすべて異なっている**。

なお，元素の原子量は，同位体の原子量の平均値なので整数値からずれる。

② **分　類**

原子は，電子，陽子，中性子で構成されているから，これらの粒子数で区別すると数千の種類があることになる。ただ，電子の数と陽子の数が異なる粒子（イオン）の場合は，原子から e^- が出入りしたものと考えればよいので除外しよう。それでも，約2千種類も原子は存在する。これらをさらにどのように分類するのかは，もちろん用途による。質量が問題になる場合は，質量数で分類すればよい。また，その原子がある原子と結合したときにつくる物質の化学的性質がほとんど同じなら，物質の素をなすもの（元素）という点では全く同じとみなせる。たとえば，⊕ も ⊕● も酸素と結合すると，質量は異なるが，化学的な性質ではほとんど同じである分子（＝水）をつくる。この点からすると，2つの原子はいずれも，水の素をなすもの，すなわち水素ということができる。なぜ，化学的性質には中性子の数が影響してこないかといえば，物質は多くの原子核と電子からなるが，これらの集合状態は結局のところ電気的な力によって決まるからである（☞上 .p.35）。このような立場から原子を分類するとき，陽子の数だけをみるという考え方が出てくる。

> 原子番号＝陽子の数

これは，**原子を化学的性質から分類する，つまり，元素へ分類する**ことを意味している。そして，このような分類によって，同じ元素に属しながら，異なった（中性子の数の違う）原子が存在するようになる。これらは，原子番号あるいは周期表では同じ位置にあることから，互いに**同位体**と呼ばれる。原子核内で中性子は核力という引力で陽子と結びつき合って陽子と陽子が静電的に反発して核を不安定にする効果を抑える役割を果たしている。だから，中性子の数は絶対何個でなければならないということはないため，このような同位体が自然界に存在するのである。ただし，原子は恒星内の核融合や爆発などにともなって生成するが，その中には，中性子の数と陽子の数のバランスが悪いため原子核が不安定になって，時間とともに崩壊していくものも多い。これらは**放射性同位体**と呼ばれる。

2 電子殻の構造

　1900年前後に，電子と原子核が発見され，原子核のまわりに電子はどのようにして存在しているか問題になった。たぶん，太陽のまわりを地球がぐるぐる回っているのと同じように，原子核のまわりを電子がぐるぐる回っているのではないかと思われた。しかし，そうなら，電磁気学の理論によると，電子は電磁波を放出しながらエネルギーを失いアッという間に原子核に落ち込んでしまう。また，水素原子を加熱したときに放出される光は特定の波長のものしかないという事実も説明できなかった。このような状況の中から，原子核のまわりの電子は，ツブでなく特定の条件を有する波のような状態にあるのではないかという仮説が提出された。そして，そのような仮説を前提とした理論によって，水素原子のスペクトルだけでなく，ミクロな世界の諸現象を説明できることがわかった。こうして，ミクロレベルの現象を説明することができる力学＝量子力学が登場することになった。

　原子核のまわりの電子の状態はこの量子力学の結果から導かれたものである。量子力学によると，原子核のまわりの電子の状態は，3つの量子数 n, l, m を含む波動関数 $\psi = f(n, l, m, x, y, z)$ で表される。n, l, m は，

　　　$n = 1, 2, 3, 4, \cdots$　　　$0 \leq l \leq n-1$　　　$|m| \leq l$

の条件を満たす整数値であり，具体的に表すと次のもののみが許される。

n	l	m
1	0	0
2	0	0
	1	$-1, 0, +1$
3	0	0
	1	$-1, 0, +1$
	2	$-2, -1, 0, +1, +2$
4	0	0
	1	$-1, 0, +1$
	2	$-2, -1, 0, +1, +2$
	3	$-3, -2, -1, 0, +1, +2, +3$

つまり，原子核のまわりの e^- はたとえば波動関数 $\psi = f(2, 1, 0, x, y, z)$ のように表される。ただ，この様な波の関数では，e^- の存在状態をイメージするのは難しい。波の振幅の大きなところに e^- が存在する確率が大きいと仮定して計算し，e^- の存在する確率が大きいところを表示すると雲のように表された。そこで，これは電子雲と呼ばれるようになった。

　量子数 n, l, m は，この電子雲の様子について，n は原子核からの**距離**，l は**形**，m は**方向**を決めている。さて，電子雲の原子核からのおおよその距離は，$n = 1, 2, 3\cdots$ に対応して，$1^2 : 2^2 : 3^2 : \cdots$ となっていて，あたかも殻のように見えるので，$n = 1, 2, 3, \cdots$ を順に K殻，L殻，M殻…と呼び一般には電子殻という。次に，電子雲の詳しい形は $l = 0, 1, 2, \cdots$ の順に次ページ上の図のようになっている。この電子雲の形は，電子の高速運動によってそう見えるようになったと考えて $l = 0, 1, 2, 3\cdots$ の順に s 軌道，p 軌道，d 軌道，f 軌道，…と呼ぶ。最後に，方向を決める m は，$l = 0$ のときは $m = 0$ のみで1つしかなく，したがって，$l = 0$

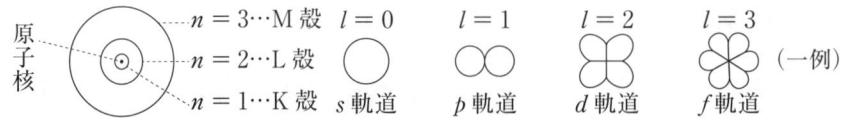

の軌道であるs軌道は空間的に等方的で球形である。$l=1$のときはmは-1, 0, $+1$の3方向すなわち, x, y, z方向の3つがあり, $l=1$の軌道であるp軌道はp_x, p_y, p_zの3つに分かれている。$l=2$のときは, mは-2, -1, 0, $+1$, $+2$の5方向に分かれており, $l=2$の軌道であるd軌道はd_{xy}, d_{yz}, d_{zx}, $d_{x^2-y^2}$, d_{z^2}の5つに分かれている。以上をまとめると, 下図のようになる。

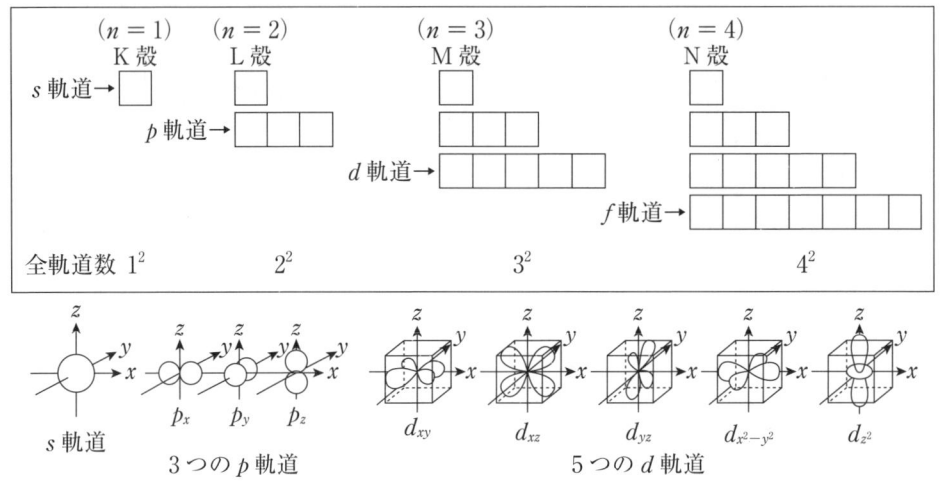

3 電子配置（最も安定な（基底）状態）

一般に, 原子核からrの位置にある電子のエネルギーは$-\dfrac{1}{r}$に比例する。また, 原子核から各電子殻までの距離は$1^2:2^2:3^2:\cdots$となっているので, 各殻にある電子のエネルギーは, ほぼ$-\dfrac{1}{1^2}:-\dfrac{1}{2^2}:-\dfrac{1}{3^2}:\cdots$となっている。ところで, 同じ殻でも$l$の値が違うと, 電子の運動状況が違うので微妙にエネルギーが異なり, 一般に$s<p<d<f$の順に高くなっていく。これらを図示すると以下のようになっている。

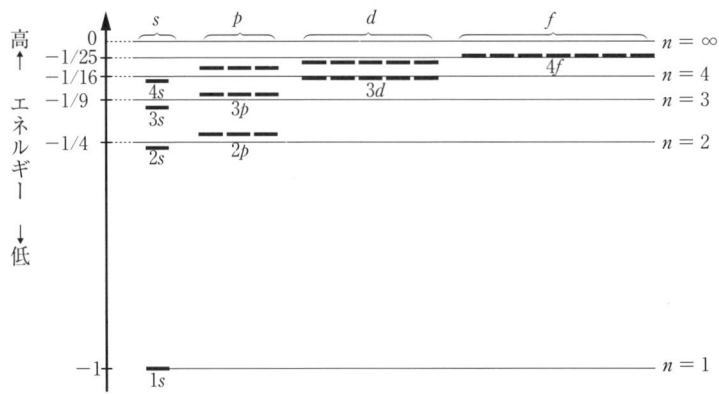

原子核のまわりの電子は，上記の軌道ならどこの軌道をとってもよい。ただ，1つの軌道には，2個の電子しか入ることはできないという規則があり，また，通常はエネルギーの低い軌道にある方がより安定になるので，各元素の原子の電子は，エネルギーの低い軌道から順に配置されている。エネルギーの順は上図に見られるように $1s < 2s < 2p < 3s < 3p < \cdots$ であるので，原子番号 1 の H から 18 の Ar までは次のような電子配置になる。

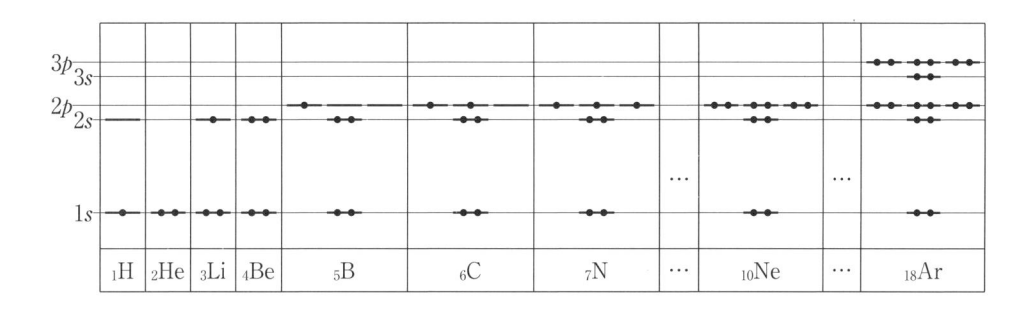

| | $_1$H | $_2$He | $_3$Li | $_4$Be | $_5$B | $_6$C | $_7$N | $\cdots$ | $_{10}$Ne | $\cdots$ | $_{18}$Ar |

ただ，原子番号 19 の K から少し異変が起こる。というのも，M 殻の中の最もエネルギーの高い $3d$ 軌道と N 殻の中の最もエネルギーの低い $4s$ 軌道のエネルギーの高低関係が微妙になり，たいてい $4s$ 軌道にまず電子が配置されることが起こる。すなわち，$_{19}$K ～ $_{30}$Zn の電子配置は 18 個の電子までは Ar と同じであるが残りの電子は次のように配置される。

	$_{19}$K	$_{20}$Ca	$_{21}$Sc	$_{22}$Ti	$_{23}$V	$_{24}$Cr	$_{25}$Mn	$_{26}$Fe	$_{27}$Co	$_{28}$Ni	$_{29}$Cu	$_{30}$Zn
$3d$	0	0	1	2	3	5	5	6	7	8	10	10
$4s$	1	2	2	2	2	1	2	2	2	2	1	2

$_{21}$Sc から $_{30}$Zn では，$3d$ 軌道に電子が配置されていくのであるが，Cr で $(3d)^4(4s)^2$ でなく $(3d)^5(4s)^1$，Cu で $(3d)^9(4s)^2$ でなく $(3d)^{10}(4s)^1$ となっている。これは，$3d$ 軌道と $4s$ 軌道のエネルギーの高低は，電子間の反発がからんで微妙な関係になっており，特に，5 つの $3d$ 軌道に電子が 1 つずつ，あるいは 2 つずつ配置された状態は，5 つの d 軌道全体でみると完全に球対称になっており，その点で電子間の反発が最小になっていて，相対的に安定になっているからである。

Cr, Cu のように，単純に電子を配置したものを微変更しなくてはならないこともあるが，原子番号とともに，右図の矢印の下から上の順

$1s \to 2s \to 2p \to 3s \to 3p \to 4s \to 3d \to 4p \to 5s \to 4d \to 5p \to 6s \to 4f \to \cdots$ の軌道に電子が配置されていく。

26

原子番号1～86の元素の電子配置

(■は原子番号とともに電子が配置されていく軌道の電子数)

	1s
₁H	1
₂He	2

		2s	2p
₃Li	[He]	1	
₄Be	[He]	2	
₅B	[He]	2	1
₆C	[He]	2	2
₇N	[He]	2	3
₈O	[He]	2	4
₉F	[He]	2	5
₁₀Ne	[He]	2	6

		3s	3p
₁₁Na	[Ne]	1	
₁₂Mg	[Ne]	2	
₁₃Al	[Ne]	2	1
₁₄Si	[Ne]	2	2
₁₅P	[Ne]	2	3
₁₆S	[Ne]	2	4
₁₇Cl	[Ne]	2	5
₁₈Ar	[Ne]	2	6

		3d	4s	4p
₁₉K	[Ar]		1	
₂₀Ca	[Ar]		2	
₃₁Ga	[Ar]	10	2	1
₃₂Ge	[Ar]	10	2	2
₃₃As	[Ar]	10	2	3
₃₄Se	[Ar]	10	2	4
₃₅Br	[Ar]	10	2	5
₃₆Kr	[Ar]	10	2	6

		3d	4s
₂₁Sc	[Ar]	1	2
₂₂Ti	[Ar]	2	2
₂₃V	[Ar]	3	2
₂₄Cr	[Ar]	5	1
₂₅Mn	[Ar]	5	2
₂₆Fe	[Ar]	6	2
₂₇Co	[Ar]	7	2
₂₈Ni	[Ar]	8	2
₂₉Cu	[Ar]	10	1
₃₀Zn	[Ar]	10	2

		4d	4f	5s	5p
₃₇Rb	[Kr]			1	
₃₈Sr	[Kr]			2	
₄₉In	[Kr]	10		2	1
₅₀Sn	[Kr]	10		2	2
₅₁Sb	[Kr]	10		2	3
₅₂Te	[Kr]	10		2	4
₅₃I	[Kr]	10		2	5
₅₄Xe	[Kr]	10		2	6

		4d	4f	5s
₃₉Y	[Kr]	1		2
₄₀Zr	[Kr]	2		2
₄₁Nb	[Kr]	4		1
₄₂Mo	[Kr]	5		1
₄₃Tc	[Kr]	6		1
₄₄Ru	[Kr]	7		1
₄₅Rh	[Kr]	8		1
₄₆Pd	[Kr]	10		
₄₇Ag	[Kr]	10		1
₄₈Cd	[Kr]	10		2

		4f	5d	5f	5g	6s	6p
₅₅Cs	[Xe]					1	
₅₆Ba	[Xe]					2	
₈₁Tl	[Xe]	14	10			2	1
₈₂Pb	[Xe]	14	10			2	2
₈₃Bi	[Xe]	14	10			2	3
₈₄Po	[Xe]	14	10			2	4
₈₅At	[Xe]	14	10			2	5
₈₆Rn	[Xe]	14	10			2	6

		4f	5d	5f	5g	6s
₅₇La	[Xe]		1			2
₇₂Hf	[Xe]	14	2			2
₇₃Ta	[Xe]	14	3			2
₇₄W	[Xe]	14	4			2
₇₅Re	[Xe]	14	5			2
₇₆Os	[Xe]	14	6			2
₇₇Ir	[Xe]	14	7			2
₇₈Pt	[Xe]	14	9			1
₇₉Au	[Xe]	14	10			1
₈₀Hg	[Xe]	14	10			2

		4f	5d	5f	5g	6s
₅₈Ce	[Xe]	2				2
₅₉Pr	[Xe]	3				2
₆₀Nd	[Xe]	4				2
₆₁Pm	[Xe]	5				2
₆₂Sm	[Xe]	6				2
₆₃Eu	[Xe]	7				2
₆₄Gd	[Xe]	7	1			2
₆₅Tb	[Xe]	9				2
₆₆Dy	[Xe]	10				2
₆₇Ho	[Xe]	11				2
₆₈Er	[Xe]	12				2
₆₉Tm	[Xe]	13				2
₇₀Yb	[Xe]	14				2
₇₁Lu	[Xe]	14	1			2

2．原子の性質の周期性

1 周期表

前ページで見てきた電子配置に注目すると，原子番号とともに電子が配置されていく軌道が，s, p, d, fのどの軌道であるかで元素を分類することができる。たとえば，$_5$B～$_{10}$Neは$2p$軌道に電子が配置されていくので$2p$ブロック元素である。もちろん，$2p$軌道は$2p_x$, $2p_y$, $2p_z$の3つがあるから，ここに属する元素は$3\times 2 = 6$つである。

	軌道数／殻		定員／軌道	総定員	
sブロック元素	1	×	2	= 2	⇒ 2元素からなる
pブロック元素	3	×	2	= 6	⇒ 6元素からなる
dブロック元素	5	×	2	= 10	⇒ 10元素からなる
fブロック元素	7	×	2	= 14	⇒ 14元素からなる

現在使われている周期表は，各元素がどのブロックに属するのかわかるようにつくられている。

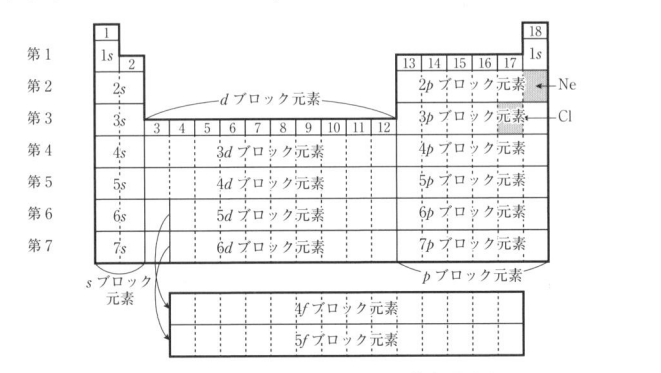

したがって，各元素の電子配置は，周期表での位置と左図の対応図より求めることができる。

〔例〕 Cl　第3周期17族

$$\text{Cl} = \underline{[\text{Ne}]}\,3s^2\,3p^5$$
$$\phantom{\text{Cl} = }\,1s^2\,2s^2\,2p^6$$
$$= \text{K}^2\text{L}^8\text{M}^7$$

＜周期表上の元素の位置のゴロ合わせによる覚え方例＞

1	2	3	4	5	6	7	8	9	10	11	12	13	14	15	16	17	18
H 水																	He へん 平に
Li リッチー リー	Be ベ 浴 べ											B ホウ び	C 苦 し	N チ の	O お〜 お	F ふ 夫	Ne ね 寝る
Na な 名	Mg マ 前								オリンピックと覚えよう			Al 有美 有る	Si 心 あり 競	P リンと 輪	S いよ S号	Cl くら 緑	Ar 歩 あるか
K カリウム きる か	Ca 化 か	Sc スコッチ	Ti チ	V バ	Cr クロ	Mn マン	Fe 鉄の	Co コルト	Ni に	Cu 銅	Zn 亜鉛よ	Ga が が，か	Ge げ！ げる	As 密か 明日は	Se せい 千	Br 周 秋	Kr く 楽
Rb ルビーを	Sr する	Y	Zr	Nb	Mo	Tc	Ru	Rh	Pd	Ag	Cd カードを	In イン	Sn すン	Sb アンチ	Te ては	I 囲	Xe くせ
Cs せしめて	Ba バ	La*	Hf	Ta	W	Re	Os	Ir	Pt	Au	Hg すぐに	Tl テリ	Pb な	Bi ビジネス	Po ボロだぞ	At 熱たかい	Rn 乱れている
Fr フランスへ	Ra ラ	Ac**	Rf	Db	Sg	Bh	Hs	Mt									

＊$_{57}$La～Lu（ランタノイド），＊＊$_{89}$Ac～Lr（アクチノイド）

2 原子と電子の出入り

原子は電気的には中性のボールみたいなものである。にもかかわらず，原子と原子の間に引力が働いて化学結合が生じる。これは電気的に中性という点では同じであるが，各元素によって，原子核に束縛される電子の状態（主にエネルギー状態）が違っているため，原子が接近するとよりエネルギー的に安定な状態へ e^- の移動が起こる，つまり，原子の間で e^- のやりとりが，形態はさまざまであるが，起こるからである。したがって，**化学結合について具体的に学ぶ前に，原子の性質として，電子の出入りに対する挙動を知っておくことが必要**である。

まず，e^- を出すことについてであるが，いかなる場合も e^- は原子核に束縛されているからこそ，原子核のまわりを運動しているのである。したがって，その束縛されている電子を取り去るとき必ず抵抗がある。この抵抗に抗して e^- を取り去るにはエネルギーが必要である。このエネルギーのことを**イオン化エネルギー**と呼ぶ。この値が大きいほど抵抗が大きいことになるから，**イオン化エネルギーは，電子の出しにくさの指標**になる。まず1個，さらに1個，と次々に取り去ると，原子は，A^+, A^{2+}, A^{3+}, … となっていくが，それぞれの段階で必要なエネルギーを区別するため，第1，第2，第3，… をつける。ただし，何もつけないときは，通常，第1イオン化エネルギーのことを指している。

次に，e^- を入れることについてであるが，もともと電気的には中性の粒子である原子に e^- を近づけたとき，単純に考えると歓迎も抵抗もしないはずである。ただ，電子配置によっては，少しは歓迎することもできるであろう。このときの e^- に対する歓迎度は，e^- を入れたとき，どれくらいエネルギー的に安定になるか，つまり，どれぐらい発熱するかで評価できる。そこで，これを**電子親和力**という（力となっているが単位は熱である点に注意しよう）。この値が大きいほど歓迎度が大きい，つまり，**電子親和力は電子の入れやすさの指標**になる。電子親和力も第1，第2，第3，… が考えられるが，第2以降は陰イオンに e^- を近づけることになるから，斥力が必ず働く。そこで，この過程は吸熱反応になる，つまり，その値は負になる。

$$\begin{array}{l} A^{3+}+3e^- \\ \hline A^{2+}+2e^- \uparrow \Leftarrow 第3I_A \\ \hline A^{+}+e^- \quad \Leftarrow 第2I_A \\ \hline A \quad \uparrow \Leftarrow 第1I_A \end{array}$$

これらの値は，電子配置と密接に関係しているはずだから，原子番号順に並べたとき，当然周期性が予想される。それらを念頭において学んでいくとよいであろう。

① 第1イオン化エネルギー

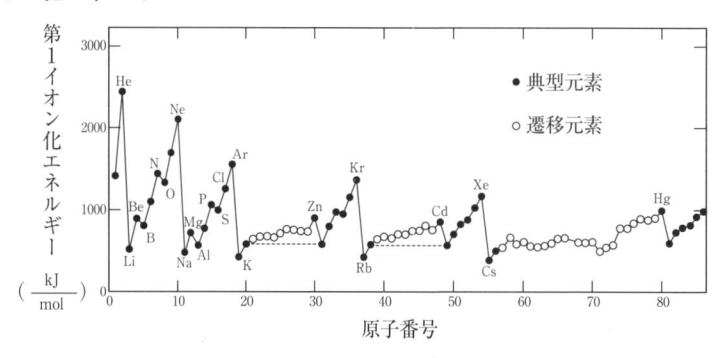

〔傾向〕　原子番号の増加とともに周期的な変化を示すが，大きな傾向として

　　典型元素……① 同一周期では増，　② 同族では少しずつ減

　　遷移元素……③ ほとんど変化なし

小さな傾向として

　　典型元素……④ Be-B, Mg-Al で①が逆転，　⑤ N-O, P-S で①が逆転

〔説明〕　これらの理由を電子配置をもとに考察してみるが，大きな傾向はK殻，L殻，…など電子配置についての大雑把な情報（ボーアモデル）でも十分に説明ができるであろう。一方，小さな傾向は，s, p などより突っ込んだ電子配置の情報を使わないと説明できないと考えられる。まず，電子を引き離すときの抵抗をボーアモデルをもとに考えてみよう。今，左下図のような原子を考える。原子核の陽子の数を x, 内殻の電子の数を y, 最外殻電子の数を z とする（$x = y + z$）。この原子の電子ⓐを引き離すときにかかる力を求めてみよう。ⓐは原子核の陽電荷と引き合い，$(x-1)$ 個の電子とは反発し合っている。そこで，ⓐを引き離すとき，この合力の引力を感じるわけであるが，まず，内殻にある y 個の e^- は平均すると原子核の位置に電荷を集中させていることになるから，原子核の核電荷は y 個の e^- の電荷量だけ打ち消されていると考えてよい。そこで，ⓐと原子核付近の内側との引力は，

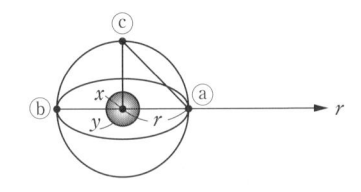

$$f_{内} = k \cdot \frac{(x-y)e \cdot e}{r^2} = k' \cdot \frac{z}{r^2} \qquad (k' = ke^2)$$

となる。一方，最外殻の電子間の斥力は，たとえばⓐ-ⓑ，ⓐ-ⓒでは

$$f_{ⓐ-ⓑ} = \frac{ke^2}{(2r)^2} = k' \cdot \frac{1}{r^2} \times 0.25$$

$$f_{ⓐ-ⓒ} = \frac{ke^2}{(\sqrt{2}r)^2} \times \frac{1}{\sqrt{2}} = \frac{k'}{r^2} \times 0.35 \quad (引き離す方向のベクトル成分)$$

となり，k'/r^2 のほぼ $\alpha \fallingdotseq 0.3$ 倍となる。この斥力は $(z-1)$ 個あるから，全体の引力 f は，ほぼ

$$f = f_{内} - f_{外} \fallingdotseq k' \cdot \frac{\{z - \alpha(z-1)\}}{r^2} = \frac{k'}{r^2} \cdot x^* \qquad \cdots\cdots(1)$$

と表される。結局，最外殻電子は原子中心に向かって，r 離れたところで $x^* = z - \alpha(z-1) = (1-\alpha)z + \alpha$ の電荷を感じていると考えることができる。この x^* を有効な核電荷という。

(1)式を使うと①〜③は簡単に説明される。すなわち，原子番号 (x) の増加とともに，

①　典型元素の同一周期では，〔$x\uparrow$ でも y 一定〕⇒〔$x - y = z \uparrow$〕⇒〔$f\uparrow$〕⇒〔$I_A\uparrow$〕

②　典型元素の同族では，z は同じであるが最外殻が L, M, N, …となっていくため，r が大きくなる，すなわち，〔$x\uparrow$ でも z 一定，ただし $r\uparrow$〕⇒〔$f\downarrow$〕⇒〔$I_A\downarrow$〕

③　遷移元素では，原子番号とともに内殻電子が増加し，最外殻はほとんど不変。

〔$x\uparrow$ でも $z\rightarrow$〕⇒〔$f\rightarrow$〕⇒〔$I_A\rightarrow$〕

さて，以上の説明では，④～⑤の説明はできない。これらを説明するためには，電子配置についてもっと詳しい考察が必要となる。ただ，これらの小さな傾向は，将来物質の性質を理解するときにほとんど役に立たないものであるので，その理由を詳細に学んだとしてもあまり意味がない。そこで，ここでは，BeとBにおける逆転の説明を参考のために挙げておくだけにする。Be＝$(1s)^2(2s)^2$, B＝$(1s)^2(2s)^2(2p)^1$ であった。zはBeで2，Bで3であるから，(1)式よりfはBの方が大きいということは一般的には言える。事実，$2s$軌道について言えば，Bの方がエネルギーは低い。ただ，Bでは，最外殻の3個目の電子は$2s$軌道より上の$2p$軌道に入っている。このことによって，I_AがBeとBで逆転することになったのである。

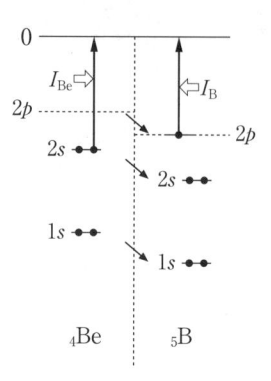

ロ　第nイオン化エネルギー

〔傾向〕　①　第1＜第2＜第3＜…

　　　　　②　内殻からe^-が取り去られる段階で飛躍的に増加する。

〔説明〕　第一イオン化エネルギーのときに考察したのと同様にして，抜き去られる電子の感じる引力（f）を求めてみよう。第nイオン化のときは，最外殻電子は$z-(n-1)$個になっているから，最外殻での電子間斥力の数は，$z-(n-1)-1＝z-n$となる。よって，

$$f \fallingdotseq \frac{k'\{(x-y)-\alpha(z-n)\}}{r^2}$$

そこで，nが増すと一般にfが増す。すなわち，①の傾向が出てくる。

一方，$n＝z+1$のときは，一つ内側の殻からe^-を取ることになる。そこで，yはさらに内側の殻にある電子数となり一気に減少し，これにともないfが急激に大きくなる。これが②の傾向をもたらす。この飛躍時の値は一般に数千kJ/molである。このような大量のエネルギーは，通常の化学反応ではやりとりされない。たとえば，MgがMg^{3+}による結晶をつくらない理由はここにある。

	電子配置			イオン化エネルギー（電子ボルト (eV)*）							
	1	2	3								
	s	s,p	s,p	1st	2nd	3rd	4th	5th	6th	7th	8th
H	1			13.6							
He	2			24.6	54.4			*kJ/mol＝eV×96			
Li	2	1		5.4	75.6	122.4					
Be	2	2		9.3	18.2	153.9	217.7				
B	2	2,1		8.3	25.1	37.9	259.3	340.1			
C	2	2,2		11.3	24.4	47.9	64.5	392.0	489.8		
N	2	2,3		14.5	29.6	47.4	77.5	97.9	551.9	666.8	
O	2	2,4		13.6	35.1	54.9	77.4	113.9	138.1	739.1	871.1
F	2	2,5		17.4	35.0	62.6	87.2	114.2	157.1	185.1	953.6
Ne	2	2,6		21.6	41.1	64.0	97.2	126.4	157.9		
Na	2	2,6	1	5.1	47.3	71.7	98.9	138.6	172.4	208.4	264.2
Mg	2	2,6	2	7.6	15.0	80.1	109.3	141.2	186.9	225.3	266.0
Al	2	2,6	2,1	6.0	18.8	28.4	120.0	153.8	190.4	241.9	285.1
Si	2	2,6	2,2	8.1	16.3	33.4	45.1	166.7	205.1	246.4	303.9
P	2	2,6	2,3	11.0	19.7	30.2	51.4	65.0	220.4	263.3	309.3
S	2	2,6	2,4	10.4	23.4	35.0	47.3	72.5	88.0	281.0	328.8
Cl	2	2,6	2,5	13.0	23.8	39.9	53.5	67.8	96.7	114.3	348.3
Ar	2	2,6	2,6	15.8	27.6	40.9	59.8	75.0	91.3	124.0	143.5

(ハ) 第1電子親和力

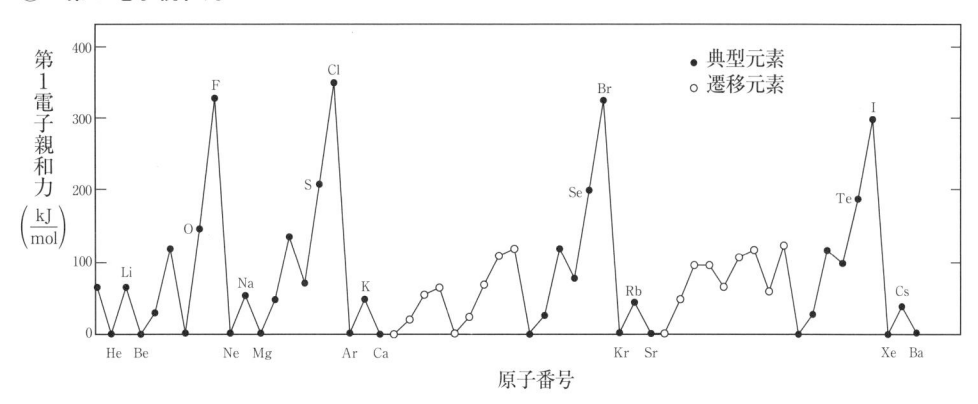

[グラフ: 横軸 原子番号、縦軸 第1電子親和力 (kJ/mol)。典型元素●、遷移元素○。He, Li, Be, O, F, Ne, Na, Mg, S, Cl, Ar, K, Ca, Se, Br, Kr, Rb, Sr, Te, I, Xe, Cs, Ba などがラベルされている。]

〔傾向〕① 第1イオン化エネルギーに比べてかなり小さい。
② 18族, 2族は, ゼロに近い。また他は, ほとんど正の値。
③ ハロゲン元素は特に大きい。

〔説明〕

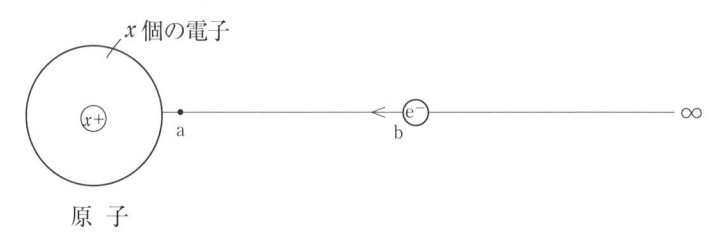

[図: 原子(x個の電子, x+の核)と、a点、b点、e⁻、∞を結ぶ直線]

① 第1電子親和力は, 無限遠点から, 原子(陽子の数と電子の数が等しい電気的に中性な粒子)にe⁻を接近させる際のエネルギー変化量である。電気的に中性である原子とe⁻との間には本来何ら引力も斥力も働かない。したがって, 最低限でもM⁺とe⁻の間の引力が働く所でe⁻を移動させたときのエネルギー変化(第1イオン化エネルギー)に比べて, 全体的にエネルギー変化量が少ないのは当たり前であろう。

② ただ, e⁻が上図のa点付近までくると, 原子は単純な球状の中性粒子とはみなせなくなる。ここまでくると, 最外殻の電子との斥力と, 原子核陽電荷から内殻の電子数を引いた陽電荷との引力とがからんだ力を受けると考えられる。最外殻の電子が, ほとんど球対称に分布しているときは, この差し引きした力はゼロになる。よって, 18族, 2族(ns^2の電子配置)の値はほぼ0になると考えられる。

③ 一方, その他の族の元素の最外殻の電子分布は球対称ではない。たとえば, 塩素の最外殻の電子配置は $(3s)^2(3p_x)^2(3p_y)^2(3p_z)^1$ であるから, 電子の完全球対称な分布からすると, x, y軸方向はやや負に, z軸方向はやや正になっている。したがって, a点付近にまで接近したe⁻がこのz軸方向から近づいて$3p_z$軌道に入るとき, 全体としては引力が働くと考えられる(ただ, 新たに加わった電子が同殻の電子と反発し合うため, 互いに遠ざかろうとして全体的にM殻は外へ広がることになるであろう。すなわち, 陰イオン半径は必ず原子半径

Clの最外殻

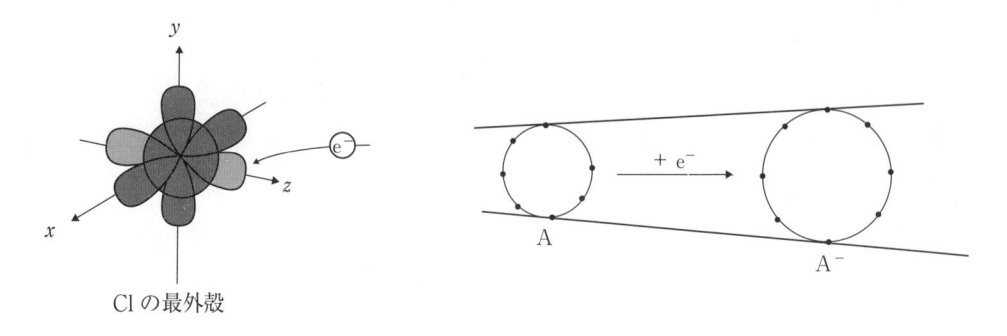

より大きくなる)。17族の場合，1個のe^-を最外殻に入れることによって，最外殻は完全に球対称になり電子間の反発が最もうまく避けられたバランスのよい電子配置になれることも手伝って，陰イオンをつくるときの安定性が特に大きくなるものと考えられる。他の族の元素では，e^-を受け入れたとき，ハロゲン族ほどの安定性は得られないが，最外殻の中に電子のやや不足したところがあるから，ここへe^-を受け入れるとほんの少し安定になる。つまり，第1電子親和力は小さいが正となる。

なお，さらに2個目のe^-をつけ加えようとすると，すでに1個のe^-を受け入れて負の粒子（1価の陰イオン）になっているところへe^-を近づけることになるため，斥力が必ず働く。その結果，第2電子親和力はすべて負となる。たとえば，O，Sの第2電子親和力は次のようになる。

$$O^-(気体) + e^- = O^{2-}(気体) - 780 \text{ kJ}$$
$$S^-(気体) + e^- = S^{2-}(気体) - 590 \text{ kJ}$$

この値は，1族の第1イオン化エネルギー（約500 kJ/mol）と同程度の値である（なぜかわかりますか？）。

以上のイオン化エネルギー，電子親和力の値の様子から，各元素の原子は電子の出入りに対しどの程度抵抗したり歓迎したりするのかがわかる。いずれの原子もe^-を出すことには抵抗するが，周期表で左側の元素より右側にいくにしたがって，その度合は大きくなる。一方e^-が入ることに対しては，一部の例外を除いてわずかだが歓迎する。その中で17族や16族は他に比べてその度合が大きい。これらをまとめると

- 17族や16族の元素の原子はe^-を入れて陰イオンになるか，少なくとも陰性気味になろうとする傾向が強いと予想される。そこでこれらの元素は**陰性元素**と呼ばれている。

- 1族，2族の元素や遷移元素の原子は，他の元素と同様にe^-を進んで出すわけではないが，e^-を出すことに対して抵抗感は他の元素の原子より少ない。そこで，e^-を陰性元素の原子に与えた結果，イオン結合が生じて全体としては安定化できるようなときは，陽イオンになることが予想される。そこで，これらの元素は**陽性元素**と呼ばれている。

3 原子，イオンの大きさ

単独で存在する，つまり気体状の原子やイオンの大きさを実験的に測定する手段はない。また，すでに述べたように，原子核のまわりの電子が示す現象は電子が波動的にふるまっていると考えないと説明がつかないのだから，電子がある決められたところをぐるぐる回っていると言うことはできず，この場所には電子は確率 x ％で発見されるというようなことしか理論的にも予想できない。つまり，実験的にも，理論的にも，原子やイオンの大きさを決めることはできない。ただ，数値は決められなくても，その平均的な半径の大小関係は，ある程度理論的に予想することができる。

(1) K殻，L殻，M殻，… の殻の位置は外へ向かっていくのだから，最外殻電子の属する殻によって，原子半径の大小関係が決まる。

(2) 最外殻電子の属する殻が同じなら，有効核電荷 $= x^* = z - \alpha(z-1)$（☞上.p.29）が大きいほど電子を中心部へ引きつける力が大きいので，原子半径は小さくなる。

(3) 電子の数（電子配置）が同じなら，電子間の斥力の働き方が同じになるので，陽子の数が大きいほど原子，イオンは小さくなる。

以上の点を考慮すると，原子，イオンの大きさは，原子番号とともに次のように変化すると予想される。

- 原 子：同一周期では 減
  （∵〔殻同じで $z\uparrow$〕 $\Rightarrow$〔$x^*\uparrow$〕 $\Rightarrow$〔$r\downarrow$〕）

  同一族では 増
  （∵〔x^*同じで殻 $\uparrow$〕 $\Rightarrow$〔$r\uparrow$〕）

- イオン：同一電子数では 減
  （∵〔電子数同じで陽子数 $\uparrow$〕 $\Rightarrow$〔$r\downarrow$〕）

  同一族では 増
  （∵〔x^*同じで 殻 $\uparrow$〕 $\Rightarrow$〔$r\uparrow$〕）

ただし，何度も述べるが，原子の半径は実験的には求めることができない。では，教科書などに載せられている原子半径，イオン半径の値は，どのようにして決定されたものであろうか。それは，原子と原子が何らかの力で集合したとき，その原子核間の距離はX線回折やスペクトルの情報などから決定されるので，この距離を適当な仮定の下に2つの原子に割りふって出された値である。だから，そのときの結合の種類によって，金属結合半径，共有結合半径，イオン（結合）半径，ファンデルワールス半径と名づけて区別している。これらの半径には，もちろん，

原子のもとの大きさがまず影響している

と考えられるが，それ以外に，

結合の強さも反映している。

つまり，結合が強いほど，強く引き合っているのだから，原子核間距離は短くなり，各原子にふり分けられる距離(半径)も小さくなる。たとえば，同じ炭素原子間の結合でも，その炭素

原子間距離は

$$C\equiv C < C=C < C-C$$

と違っている。炭素原子間の結合を媒介している電子の数が，6, 4, 2 となっており，これにともなって結合力が減少していくために，結合間隔が広くなっていくのだと考えることができる。

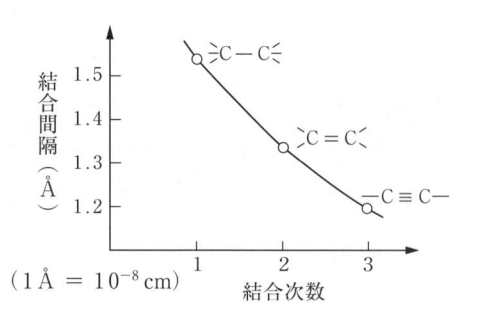

あるいは，同じ元素の共有結合半径は金属結合半径より短いこともよく知られている。たとえば，高温で存在する Na_2 分子は Na と Na が共有結合で結合しているのであるが，このとき Na－Na の距離は 3.08Å である。一方，常温で存在する Na の金属結晶中では，Na－Na の距離は 3.80Å である。このようになるのも，2原子核間に限って言うなら，その結合力が Na_2 の結合の方が大きいからである。($1\text{Å} = 10^{-8}\text{cm}$)

そこで，実験値をもとに，原子の大きさの大小関係を考察するのなら，できるだけ結合の種類は同じで，結合力もあまり違わないと思われる状態での値を使うのが望ましい。その点から考えると，2原子間に単結合が生じたときの値をもとに算出された共有結合半径の値が，結合する前の原子半径の大小関係を最もよく反映していると考えられる。

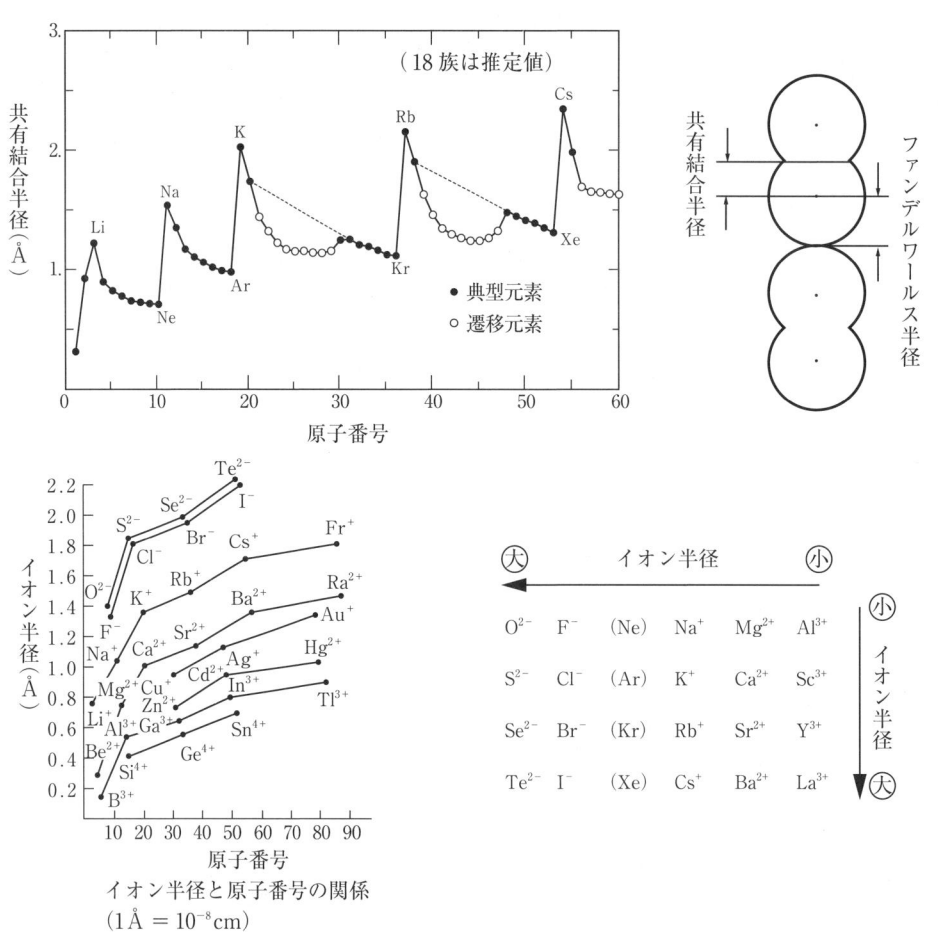

イオン半径と原子番号の関係
($1\text{Å} = 10^{-8}\text{cm}$)

← イオン半径 大				イオン半径 小 →	
O^{2-}	F^-	(Ne)	Na^+	Mg^{2+}	Al^{3+}
S^{2-}	Cl^-	(Ar)	K^+	Ca^{2+}	Sc^{3+}
Se^{2-}	Br^-	(Kr)	Rb^+	Sr^{2+}	Y^{3+}
Te^{2-}	I^-	(Xe)	Cs^+	Ba^{2+}	La^{3+}

（縦方向：小 → 大 イオン半径）

第3章 結　　合

1. 原子間の結合をもたらしているものは何か

　原子は，絶対零度でない限り，温度に比例する運動エネルギーを持って思い思いの方向に広がっていく。だから，もし，原子の間に何の引力も働かなければ，ある瞬間に原子と原子が近づいて接着（結合）しても，すぐ離れ去ってしまうことになる。すなわち，原子間の結合は原子間に働く何らかの引力が原因となって生じる。では，それはどんな引力なのであろうか。現在，自然界には，万有引力，電磁相互作用，強い相互作用，弱い相互作用の4つの基本的な力が存在すると言われている。この中で，強い相互作用は 10^{-13} cm 程度，弱い相互作用は 10^{-18} cm 程度離れたところで素粒子が相互作用するときに働く力であり，10^{-8} cm 程度離れたところで原子核と電子が相互作用するときに現れることは考えられない。そこで，原子間に働く力として，万有引力か電磁相互作用のどちらかが考えられる。どちらが主に効いているかを簡単なモデルを使って検討してみよう。

　1個の水素原子から2Å離れたところへ別の水素原子が下図のような配置でやって来たとき，その原子を引き寄せる万有引力と，静電引力がいくらになるかを計算しよう。

$\begin{pmatrix} \text{原子半径を 0.5 Å と} \\ \text{した} \\ 1\text{Å} = 10^{-8} \text{ cm} \\ \phantom{1\text{Å}} = 10^{-10} \text{ m} \end{pmatrix}$

・万有引力 $= \dfrac{GMM'}{r^2}$　（G は定数，M, M' は質量，r は距離）

$$f_{万引} = f_{1\text{-}2} + f_{1\text{-}2'} + f_{1'\text{-}2} + f_{1'\text{-}2'}$$

$$= \frac{GM_+ \cdot M_+}{(r_{1\text{-}2})^2} + \frac{GM_+ \cdot m_-}{(r_{1\text{-}2'})^2} + \frac{Gm_- \cdot M_+}{(r_{1'\text{-}2})^2} + \frac{Gm_- \cdot m_-}{(r_{1'\text{-}2'})^2}$$

$M_+ \gg m_-$ より第二項以下は無視できて

$$\fallingdotseq \frac{GM_+ \cdot M_+}{(r_{1\text{-}2})^2} = \frac{6.67 \times 10^{-11} \times (1.67 \times 10^{-27})^2}{(2 \times 10^{-10})^2}$$

$$= 4.65 \times 10^{-45} \text{ (N)}$$

・静電力 $= \dfrac{kQQ'}{r^2}$　（k は定数，Q, Q' は電気量，r は距離）

$$f_{静引} = \underset{(斥力)}{f_{1\text{-}2}} + \underset{(引力)}{f_{1\text{-}2'}} + \underset{(引力)}{f_{1'\text{-}2}} + \underset{(斥力)}{f_{1'\text{-}2'}}$$

$$= -\frac{ke^2}{(r_{1\text{-}2})^2} + \frac{ke^2}{(r_{1\text{-}2'})^2} + \frac{ke^2}{(r_{1'\text{-}2})^2} - \frac{ke^2}{(r_{1'\text{-}2'})^2}$$

$$= ke^2 \times \left(-\frac{1}{(r_{1\text{-}2})^2} + \frac{1}{(r_{1\text{-}2'})^2} + \frac{1}{(r_{1'\text{-}2})^2} - \frac{1}{(r_{1'\text{-}2'})^2}\right)$$

$$= 9.0 \times 10^9 \times (1.6 \times 10^{-19})^2 \times \left(-\frac{1}{4} + \frac{1}{6.25} + \frac{1}{2.25} - \frac{1}{4}\right) \times \frac{1}{10^{-20}}$$

$$= 2.4 \times 10^{-9} \text{(N)} \gg 4.65 \times 10^{-45} = f_{万引}$$

　以上の計算から，原子間に働く万有引力は静電的な相互作用に比べ桁違いに小さいことがわかる。つまり，**原子間の結合は，基本的には原子核と電子の間に働く電気的な引力によって形成される**　と結論することができる。

2. 粒子間に働く力とエネルギー

原子間に引力が働くから結合ができると述べた。だが，一般に引力は距離が近くなればなるほど強くなるから，引力だけを考えると，原子はどんどんと近づき続けることになる。だから，ある距離より近づけば今度は急に斥力が強くなり出すと考えなくてはならない。また，結合している原子を引き離そうとすると，当然抵抗が生じ，それに逆らって引き離そうとすればエネルギーが必要になる。このように，原子と原子が結合するときのことを，2つの原子核間距離との関係で考えようとするとき，**引力，斥力，エネルギー**の3つの用語を使うことになる。そこで，具体的な結合のことを述べる前に，この3つの関係をまず理解しておくことが大切である。

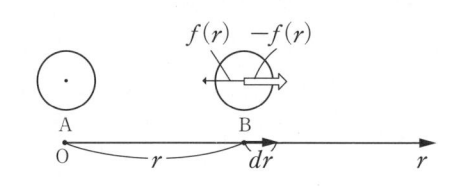

右図のように，2つの微粒子が，r だけ離れて存在し，その間に $f(r)$ の力が働いていたとする。ただし，力は一般にベクトル量であるが，今は r の方向のみでの粒子の移動を考えているから，一次元ベクトルで表しうる。したがって，$f(r) > 0$ なら力は正の方向（斥力）で，$f(r) < 0$ なら力は負の方向（引力）である。さて，この B 粒子を dr だけゆっくりと動かしたときを考える。AB 間には $f(r)$ という力が作用しているからこれをゆっくりと動かすには，これと反対向きで，大きさはほとんど等しい力（$-f(r)$）を加えなくてはならない。そこで，このとき，物体になした仕事は，$(-f(r))dr$ となる。その結果，AB のエネルギー状態が変わるが，ゆっくりと動かしたため，運動のエネルギーは不変である。そこで，AB 間の位置のエネルギー E が $(-f(r))dr$ 変化することになる。この位置のエネルギーの変化量を $dE(r)$ とすると，$dE(r) = (-f(r))dr$ となるから，これより

$$f(r) = -\frac{dE(r)}{dr}$$

が導かれる。つまり，2粒子間の引力は，その位置における位置のエネルギーの r による微分値の符号を変えたものであることがわかる。したがって，2粒子間が結合するときのエネルギー，引力，斥力の関係は下のようにならなくてはならない。

位置	dE/dr	$f(r)$	力
1	負	正	斥力
2	0	0	0
3	正	負	引力

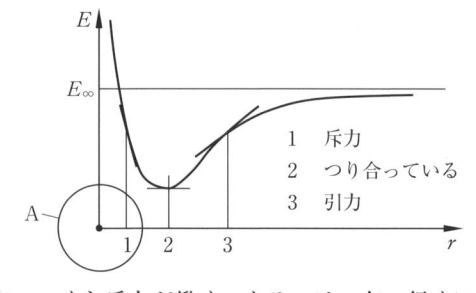

1 斥力
2 つり合っている
3 引力

すなわち，2より右へいくと引力が働き，左へいくと斥力が働く。あるいは，右へ行くにも左へ行くにもエネルギーがいる。そこで，B は 2 付近を振動しながら，A と結合することになる。

3. 結合の分化

1.で考察したように，原子間をつないでいる力は電気的なものである。しかし，原子の電子配置が元素によって異なるため，原子間の結合の姿も多様になる。それらの中から，特に極端な状態のものを取り出すと，**共有結合，金属結合，イオン結合** の3つの型がある。

1 まず共有結合が生じる

A，B，2つの原子が1Å〜3Åぐらいの位置で隣り合わせに並ぶと，各原子の電子の軌道が多様に（$1s-1s$，$2s-2s$，$1s-2s$，$2p_x-3p_x$，…）連結する。軌道が連結すれば，AからBへ，BからAへのe^-の相互乗り入れが可能になるが，連結した軌道は2つの原子にまたがる1つの軌道とみなされるため，定員2という制約がつく。したがって，原子の段階ですでに2個が満たされていた軌道間の連結や，電子2個の軌道と電子1個の軌道の連結では，電子の相互乗り入れは全く起こらない。そこで，電子1個の軌道（この電子を**不対電子**という）の間の連結か，電子2個の軌道と空の軌道の連結のときのみ，電子の相互乗り入れが可能になる。

不対電子を持ったり，エネルギー的に最も低い空軌道を持つ軌道は，ほとんどが最外殻軌道である。そこで，電子の相互乗り入れを通じて2つの原子が互いに関係し合う（結合する）ようにするのは主に最外殻の電子であり，これらの電子を一般に**価電子**と呼んでいる。

さて，電子が相互乗り入れをするとなぜ原子は離れなくなるのだろうか（単純にたとえて言えば，自分の子供（e^-）が他人の家へ遊びに行ったりしているのに，親だけが帰るわけにはいかないからであるが…）。まず，この電子からすれば，1つの原子核だけに引き寄せられている状態から2つの原子核に引き寄せられる状態になったため，エネルギー的に安定化し，その状態を続けようとするからである。それはまた，原子核からすると，相互乗り入れした電子をめぐって取り合いをしている状態でもある。当然，この電子は，2つの原子核の間付近に集まる。ただし電子間に反発があり，また，電子は運動しているから，電子は入れ代わり立ち代わり原子核間に集まってくると考えられる。つまり，**反目し合う原子核間に2つの電子が交互に入ってきて原子核を自分の方に引き寄せようとするから，あるいはこの電子を2つの原子核は引き寄せようとするから原子間に全体として引力が生じる** と考えられる。ただ，あまり原子間が接近すると，この動き回る電子で2つの原子核間の反発を抑えることは不可能になり，原子間に全体として斥力が働くようになる。その結果，ちょうど引力と斥力がバランスされる距離付近で結合が生じるようになる。このように，2つの軌道が重なり，2つの電子がその中に入って原子間で共有されると，その電子と原子核間の引力が土台となって原子間に結合が生じるのである。原子間の結合は，まずはこのような2つの電子（電子対）の共有による結合—**共有結合**—である。

2 共有結合から金属結合へ

Naを例にして考える。Na原子の最外殻は、⊙○○○の電子配置を持つ。これを、()Na()と表すことにしよう。さて、この原子を混合すると、何が起こるであろうか。

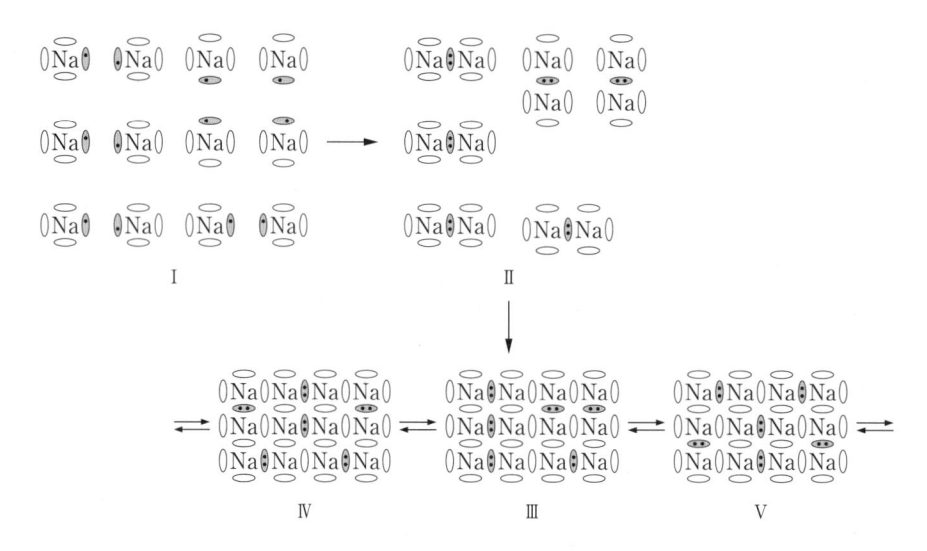

まず、ⅡのようにNa₂分子をつくるであろう。ところが、これらの分子は分子間力（あとで説明する）で互いに集まって、Ⅲのような状態をつくるようになる。このⅢの状態で注目すべきことは、空の軌道の重なり（Na()Na）が実に多いということである。もちろん、この軌道の中にはe⁻がないのであるから、合体した空軌道をはさむNa原子の間に結合は生じていない。しかし、もしこの中にe⁻が入ってくれば、この間に結合が生じることになる。ところで、Naは第1イオン化エネルギーが相対的に小さかったため、最外殻電子が原子核から離れることはそれほど困難ではなかった。そこで、Na⊙Naのような、空軌道へのe⁻の移動もまたそれほど困難ではなく可能となる。その結果、一度Ⅲのような状態ができれば、e⁻は次々と別の空軌道の中を移動し回って、⇌ Ⅵ ⇌ Ⅲ ⇌ Ⅴ ⇌のような結合状態に至る。このとき、Naの集団は、全体がつながった状態になる（もはや、この中には、Na₂分子は存在しない）。このような結合状態は、陽イオンの集合を、自由に動き回る電子（**自由電子**）がつなぎとめているものとみなすこともできる。このような結合を**金属結合**といい、**金属結合は、結合可能な空軌道を多く持ち、またイオン化エネルギーがあまり大きくない元素が集合したときに生じる。**

一方、逆に、空軌道が少なく、また第1イオン化エネルギーの大きな元素が集合したときは、このようなことは起こらず、結合は2原子間に固定する。すなわち、共有結合のママということになる。

3 共有結合からイオン結合へ

では，NaとClを混合するとどうなるであろう。まず，不対電子を持つ軌道が重なって共有結合が生じるに違いない。

しかし，第1イオン化エネルギー（e^- の出しにくさ），第1電子親和力（e^- の入れやすさ）はいずれも，ClのほうがNaより大きいため，e^- はClの方に存在しがちになる。すなわち，Ⅰの状態はⅡの状態よりとりやすい。その結果，平均的には，e^- はClの方に存在するため，Naは電子不足がち（$\delta+$），Clは電子過剰がち（$\delta-$）となった共有結合になる。このように＋と－が分子の中であらわになると分子の間で強く引力が働き，分子は集合してくる。

NaClの2分子が接近したとき，e^- は動き回っているので，さらにⅠ－Ⅰ，Ⅱ－Ⅱ，Ⅰ－Ⅱの配置が可能である。Ⅰ－Ⅰは2分子が離れているときより分子間が⊕と⊖で引き合っている分だけ安定である。Ⅱ－Ⅱは，分子間が⊕と⊖で引き合っている点では安定であるが，Naが⊖，Clが⊕になっている点で安定性を欠く。だから，分子間で e^- の移動が起こり，Ⅰ－Ⅰの状態に早急に戻るであろう。さらにⅠ－Ⅱでは分子間に斥力が働くため，このような状態はほとんど現れないと考えてよい。以上を総合すると，NaCl分子が離れている状態に比べて，Ⅱはさらにとりにくいことがわかる。つまり，2分子が接近することによって，Naはさらに e^- を失うことになる。NaCl分子間の集合が，2分子から3分子，3分子から4分子，……とどんどん進められていくと，Naはどんどん e^- を失いがちになり，遂には，ほぼ完全に1個の電子を失い，逆にClは1個の電子を得たとみなせる状態に至る。このとき，NaとClの間には共有結合は事実上消えてしまっている。だから，この状態は，Na^+ と Cl^- が静電引力で引き合いながら固体をつくったとみなすことができるため，このときの結合を**イオン結合**と呼ぶようになった。

ところで，この最終状態が Na^+ と Cl^- の集合体とみなせるということに注目して，まずNa原子が Na^+ に，Clが Cl^- になり，これらが次々と集合してくるという仮想的なステップを使ってイオン結合が説明されることが多い。

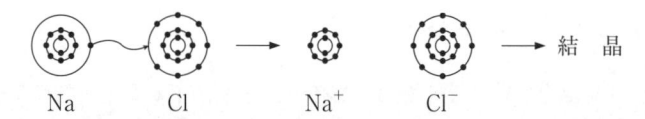

そして,「このはじめの電子の授受が起こることによって, Na は Na^+, Cl は Cl^- の安定な閉殻構造のイオンになれるからイオン結合が生じる」というような説明が至るところで見られる。ところが,この電子の受け渡しの過程では, Na のイオン化エネルギー (493 kJ/mol) を吸熱し, Cl の電子親和力 (364 kJ/mol) を発熱するから,差し引き,130 kJ/mol の吸熱であり,この過程は単独では決して起こることはありえない。すなわち,**まず e^- の受け渡しがあって,それから集まるというようなことは現実には起こっていない** のである。このような仮想的なステップに分けるのはあくまで,イオン結合というものが,どのような因子で構成されているのかを理論的に考察するためであることを忘れてはいけない。

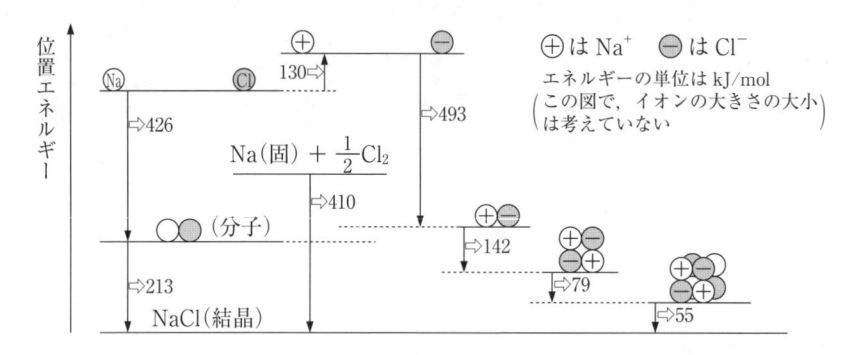

この図で,イオンが次々と集合していく過程での熱は, Na^+ と Cl^- が, 2.81 Å まで近づいたとしてクーロン力 (静電気力) から理論的に計算したものである。この図より,イオンが次々とクーロン力によって集合すると,エネルギー的にどんどん安定になっていくことがわかる。また,そのときのエネルギーが大きい (493 + 142 + 79 + 55 = 769) ため,電子の受け渡しのときの吸熱分 (130) を十分にカバーしていることがわかる。

一方,この図より NaCl (分子) と Na^+Cl^- では, NaCl (分子) の方が安定であることもわかるであろう。二原子分子の段階では 100 % イオンにならず,共有結合とイオン結合が混在している状態の方が安定であるのである。結晶中で事実上完全なイオンとなってしまうのは,集合すればするほどイオン性を高めた方が全体的には安定性が大きくなるからである。

4. 電気陰性度

二つの原子が接近して軌道が連結し,その連結した軌道を通じて電子が往来することから化学結合が生じるが,その共有された電子対を引き寄せる勢いの強弱などによって,金属結合やイオン結合に結合が分化していくということを学んだ。そこで,任意の結合がどの型の結合になるかを予想するためには,共有された電子対を引き寄せる勢い (電気陰性度) を適当な尺度で決めなくてはならない。

1 電気陰性度の評価法

① マリケン（Mulliken）の方法

A˙ + .B → A:B の反応で，もしBの方がAに比べ電気陰性度が非常に大きい場合は (A⁺:B⁻) となり，逆の場合は (A⁻:B⁺) となる。

したがって，ⓐの反応がⓑの反応より優勢のとき，Bの電気陰性度はAより大きいことになる。これはエネルギー的には，$Q_1 > Q_2$ のときである。この反応を3ステップに分けて考えよう。

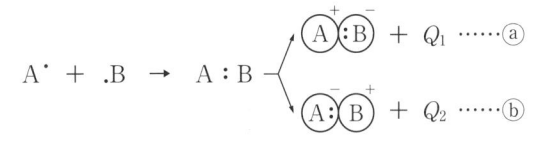

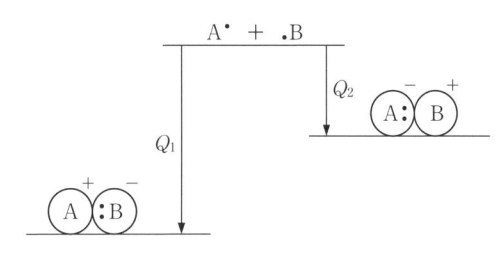

$\begin{cases} ㋐ & \text{一方が陽イオンになる。} & A˙ → A^+ + e^- & -I_A & (I_A：\text{イオン化エネルギー}) \\ ㋑ & \text{他方が陰イオンになる。} & e^- + .B → :B^- & +F_B & (F_B：\text{電子親和力}) \\ ㋒ & \text{2つのイオンが接近して} & A^+ + B^- → A^+B^- + Q_ク & \begin{pmatrix} Q_ク：\text{陽陰イオン} \\ \text{の接近にともな} \\ \text{うエネルギー} \end{pmatrix} \\ & \text{イオン性分子をつくる。} \end{cases}$

㋐ + ㋑ + ㋒ より

㋓　A˙ + .B → (A⁺:B⁻) + $(F_B - I_A + Q_ク)$

㋓とⓐを比べると　　$Q_1 = F_B - I_A + Q_ク$

同様にして　　$Q_2 = F_A - I_B + Q_ク$

これらを $Q_1 > Q_2$ に代入すると，

$$F_B - I_A + Q_ク > F_A - I_B + Q_ク$$
$$I_B + F_B > I_A + F_A$$

つまりBの電気陰性度（X_B）の方がAのそれ（X_A）より大きい場合（$X_B > X_A$），

$$I_B + F_B > I_A + F_A$$

が成り立つ。そこで，マリケンは，元素Aの電気陰性度を $X_A = k \cdot (I_A + F_A)$ で表した。このようにして，結合時において共有電子対を原子が引きつける勢い（電気陰性度）が前章で考察した単独で存在する1個の原子での電子の出入りのしやすさ，すなわち

イオン化エネルギー　と　電子親和力　の和

で評価されるのである。

② ポーリング（Pauling）の方法

2原子からイオン性の大きい分子が生成するときに生じる熱は，共有結合性の大きい分子が生成するときの熱より大きいことに目をつけて，電気陰性度の評価を行った。

$$A˙ + .B → A:B + Q_{AB}$$

を2ステップに分けて考える。ただし，次の A⊙B は共有結合100％の仮想的分子である。

㋐ まず単純に共有（covalent）結合する。　　A・ + ・B ⟶ A⊙B + Q_{AB}^{cov}

㋑ 電気陰性度の差によりさらに電子対は　　A⊙B ⟶ A⊙B + Q_{AB}^{ion}
　一方の原子側に移動して安定になる。

以上より，$Q_{AB} = Q_{AB}^{ion} + Q_{AB}^{cov}$ となる。Q_{AB} は実験から得られる。したがって Q_{AB}^{cov} を何らかの方法で評価すれば，電気陰性度と関係する Q_{AB}^{ion} を求めることができる。

そこで，次の反応の熱 Q_{A_2} と Q_{B_2} を使って

A・ + ・A ⟶ A⊙A + Q_{A_2}

B・ + ・B ⟶ B⊙B + Q_{B_2}

$Q_{AB}^{cov} = \frac{1}{2}(Q_{A_2} + Q_{B_2})$ とした。その結果 $Q_{AB}^{ion} = Q_{AB} - \frac{1}{2}(Q_{A_2} + Q_{B_2})$ となる。Q_{AB}^{ion} はもちろんイオン性が大きい場合ほど大きくなるはずだから，A，B の電気陰性度の差の増加関数である。A，B の電気陰性度を X_A, X_B と表すと，ポーリングは，$Q_{AB}^{ion} = k \cdot (X_A - X_B)^2$ とした。そして，水素の電気陰性度を $X_H = 2.1$（現在では 2.2 とされている）とすることによって，各元素の電気陰性度を求めた（実際は $Q_{AB}^{cov} = \sqrt{Q_{A_2} \times Q_{B_2}}$，つまり幾何平均を使っている）。

この他にもいくつかの評価方法がある。ただ，そのほとんどがマリケン，ポーリングの方法と同じようにエネルギーをもとに出されたものであり，その点では，電気陰性度は，共有電子対を引き寄せる勢いをエネルギーで評価したものと考えてよい。また，評価方法によらず，各元素の値はほぼ同じ程度の値になることから，これらの値は妥当であるとされている。

2 周 期 性

F が最大，Fr が最小であり，F を頂点にして Fr へ向かって順に減少している。つまり，

① 同一周期では，原子番号とともに増加。

② 同一族では，原子番号とともに減少。

③ 18族（希ガス族）は，他の元素と化合しにくいので電気陰性度の値は評価されていない。

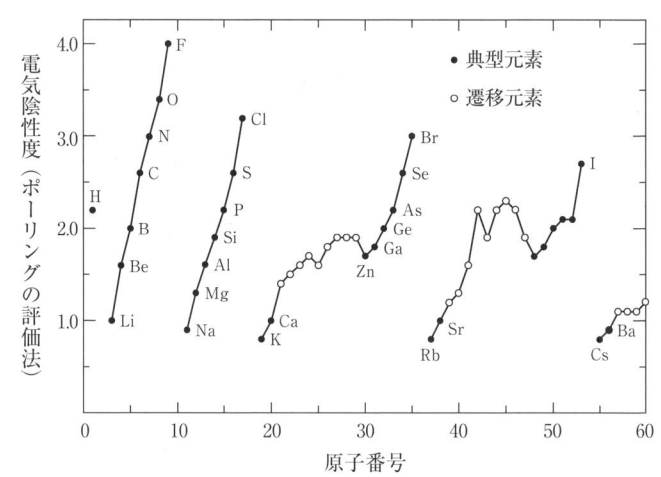

以上，電気陰性度の値のない18族を除くと，電気陰性度はイオン化エネルギーの傾向（☞上 .p.28）とほとんど一致する。上の図はポーリングの評価法により算出された値であるが，マリケンの評価法により算出された値とほとんど異ならない。マリケンによれば，元素 A の電気陰性度はイオン化エネルギーと電子親和力の和に比例した（$X_A = k(I_A + F_A)$）。ところ

第3章 結合　43

が電子親和力はたいていイオン化エネルギーよりかなり小さい

$I_A \gg F_A$

(☞上 .p.31)。その結果，電気陰性度はほぼイオン化エネルギーと同じ傾向 ($X_A \fallingdotseq k \cdot I_A$) を示すのである。

電気陰性度の立体図

注1. 基底状態の原子でなく，少し励起してから結合する場合がたまにある。たとえば，Bは $(1s)^2(2s)^2(2p_x)^1$ でなく，$(1s)^2(2s)^1(2p_x)^1(2p_y)^1$ の状態でしかも混成軌道 (☞上 .p.59) をつくって結合する。そこで，Bの電気陰性度を評価するときのイオン化エネルギーは p.28 の図とは少し違っている。したがって p.28 のイオン化エネルギーの値と p.31 の電子親和力の値を加えたものの一部は電気陰性度の値としては使えない。

注2. 電気陰性度の値は，まわりに電気陰性度が大きく違う元素がついている場合は，表の値とは違ったものとなっている。たとえば，Si の電気陰性度は表によると 1.9 であるが，Si のまわりに電気陰性度の大きい O が結合していると電子が O の方へシフトするので Si が $\delta+$ になり，その分だけ，自らの方へ共有電子対を引きつける勢いが強くなるため，$X_{Si} > 1.9$ となる。

$X_{Si} = 1.9 \qquad X_{Si} > 1.9$

3　電気陰性度と化学結合の関係の整理

金属結合は，最外殻に空の軌道が多く，また，イオン化エネルギーの小さい元素間で生じるということであった。これらの元素の多くは電気陰性度の小さい元素である。共有結合は，この逆の条件のとき生じるが，これらの元素の多くは電気陰性度の大きい元素である。さらに，イオン結合は，電気陰性度の小さい元素と大きい元素の組み合わせで生じる。以上をまとめると下のようになる。

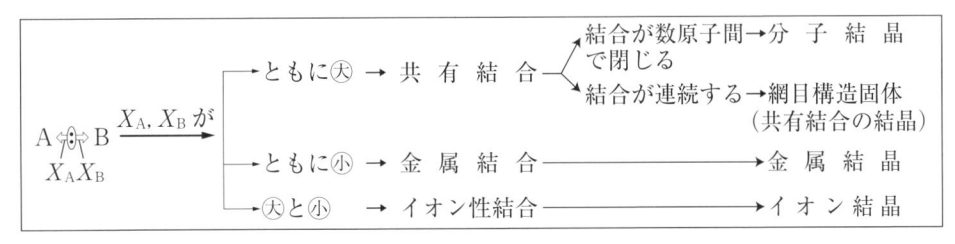

```
                              ┌→ ともに 大 → 共 有 結 合 ─┬→結合が数原子間→分 子 結 晶
                              │                            │  で閉じる
   A─B    X_A, X_B が ────────┤                            └→結合が連続する→網目構造固体
  X_A X_B                     │                                              (共有結合の結晶)
                              ├→ ともに 小 → 金 属 結 合 ──────────────→ 金 属 結 晶
                              │
                              └→ 大と小   → イオン性結合 ──────────────→ イオン結晶
```

5. 周期表での位置と化学結合

化学結合の姿は電気陰性度の大小に支配される。この電気陰性度は周期表で周期的に変化していく。そして，化学結合の姿の違いは物質の性質に大きな影響力を持っている。そこで物質の性質もまた，周期表でかなりはっきりとした傾向で変化するはずである。

1 単体（A－A結合）

① 単体の分類

同じ元素からなる物質，たとえば，O_2，O_3，銅などを単体という。同一元素の電気陰性度はもちろん同じであるから，これら単体の中には，イオン結合はなく，金属結合か共有結合のどちらかがある。そして，単体が金属結合よりなる場合，その元素を金属元素，そうでない元素を非金属元素という。さて，電気陰性度は，周期表上では左下から右上（Fr→F）へ向かって増大する。電気陰性度の小さい元素間には金属結合が生じ，電気陰性度の大きい元素間では共有結合が生じるということからすると，Fr→F に沿って金属結合性の大きい状態から，共有結合性の大きい状態へと変化していくと予想できる。事実，その境界は周期表で右下がりで斜めに走っている。ただし，金属元素と非金属元素の境目では，中間的な状態をとることが多い。たとえば，Si は非金属元素，Ge は金属元素に一応は分類されているが，電気伝導性が低温では低く，高温では高くなるから半導体である。また，Sn は低温では電気伝導性のないダイヤ型構造を持つ非金属であるが，常温以上では金属に変化する。なお遷移元素は，最外殻の p 軌道と内殻の d 軌道が空であることが多いので，少し電気陰性度が大きくても金属結合が生じ，例外なく金属元素となっている。

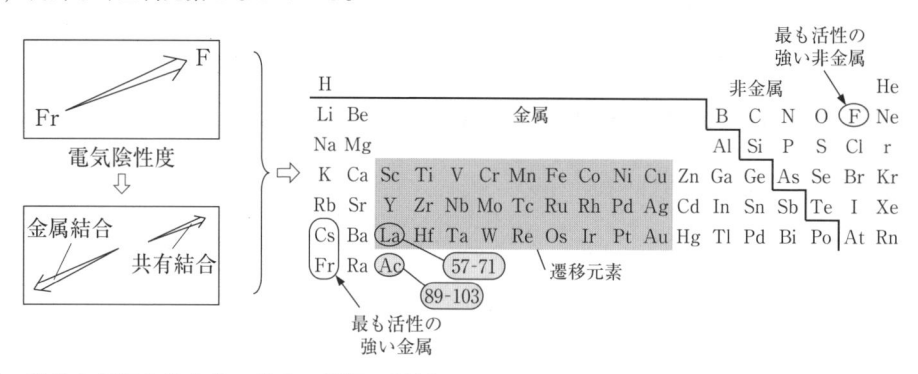

② 単体の分類と化合物の結合の種類の関係

電気陰性度の小さい元素間の結合は主に金属結合という点から考えると，金属単体をつくる元素は電気陰性度の小さい元素とみなすことができ，逆に，非金属単体をつくる元素は電気陰性度の大きい元素とみなせる。そこで，金属元素間は金属結合，非金属元素間は共有結合，金属元素と非金属元素間はイオン結合で結合するとほぼ推定することができる。

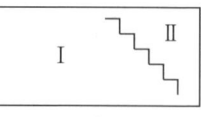

Ⅰ－Ⅰ　金属結合
Ⅱ－Ⅱ　共有結合
Ⅰ－Ⅱ　イオン結合

③ 単体の融点や沸点

物質を構成する粒子間の引力が強いほど，それを崩すことは難しいのであるから，融点や沸点が高いはずである。したがって，融点や，沸点は，粒子間の引力の大きさを比べるときのおおよその目安になる。ただし，分子はたいてい共有結合によってできているが，これが集合した物質については，共有結合を切らずに分子間に働く弱い引力さえ切れれば融解や沸騰を起こすことができる。そこで，この場合の沸点や融点は共有結合の強さを反映していない。

結合の強さは，結合の種類よりも，結合に参加しうる軌道の数と不対電子の数に大きく支配されると考えられる。たとえば，遷移元素の金属は内殻 d 軌道の一部も結合に関与させることができるため，典型元素の金属より高い融点や沸点を持つ。また，同じ周期で比べてみると，典型元素では 14 族で，遷移元素では中ほどで，融点や沸点がピークになっているが，これは，用意しうる不対電子の数がこの付近で最大になるためである。

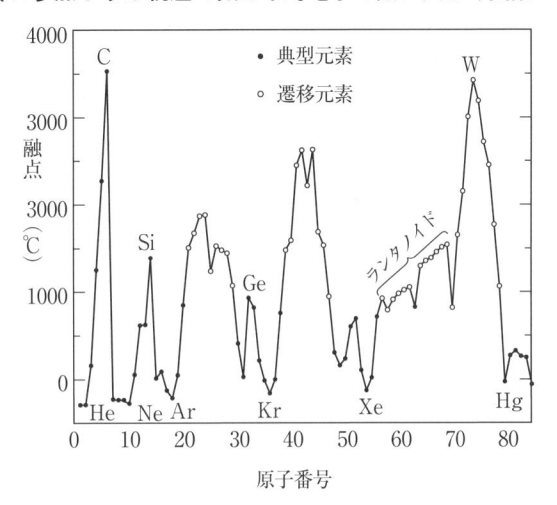

② 化合物（A－B 結合）

金属元素間は金属結合，非金属元素間は共有結合，金属元素と非金属元素間はイオン結合と一応推定してよかった。ただ，たとえば Na と Ag はどちらも金属元素であるがその電気陰性度は 0.9 と 1.9 であり，かなり違う。したがって，AgCl は NaCl に比べてイオン結合性が弱くなっているはずである。事実，AgCl は水に難溶である。このように，結合中におけるイオン結合性や共有結合性の度合が物質の性質に影響を与えている。

① 水酸化物（A－OH）

－OH の構造を持つ物質の性質で私たちにとって最も関心のあるのは，酸，塩基性である。A－O－H が，$A^+ + OH^-$ と切れれば塩基，$AO^- + H^+$ と切れれば酸である。イオンに解離するので，相対的にイオン結合性の大きい，つまり，電気陰性度の差の大きい方が解離しやすい。よって，各元素の電気陰性度 X_A, X_O, X_H として，$X_O - X_A > X_O - X_H \Leftrightarrow X_H > X_A$ のときは塩基，この逆 $X_H < X_A$ のときは酸と大雑把に予想を立てることができる。そして，$X_H > X_A$ の元素 A はたいてい金属元素，$X_H < X_A$ の元素 A はたいてい非金属元素であるから，金属元素の水酸化物は塩基，非金属元素の水酸化物は酸とまずは判断してよい。ところで，X_A が大きいほど，共有電子対は A の方へ引き寄せられる（A⇐:O:H）ので，A－O のイオン性が減り，O－H のイオン性が増す。よって，X_A が大きくなるにしたがって塩基性が減り，酸性が増えていく。事実，同一周期では左から右へ向かって強塩基→弱塩基→弱酸→強酸と移っていく。

X_A 小						→ 大
0.9	1.3	1.6	1.9	2.2	2.6	3.2
NaOH	Mg(OH)$_2$	Al(OH)$_3$	Si(OH)$_4$	PO(OH)$_3$	SO$_2$(OH)$_2$	ClO$_3$(OH)
			(H$_4$SiO$_4$)	(H$_3$PO$_4$)	(H$_2$SO$_4$)	(HClO$_4$)
強塩基	弱(中)塩基	両性	弱酸	中酸	強酸	(最)強酸

② **酸化物（A＝O）**

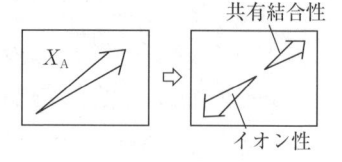

電気陰性度の差 $\Delta X = X_O - X_A$ が大きいほどイオン性が大きくなるから，周期表で左下ほどイオン性が高く，右上ほど共有結合性が高い酸化物ができる。たとえば，第3周期の酸化物では，SiO$_2$ は共有結合による巨大分子，P$_4$O$_{10}$ 以下はすべて分子性物質になっている。

```
   Na₂O   MgO   Al₂O₃   SiO₂   P₄O₁₀   SO₃   Cl₂O₇
←─────────────────────────────────────────────→
     イオン結合  ┊        共有結合
                └──巨大分子──┘└─────分子─────┘
```

酸化物は，H$^+$，OH$^-$ を出せないから，酸，塩基どちらでもないが，水と反応すると水酸化物になる（A＝O＋H$_2$O→A(OH)$_2$）から，この反応を通じて酸，塩基と関係している。

③ **水素化合物（A－H）**

Hの電気陰性度は，金属元素と非金属元素のほぼ境目にあたるので，金属元素との結合ではHが負に，非金属元素との結合ではHは正に帯電する。Na－Hでは，Na$^+$とH$^-$によるイオン結合が生じる。一方，HFはFの電気陰性度が大きいので，H$^+$とF$^-$によるイオン結合をつくるように思いがちであるが，そうはならない。H$^+$ は陽子という通常の原子やイオンよりはるかに小さな粒子であるため，H$^+$のまま物質の中で長く続けることが困難であるからである。（☞ 上 .p.56, 179）

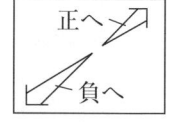

④ **ハロゲン化物（A－F，A－Cl）**

	イオン性		分子性			
第2周期	LiF	BeF$_2$	BF$_3$	CF$_4$	NF$_3$	OF$_2$
融点(℃)	845	800	−129	−184	−209	−224
第3周期	NaCl	MgCl$_2$	AlCl$_3$	SiCl$_4$	PCl$_3$	SCl$_2$
融点(℃)	800	712	192	−68	−92	−78
	イオン性		中間	分子性		

融点の高いのがイオン性物質，低いのが分子性物質と考えられる。AlCl$_3$ は中間物質で，水に溶けるとイオンに解離するが，熱すると200℃付近で分子状のAlCl$_3$の気体になる。

⑤ **金属間相からイオン性化合物への移行**

　例　第5周期の元素とLiとの化合物

LiAg　LiCd　LiIn　LiSn　Li$_3$Sb　Li$_2$Te　LiI
└────金属間相(電気伝導性あり)────┘└──イオン結合性化合物──┘

第4章 物質の構造と性質

　物質の性質は，結合形態に左右される。しかし，それだけでなく，原子間が立体的にどう連なっているかということ，すなわち構造もまた物質の性質に影響を与える。したがって，構造に対する理解を深めることは，化学の学習にとって非常に大切なことである。そこで，この章では，さまざまな物質の構造（原子の幾何学的配置）をいろいろな視点を導入して把握する方法とその構造をもたらす要因を考え，そして，それらの知識をもとに結合形態と構造形態から物質の性質を理解することにする。

1. 構造の一般的な見方

1 配位数：1つの原子に注目し，そのまわりを見る

　さまざまな構造の中の各原子の位置関係をとらえるには，まず1つの原子に注目し，そのまわりで最近接にある原子の数（配位数）と位置を確認することから始めるとよい。その種類はほぼ次の表に示されるように非常に少ないことがわかる。

配位数	1	2	3	4	6	8	12
形	―	直線／折れ線	正三角形／正三角錐	正方形／正四面体	正八面体	立方体	
例	H−Cl	O=C=O, H₂O, Si-O-Si	F−BF₂, NH₃	[PtCl₄]²⁻, SiO₄	NaCl	CsCl	Al

　ところで，Na は +1 価で Cl は −1 価の原子価を持つから，Na_1Cl_1 の物質をつくる。一方結晶中では，Na^+ と Cl^- の配位数は互いに 6 である。このように化学式と配位数は直接的には対応しない。しかし，化学式 A_aB_b で結晶中で A と B が交互に並んでいる物質では，A，B の配位数を C_A，C_B とすると，$C_A \cdot a = C_B \cdot b$ という関係がある。これは，次のようにして導かれる。A_aB_b が n mol（nN_A 個）あったとすると，A 原子は $nN_A \cdot a$ 個含まれているから，B 原子から見た総配位数は，$C_A \cdot nN_A \cdot a$ となる。一方，B 原子から見た総配位数は $C_B \cdot nN_A \cdot b$ となる。そして，A から見た総配位数（手をつないでいるところ）と B から見た総配位数は等しくなくてはならないから，

$$C_A \cdot nN_A \cdot a = C_B \cdot nN_A \cdot b$$
$$\therefore \quad C_A \times a = C_B \times b$$

となる。たとえば，Al_2O_3 では $C_{Al} \times 2 = C_O \times 3$ であるから，配位数の組み合わせは，(3, 2)，(6, 4)，(9, 6)，(12, 8) が可能である。(3, 2) は分子のときの配位数であり，配位数 9 は対称性が悪い，配位数 12 という高い値は金属結晶以外ではほとんど出てこない，これらを考えると，Al_2O_3 は結晶では (6, 4) の配位数をとっていると予想できる。

2 構造の同一性：違った角度から見る，立方格子点上においてみる

一つの構造でも角度や粒子数を変えて表示すると全く別の構造に見えることが多い。結晶格子について種々の計算をするとき，計算がしやすい表示図を使うのが賢明であるが，そのためには，同じ構造を角度や粒子数を変えて眺めたとき，どのように見えるかを知っておくとよい。特に，立方格子点に置くことができる場合，計算が極めて簡単になるから，それが可能かどうかに注意を払っておこう。たとえば立方体の頂点を1つおきにとると正四面体の頂点になることを知っていればダイヤモンドの単位格子が立方体で与えられていても驚くことはないであろう。

	4 配 位	6 配 位	8 配 位	12 配 位
中の原子を抜き去ったときの形				
中心原子と配位原子の間を棒でつないだときの形				
立方格子上に配置したときの形				

3 構造の最小単位

水，酸素などは，H₂O 分子，O₂ 分子などの集合体であるから，これらの構造の最小単位は分子とすることができる。一方，金属結晶，イオン結晶，共有結合の結晶の場合は，結合が空間的に連続しているため，どこを最小単位にとるかが問題になる。最小単位になる条件は，マクロな情報が失われないことであるが，連続体の一部を取り出したとき，化学的情報が失われることは覚悟しなければならない。そこで，量的な情報のみに注目し，これが失われないで最小である構造を単位にとり，これを単位格子という。だから，同じ分子を整数個集めたらマクロな状態にできることと同じように，単位格子は整数個つないだらマクロな状態にできる。

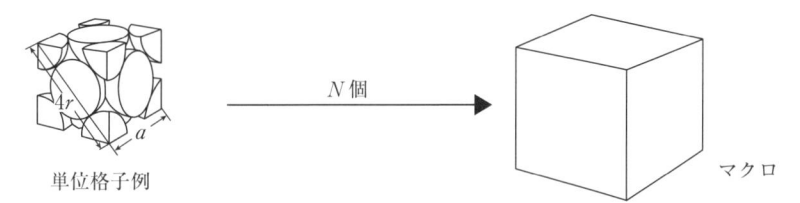

単位格子例 → N 個 → マクロ

たとえば，上図の単位格子では，格子内に $(1/8) \times 8 + (1/2) \times 6 = 4$ 個 の原子が入り，体積は a^3 cm³ であるが，マクロな値は，この，単位格子の値を使って求めることができる。すなわち，単位格子の数 N をかけて，原子数は $4N$ 個，体積は a^3N cm³ となる。ただし，N の値は一般には不明であり，いちいち N を考えないと単位格子とマクロでの量関係がわからないのでは不便であるから，N を消去する。それには，2つの量の比をとればよい。

$$\text{比}_{単位格子}\left(\frac{個}{\text{cm}^3}\right) = \frac{4}{a^3} = \frac{4N}{a^3N} = \text{比}_{マクロ}$$

このように，単位格子での量の比とマクロなレベルでの量の比は常に等しいので，これを使って，単位格子とマクロなレベルを量的につなぐことができる。密度 (g/cm³)，充填率 (cm³/cm³)，組成比（個/個）などはすべて，単位格子とマクロなレベルで同じである。

なお，分子でも，結晶状態では適当な単位格子を構造の最小単位にとる。

2. 金属結晶の構造と性質

金属，イオン結合では，1個の原子（またはイオン）はあらゆる方向で数多くの原子（またはイオン）と結合することができるが，共有結合では結合を形成する軌道の方向だけにしか結合できない。このことを，金属，イオン結合には方向性がなく，共有結合には方向性があるという。方向性がない結合で物質をつくる場合，それぞれの原子はできるだけ多くの原子と結合した方が結合数が増して全体的に物質が安定になるため，一般に密な構造になることが多い。まずは，方向性のない金属結合でできている結晶の構造から調べてみることにしよう。

1 構造を決める要因

金属結晶は陽イオンと自由電子の集合体とみなすことができる。自由電子は，結晶内のどこへでも動け，このことが結合の安定性をもたらしているのだから，**金属結合にとっては，自由電子が通り抜ける通路ができるだけ完備している状態が最も好ましい**ことになる。そのような構造は，いったいどんなものであろうか。金属原子を図1，図2のように配置したとしよう。原子の間を最も有効に結合させている自由電子の位置は，原子の結接点たとえば，A，B，C点である。今，自由電子（図中●）がA→B→Cと移動したとしよう。この間，自由電子はA，B，Cの3点で3回強く結合させるように働いたことになるが，自由電子の移動距離は，図2では図1の2/3と少なくてすんでいる。また図2の方が，e^-はなめらかに移動しうる。これらは，図2の方が図1より，自由電子の活動にとって好ましい環境であることを意味している。結局，1つの原子のまわりにできるだけ多くの原子が集まっている（配位数が大きい）ほど，自由電子の結合活動が有利であるので，**金属結晶の構造は配位数の大きい構造をとる**と予想することができる。

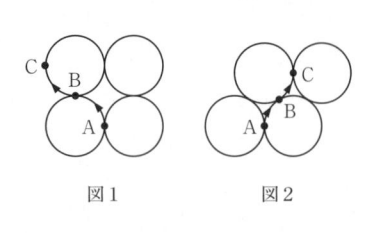

2 構　　造

① 最大配位数 ＝ 最密構造

では最も配位数の大きい構造とはどんなものであろうか。金属単体の結晶では，同じ大きさの原子が集まっているのだから，同一半径の球の集合体を考えてみよう。

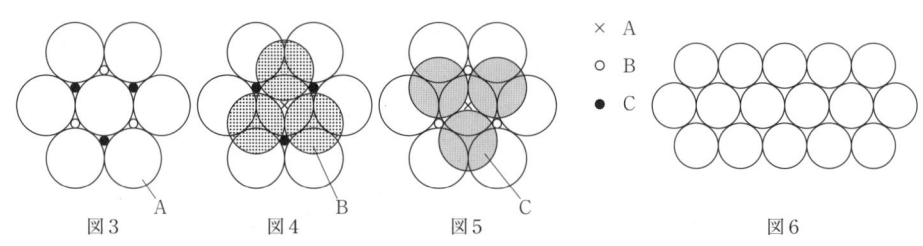

まず，図3に見られるように，同一平面では6個が最大配位数である。この層の上，または下には，6つの穴（○か●）があるが，1つおきに原子を全部で3個置く（図4又は図5）ことができる。結局，最大配位数は，上，中，下の3，6，3，の合計12である。この構造は，最もすきまを少なくして原子を積み上げたものであるから，**最密構造**とも呼ばれている。

さて図3より，A層の上には○か●の位置，すなわちB層かC層がのる。一方，図4より，B層の上には●か×，つまりC層かA層がのり，図5より，C層の上には○か×，つまりB層かA層がのる。したがって，何層のせてもA，B，Cのいずれかの層しか現れない。そこで，図6で示されるような平面最密構造をn層積み上げていくとき，ほぼ2^nの積み重ね方ができる。しかし，金属の単体の結晶では，3層周期（$\overparen{ABC}\,\overparen{ABC}$……）と2層周期（$\overparen{AB}\,\overparen{AB}$

……）の規則的構造が主に現れる。前者を**立方**最密構造，後者を**六方**最密構造と呼ぶ。

② 立方最密構造と面心立方格子

立方最密構造のA，B，C層から，順に1，6，6，1個取り出したものをある方向からみると面心立方格子となっている。見た感じは違うが2つは同じ構造である。

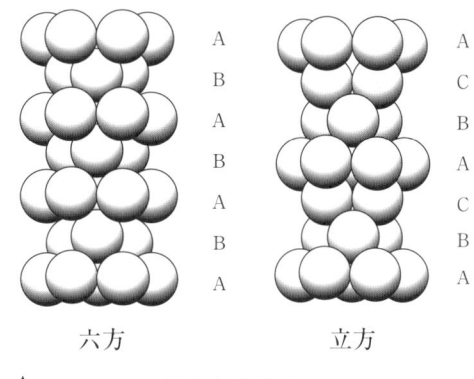

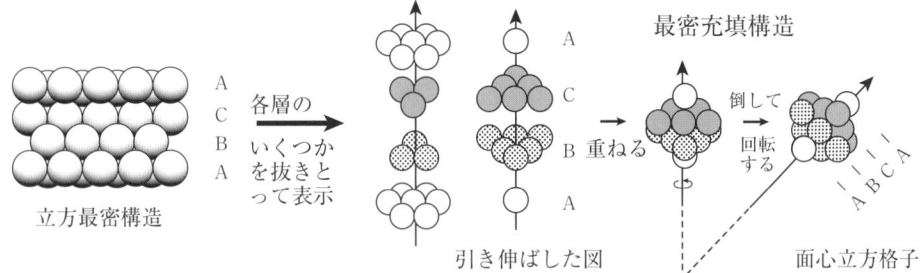

六方　　　立方

最密充填構造

立方最密構造 → 各層のいくつかを抜きとって表示 → 引き伸ばした図 → 重ねる → 倒して回転する → 面心立方格子

③ その他の構造

最密構造は12配位であったが，1族などのように金属結合に使える自由電子の数が少なかったりすると，8配位構造の体心立方構造をとる。金属の単体結晶の80％はこの体心立方，最密の2つ（立方と六方）の計3つのどれかをとっている。

構造		配位数	格子一辺の長さと原子半径 $r = k \cdot a$	格子内粒子数 b	充填率 $\frac{4}{3}\pi\left(\frac{r}{a}\right)^3 b$
体心立方格子		8	$4r = \sqrt{3}\,a$	$\frac{1}{8} \times 8 + 1 = 2$	$\frac{4}{3}\pi\left(\frac{\sqrt{3}}{4}\right)^3 \times 2 = 0.68$
面心立方格子	立方最密	$4 \times 3 = 12$ または $3 + 6 + 3 = 12$	$4r = \sqrt{2}\,a$	$\frac{1}{8} \times 8 + \frac{1}{2} \times 6 = 4$	$\frac{4}{3}\pi\left(\frac{\sqrt{2}}{4}\right)^3 \times 4 = 0.74$

3 金属の性質

① 電気伝導性

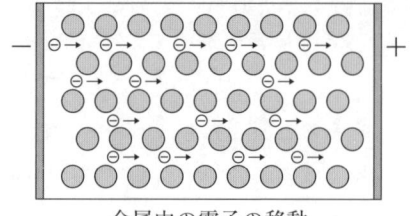

金属は電気の良導体である。これは，自由電子が抵抗をあまり受けずに結晶内を移動できるからである。温度が上がると原子の運動が激しくなり，電子の移動が妨げられるから，電気抵抗が大きくなる。

金属中の電子の移動

② 熱伝導性

温度とは，物質を構成している粒子の運動（並進，回転，振動）エネルギーの総和に比例する量として定義されている。高温と低温の物質を接触させると運動エネルギーの大きい方（高温）の物質から小さい方（低温）の物質へ運動エネルギーが流れる。このエネルギーの流れを熱と

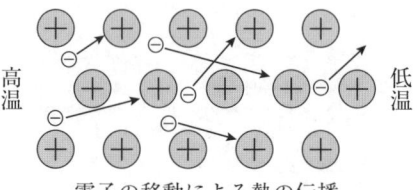

電子の移動による熱の伝播

呼んでいる。熱の伝導とは，ミクロに言うなら激しく運動している原子が衝突を通じてその運動エネルギーを順次他原子に分配していく過程である。金属結晶の場合，自由電子が高温の原子と衝突し，その運動エネルギーを得て遠くまで運び，低温の原子と衝突してそれを失うことが頻繁に起こる。そこで，熱はより速く遠くまで伝わる。これが，金属が熱の良導体である理由である。（注．①，②とも 11 族が特に大きく，Ag の値が最大である。11 族（Cu, Ag, Au）の電子配置は Cu = [Ar]$3d^{10}4s^1$，Ag = [Kr]$4d^{10}5s^1$，Au = [Xe]$4f^{14}5d^{10}6s^1$ であり，いずれも最外殻に不対電子が 1 つ，内殻の d 軌道に 10 個の電子が配置されている。そこで，自由電子となる最外殻の不対電子が d 軌道に迷い込むことなく運動するので，電気や熱がよく通りやすいと考えられている。）

③ 金属光沢

金属の光沢は，光が自由電子により反射散乱されるためである。

④ 展性，延性

金属をハンマーでたたくと，割れずに伸びる。一方，食塩などイオン結晶をたたくと割れてしまう。金属の場合，たたくことによって層がずれて原子が移動しても，自由電子が接着剤のようにして存在するので割れることはない。ところが，イオン結晶の場合層がずれると同符号のイオンが並ぶので，その反発によって割れてしまう。

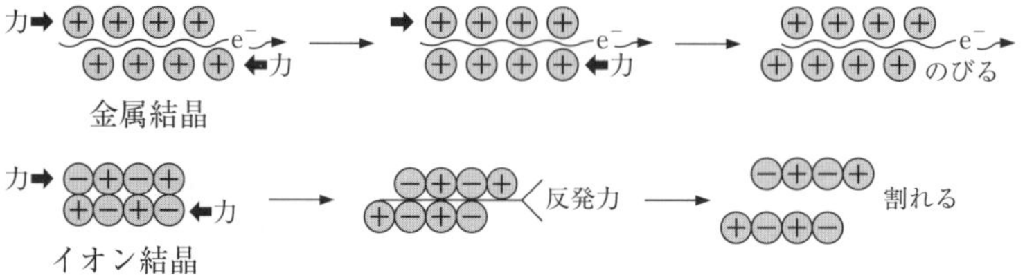

3. イオン結晶の構造と性質

1 構造を決める要因

① 配位数で $C_A \times a = C_B \times b$ が成り立っていること

A^{m+}, B^{n-} が集合して A_aB_b ($ma = nb$) の組成式で表されるイオン結晶をつくったとき，A^{m+}, B^{n-} の配位数を C_A, C_B とすると，$C_A \times a = C_B \times b$ が成り立っている必要があった（☞上.p.48）。したがって，配位数は，AB 型では (4, 4), (6, 6), (8, 8), AB_2 型では (4, 2), (6, 3), (8, 4), A_2B_3 型では (6, 4) などを満たした構造になっていなくてはならない。

② 両イオンが接触できること

陽イオンと陰イオンが近づけば近づくほど，イオン結晶はエネルギー的に安定になる。したがって，一般に二つのイオンが最近接，つまり，接触した構造がとられることになる。ところが，大きいイオン（㊍とする）と小さいイオン（㊉とする）が接触した状況から，㊉の半径を小さくしていくと，遂には㊍と㊍がぶつかり合う。㊉の半径をそれ以上小さくすると，㊍と㊍がぶつかり合ってできた穴の中に㊉が浮かんだ状況，すなわち㊍と㊉が接触していない状況になる。この境界になる半径比（$r_{\text{小}}/r_{\text{大}}$）を4配位，6配位，8配位で求めてみると次のようになる。

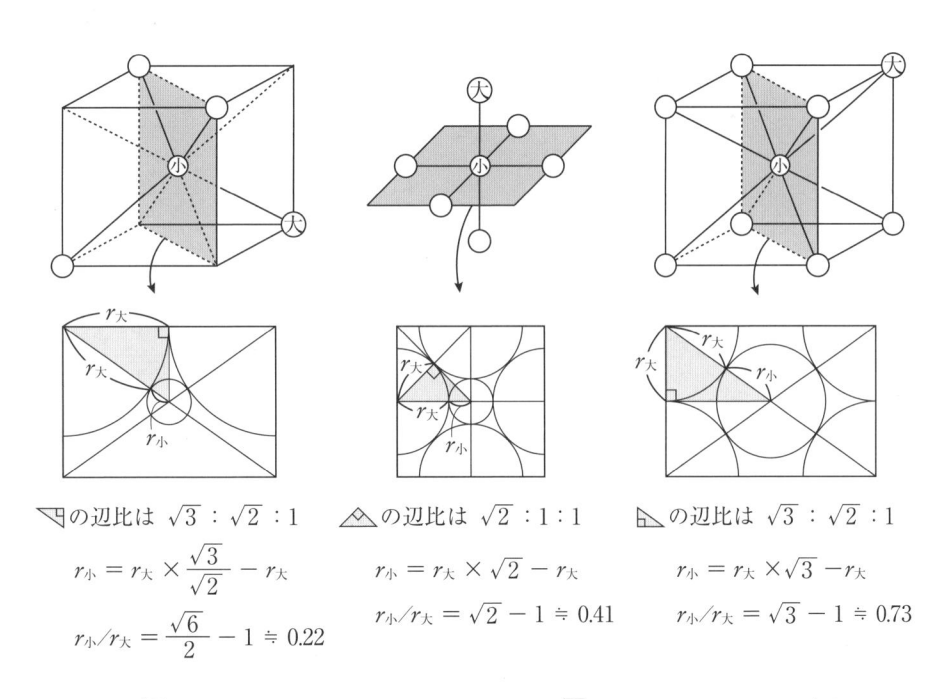

◁ の辺比は $\sqrt{3} : \sqrt{2} : 1$

$r_{\text{小}} = r_{\text{大}} \times \dfrac{\sqrt{3}}{\sqrt{2}} - r_{\text{大}}$

$r_{\text{小}}/r_{\text{大}} = \dfrac{\sqrt{6}}{2} - 1 ≒ 0.22$

△ の辺比は $\sqrt{2} : 1 : 1$

$r_{\text{小}} = r_{\text{大}} \times \sqrt{2} - r_{\text{大}}$

$r_{\text{小}}/r_{\text{大}} = \sqrt{2} - 1 ≒ 0.41$

◁ の辺比は $\sqrt{3} : \sqrt{2} : 1$

$r_{\text{小}} = r_{\text{大}} \times \sqrt{3} - r_{\text{大}}$

$r_{\text{小}}/r_{\text{大}} = \sqrt{3} - 1 ≒ 0.73$

たとえば $\sqrt{3} - 1 > r_{\text{Na}^+}/r_{\text{Cl}^-} = 1.0/1.8 = 0.56 > \sqrt{2} - 1$ であるので，Na^+ と Cl^- が配位数8の構造をとると Na^+ は Cl^- と接触できない。6配位なら接触できる。よって，NaCl は6配位の構造をとっていると説明される。

③ 配位数大か小か

最近接の異符号イオンとはできるだけ数多く引き合った方がエネルギー的に安定になるから、②の条件が満たされている場合は、より配位数の大きい構造を選ぶことになる。ただし、それは完全なイオン結合の場合に予想されることであって、もし、結合に共有結合性がかなり含まれる場合は、逆に配位数の小さい構造を選ぶようになる。なぜなら、共有結合は、価電子を2原子間に局在化させるような結合であるため、配位数は小さくなるからである。たとえば、Cu^+ と Cl^- の半径比は $Cu^+/Cl^- = 0.52$（$>\sqrt{2}-1$, $\sqrt{6}/2-1$）であり2つのイオンは6配位、4配位いずれでも接触した構造をとることができるが、実際は、配位数の小さい4配位の構造をとっている。

④ その他

今までは、イオンの形を球と想定していたが、正三角形の CO_3^{2-}, NO_3^-、棒状の $(C\equiv C)^{2-}$ などがつくる結晶も多く存在する。このような場合、構造は立方体を押しつぶしたり、伸ばしたりしたような形となることが多い。

2 構　造

配位数	(4, 4)	(6, 6)	(8, 8)
AB			
例	CuCl, CdS, ZnS	NaCl, KCl, CaO	CsCl, NH_4Cl
配位数	(4, 2)	(6, 3)	(8, 4)
AB_2			
例	Ag_2O, Cu_2O	TiO_2, PbO_2, MnO_2	CaF_2, CdF_2
配位数		(6, 2)	
AB_3			これら以外にも数多くの結晶構造が現実には存在する。
例		ReO_3, WO_3	

3 イオン結晶の性質

① 沸点,融点

典型的なイオン結晶は A^{m+} と B^{n-} が静電引力で集合したものとみなせる。したがって,

$$A_aB_b(結晶) + Q \text{kJ} \longrightarrow aA^{m+}(気) + bB^{n-}(気)$$

の変化を引き起こすのに必要なエネルギー Q(格子エネルギーという)が大きいほど,結晶はエネルギー的に安定であり,融解や沸騰を起こしにくい,つまり融点,沸点は高いと予想できる。ところで,このエネルギー Q は,完全なイオン結晶の場合は,理論的には

$$Q = K \times \frac{Z_+ Z_-}{r_0} \quad \begin{pmatrix} K: 結晶型に固有の値。\quad r_0: 両イオン間の最短距離 \\ Z_+, Z_-: イオン価数の絶対値 \end{pmatrix}$$

で与えられる。したがって,Z_+Z_- が大きいほど,また r_0 が小さいほど Q が大きくなるから,融点,沸点も高いことになる。

$(1\,\text{Å} = 10^{-8}\,\text{cm})$

	Z_+Z_-	r_0(Å)	融点(℃)	沸点		Z_+Z_-	r_0(Å)	融点(℃)	沸点
NaF	1	2.31	993	1704	CaF_2	2	2.36	1360	2500
NaCl	1	2.82	800	1413	BaF_2	2	2.68	1280	2260
NaBr	1	2.98	755	1390	CaO	4	2.40	2572	2850
NaI	1	3.23	651	1300	BaO	4	2.76	1923	約2000

② 色

光は振動数 ν を持った電磁波としてだけでなく,$h\nu$ というエネルギー(h は定数)を持った粒子(光子)としての挙動もする。そして,物質のエネルギー変化が起こるときは,まずは,この光子でやりとりが行われる。物質から出てきた光子が私たちの目に入ると,網膜上の有機分子と反応し,その変化が電気的に脳に伝わり,色覚を生じる。ただし,この有機分子と反応できる光子のエネルギー範囲は限られているため,この範囲の光を可視光と呼んでいる。さまざまなエネルギーの光子がバランスよく目に入ると,刺激がキャンセルし合って白を感じる。もちろん,あるエネルギーの光だけが目に入ると,たとえば緑を感じる。ところが,白色光の中で,あるエネルギーの光のみが少ない状態でも緑を感じることはできる。たとえば,木の葉が緑であるのは,白色光の中で光合成に使える光のみを吸収し,残りを反射しているからである。たいていの物質は自らが発光していることはなく,白色光にさらされるときに色を呈す。したがって,特定の可視光を吸収してエネルギー変化を起こすことができる物質は吸収された光の反対色(補色)を呈し,すべての可視光を吸収するときは黒色を呈し,さらに,すべて反射するときは白色を呈することになる。

さて,イオン性結晶は,A^{m+} と B^{n-} が互いに取り巻くように集合している。A が d ブロック元素の場合,A^{m+} の最外殻は d 軌道でできているが,A^{m+} が単独で,つまり気体状で存在するときは,5つの d 軌道はすべて同じエネルギー状態である。ところが,イオン性結晶内で,いくつかの B^{n-} に囲まれていると,d 軌道にエネルギー分裂が起こる。このエネルギー

差がちょうど可視光のエネルギーになることが多いため，dブロック元素のイオン性結晶はほとんど有色になる。ただし，d軌道が満員であるとき（(11族)$^+$：Cu$^+$，Ag$^+$，Au$^+$，(12族)$^{2+}$：Zn^{2+}，Cd^{2+}，Hg^{2+}）とd軌道が空のとき（(3族)$^{3+}$：Sc^{3+}，……）はこのエネルギー差を e$^-$ が往来できないので無色となる。

また，Cu$_2$O，Ag$_2$O，AgI などは O^{2-}，I$^-$ から Cu$^+$，Ag$^+$ へ，少しのエネルギーを補給すれば e$^-$ を戻すことができるため，有色になる。（☞上．p.162, 163）

③ 電気伝導性

格子に欠陥のないイオン性結晶は典型的な絶縁体である。しかし，欠陥のある結晶や，融点付近の結晶には，電気伝導性が少し生じる。さらに，完全に融解すると良導体となる。

4 イオン性結晶中の共有結合性

イオン結合に含まれている共有結合性の度合は，たいていは電気陰性度の差より説明することができる。しかし，HF は電気陰性度の差が 1.8 もあるにもかかわらずなぜイオン性結晶をつくらないのかなど，電気陰性度だけでは説明しにくい現象もある。

一般に，陽イオンは原子の外側の電子が取れただけでなく，残された電子間の反発が少なくなるために，もとの原子より小さくて硬くひきしまっている。一方，陰イオンは，原子の外側に電子がつけ加わっただけでなく電子間の反発が増えるために，もとの原子より大きくて軟らかくふくらんでいる。そこで，陽イオンが陰イオンのそばにくると，陽イオンは陰イオンから電子を引き込むことになる。

その度合は

1. 陽イオンが，小さい，価数が大きい，球対称でない
2. 陰イオンが，大きい，価数が大きい

ほど強くなると考えられるが，この度合が大きいほど共有結合性が増えることになる。

さて，先にイオン性結晶の融点や沸点は格子エネルギーが大きいほど高いと予想した。これによると，イオン価数の積 ($Z_+ Z_-$) が NaCl ＝ 1，MgCl$_2$ ＝ 2，AlCl$_3$ ＝ 3 であるので，これらの沸点，融点は NaCl ＜ MgCl$_2$ ＜ AlCl$_3$ と予想することができるが，実際は NaCl ＞ MgCl$_2$（800℃）（712℃）＞ AlCl$_3$（192℃）（☞上．p.46）となる。これは，電気陰性度差が 2.3 ＞ 1.9 ＞ 1.6 であり，分子性が増えたからとして一応の説明は成り立つ。しかし，Na$^+$，Mg^{2+}，Al^{3+} では半径が Na$^+$ ＞ Mg^{2+} ＞ Al^{3+} で価数が Na$^+$ ＜ Mg^{2+} ＜ Al^{3+} であるから，Cl$^-$ から e$^-$ を引き込む力が Na$^+$ ＜ Mg^{2+} ＜ Al^{3+} であり，この順に分子状態で集まって安定になろうとする傾向が強くなり容易に融解や気化が起こりやすくなると説明した方がわかりやすい。また，H$^+$ は極めて小さなイオン＝陽子であるから，e$^-$ を引き込む力が強大である。だから，結晶中で H$^+$ が単独の陽イオンとして存在することはありえないと判断することができる。これが，H と F の電気陰性度の差が大きいにもかかわらず，HF はイオン性結晶をつくらないことの説明となる。

4. 共有結合による物質の構造と性質

1 構造を決める要因

① 結合原子数（配位数）

共有結合は，2つの原子の軌道が連結して分子軌道になり，その中に2つの電子が共有されるときに生じる。したがって，1つの原子が最大何個の原子と結合しうるかは，このような軌道が何個用意できるかにかかっている。

さて，常温付近で安定な，つまり通常見かける共有結合は，主に非金属元素間に生じる。そして，非金属元素で結合に参加できる軌道は主に最外殻のs軌道1つと，p軌道3つの計4つである（これを○A○と表してみる）。だから，一般には，配位結合まで含めると最高4つの原子と結合できることになる。

ただし，結合する際，より多くの原子と結合できるようにするためにs軌道の電子が空のp軌道へ励起することはよく起こる。たとえば，Cは基底状態では $(2s)^2(2p_x)^1(2p_y)^1$ であるが，$(2s)^1(2p_x)^1(2p_y)^1(2p_z)^1$ と励起状態になって初めて4つのHと結合できるようになる。

第3周期の元素についても同様なことが言えるが，第3周期では最外殻のM殻に$3s$, $3p$軌道以外に$3d$軌道がある。したがって，たとえばリンでは少し無理をして$3s$軌道の電子を$3d$にまで励起させると，5つの原子と結合できるようになる。その例としてPCl$_5$がある。

このとき，Pのまわりには10個の電子が配置されている。ただ，高校の化学では，このような例はほとんど出てこず，1つの原子のまわりに4つの軌道と8つの電子が配置された状態で結合して安定化しているとみなされる分子が扱われるため，各原子のまわりに8個の電子が配置されるように電子式を書き表すことが多い。（オクテット則（octet, octは8）による電子式という。）なお，結合原子数は，二重結合，三重結合など多重結合をすることによって減らすことができる。たとえば，左図に示すような電子配置で，CH$_2$=CH$_2$分子，N≡N分子ができていると考えられる。

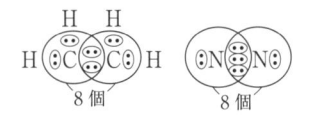

② 結合角

I －電子対反発則による説明

分子の中に存在している電子は，通常はペア（電子対）を形成して各軌道の中に入っている。その電子対が2つの原子間にまたがって運動しているときは，その原子間の結合に関与し，これを**共有電子対**といい，1つの原子のまわりを運動しているときは**非共有（孤立）電子対**という。電子対間には反発が働くから互いに遠ざかるように配置するはずである。このような考え方から分子の形を予想したり説明したりすることができる。

(イ) **2原子核間の共有電子対の位置** 共有電子対を2つの原子核が引っぱり合うのだから電子対は下図Ⅰではなく，図Ⅱのように2原子核を結ぶ直線に対し対称でかつその線上付近に分布することになる。

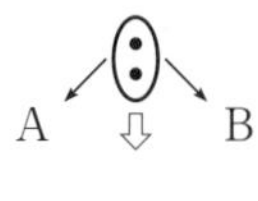

図Ⅰ 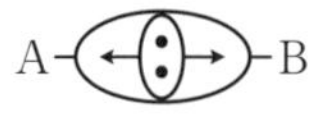　　図Ⅱ（A－B） 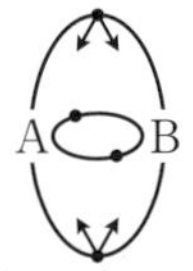　　図Ⅲ（A＝B） 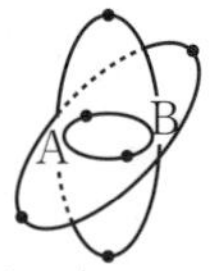　　図Ⅳ（A≡B）

A，B間に，もう一つ共有結合を生じさせるには，上図Ⅲのように，図Ⅱの結合を上下よりサンドイッチするようにするしかないであろう。さらに共有結合をつくるにはこの結合と90度をなす角度で同じような形で結合するしかないであろう（図Ⅳ）。一重結合，二重結合，三重結合における軌道の位置と電子の位置は，ほぼ順にⅡ，Ⅲ，Ⅳと考えることができる。Ⅱのような通常の共有結合をσ結合，Ⅲ，Ⅳで新たに生じた共有結合をπ結合ともいう。

(ロ) **1つの原子のまわりの電子対の位置** 1つのまわりにある電子対の間には反発力が働くため，互いに反発が最小になるように配置するようになる。そのため，電子対が2つのときは互いに180度，3つのときは120度，4つのときは109.5度をなして広がっていく。事実，H:Be:H は直線形，BH_3 は正三角形，CH_4 は正四面体である。

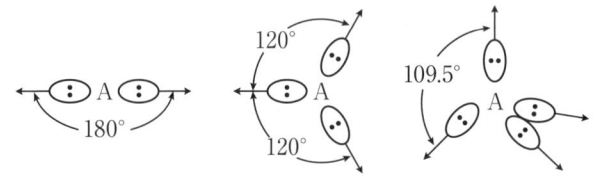

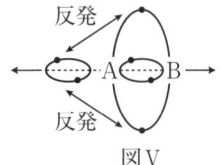

図Ⅴ

ところで，二重結合，三重結合ができるときに生じるπ結合は，結合軸に対し上下対称に分布しているため，電子対間の反発に対してほとんど寄与することはない（図Ⅴ）。そこで，電子対間の反発を考えるときは，π結合を無視する。つまり，二重結合でも電子対は1本とみなして電子対間の反発を考えればよい。たとえば，O::C::O ではCのまわりの電子対はσ結合が2個，π結合が2個あるが，π結合を無視して，電子対が2対と考えるとこれが互いに180度の角をなして広がるために，直線形になると説明できる。

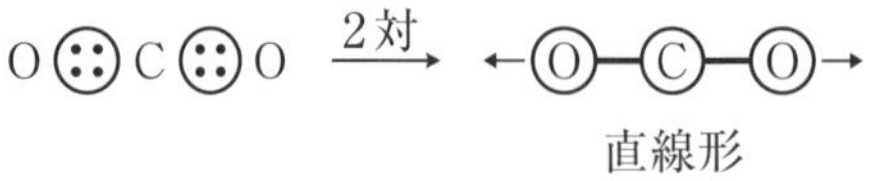

O:C:O $\xrightarrow{2対}$ O－C－O　直線形

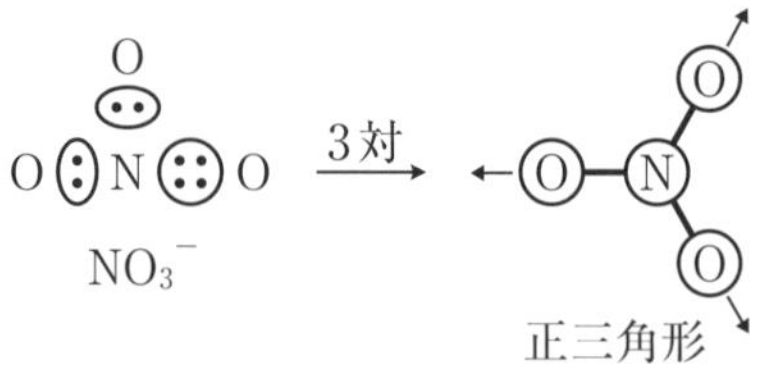

NO_3^-　O:N:O（O上） $\xrightarrow{3対}$ 正三角形

さて，今まで電子対間の反発力は等価であるため180°，120°，109.5°に広がると予想を立ててきたが，共有電子対と非共有電子対では反発力が異なっている。すなわち，共有電子対は，2原子間にまたがって広がっているため，非共有電子対より電子密度が小さい。そこで，電子対間の反発力は，非共有電子対間＞非共有電子対と共有電子対間＞共有電子対間　の順になる。たとえば，H₂OはH○:○:○Hの電子配置を持ち，Oのまわりには4対の電子対がある。そこで，∠HOH＝109.5°と予想できる。しかし，実際は104.5°で予想より小さい。これは，非共有電子対の反発が強いため，ここが広がり，そのしわ寄せが，共有電子対間にきたためと説明される。

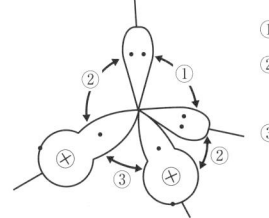

① 非共有電子対間の反発
② 非共有電子対と共有電子対間の反発
③ 共有電子対間の反発
①＞②＞③

II－混成軌道を使った説明

電子対反発則に基づく結合角の推定はほぼ正しく，はじめて出会った分子の形を推定するときも十分に使える。ただ，このようなミクロな世界の現象は量子力学の結果をもとに説明するのがより正確であろうから，次にこの立場からの説明を与えることにする。

原子の電子配置を学んだあと，これらをもとに化学結合を理解しようとするとき，次の2つの点に注意する必要がある。1つは，先ほども述べたが，結合することによって大きなエネルギー的安定性が得られるのだから，励起状態の電子配置で他原子と結合することがありうるということである。はじめに"出費"しても，あとでたくさんの"収入"があり十分に採算が合うときはそのことが可能である。もう一つは，より効果的にエネルギー的安定性を得るために，軌道の再編成（混成）も起こりうるということである。たとえば，炭素の場合，$2s$軌道の電子の1つを$2p_z$軌道へ励起させ，$(2s)^1(2p_x)^1(2p_y)^1(2p_z)^1$とすると，4つのH原子と結合できる状態になる。しかし，$2s$軌道は$2p$軌道よりエネルギー的に低い状態にあるため，Cに結合しようとする原子は競ってs軌道を使おうとする。幸いなことに，s軌道は球対称であるので，空間的に均等に分割して使うことができる。4等分するときは正四面体の頂点方向に，3等分するときは正三角形の頂点方向に，そして2等分するときは，左右の方向に，それぞれ等分して使える。

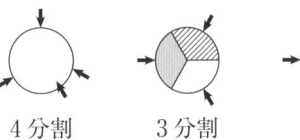

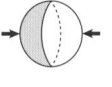

4分割　　3分割　　2分割

ただし，s軌道を4等分するときは，これだけでは軌道が1/4しかないので，残りの3/4はp_x, p_y, p_z軌道の正四面体方向の部分をそれぞれ1/4ずつ集めて，1つの軌道にまとめ，正四面体の頂点方向に計4つの軌道がつくられる。この軌道を**sp^3混成軌道**といい，その軌道に各原子が結合することで，結合角109.5°の共有結合が4本生じることになる。

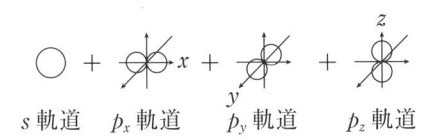

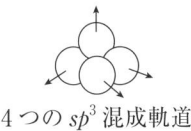

s軌道　　p_x軌道　　p_y軌道　　p_z軌道　→すべての軌道を等分し4つの軌道に再編成する。→　4つのsp^3混成軌道

次に，s 軌道を 3 等分するときは，これだけでは軌道は 1/3 しかないので，残り 2/3 必要とする。これは，正三角形の頂点方向は同一平面上にあるので，たとえば，xy 平面上の軌道である p_x, p_y 軌道を分割して使って 1 つの軌道にし，計 3 つの正三角形の頂点方向に広がる軌道に再編成する。この軌道を **sp^2 混成軌道** と呼ぶ。これらに 3 つの原子が結合すると，結合角が 120°の共有結合が 3 本生じることになる。

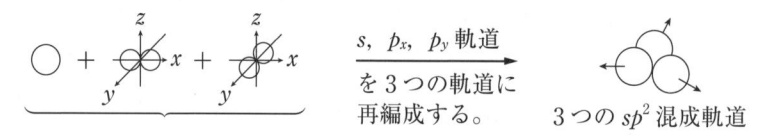

最後に，s 軌道を 2 等分するときは，軌道は 1/2 あるので，残り 1/2 必要である。これは，左，右の方向，たとえば p_x 軌道を 2 等分することで得られる。こうして，一直線の左，右に 1 つずつ混成された軌道が，計 2 つ形成され，**sp 混成軌道** という。ここに 2 つの原子が結合すると，結合角が 180°の共有結合が 2 本生じることになる。

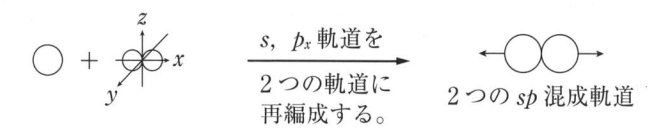

まとめると，sp^3, sp^2, sp の各混成軌道は次のように空間的に広がっている。

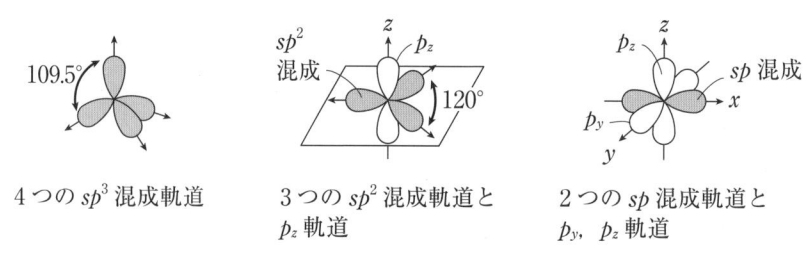

4 つの sp^3 混成軌道　　3 つの sp^2 混成軌道と p_z 軌道　　2 つの sp 混成軌道と p_y, p_z 軌道

さて，sp^2 混成のとき 1 つの p 軌道が混成からはずされる。また sp 混成のときは，2 つの p 軌道が混成からはずされる。混成からはずされた軌道は，しかたなく，平行に並んで，軌道を連結させて共有結合する。

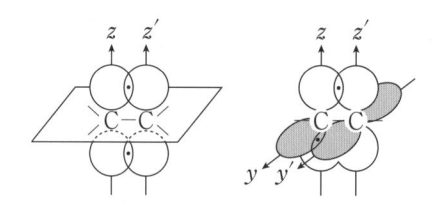

このようにして形成された結合は，通常の共有結合（**σ 結合** という）に比べて，結合力が弱く，付加反応を受けるなど反応性が高く，**π 結合** と呼ばれている。ただ，無いよりましなので，常温では C-C を軸とする回転を抑える力がある。そこで，sp^2 混成軌道と結合した原子は，すべて同一平面上に存在することになる。

2 構 造

109.5°

I. sp^3 混成軌道

① CH_4

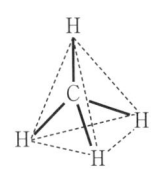

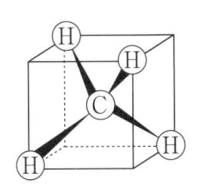

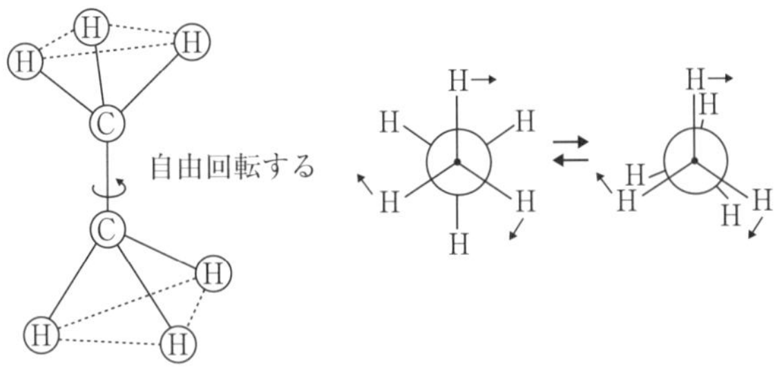

③ ダイヤモンド

② C_2H_6

自由回転する

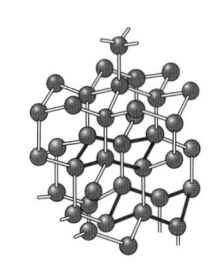

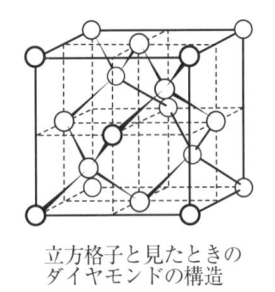

立方格子と見たときのダイヤモンドの構造

④ シクロヘキサン

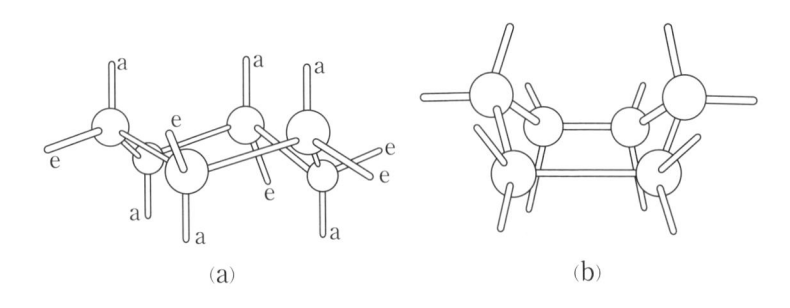

(a)　(b)

シクロヘキサンのイス型(a)と舟型(b)

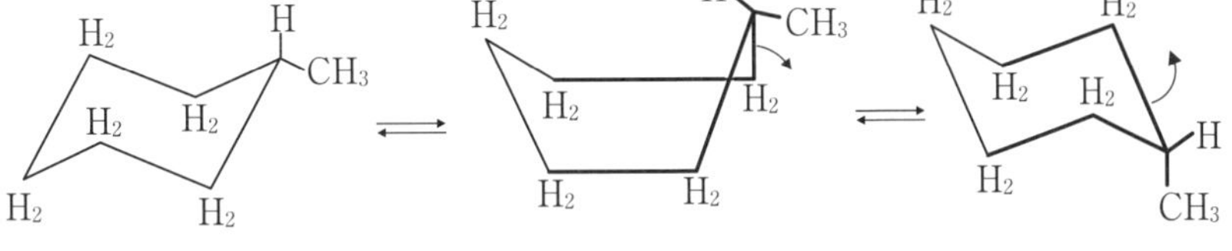

シクロヘキサン環の反転

⑤ 無機イオン

SO$_4^{2-}$　　ClO$_4^-$　　NH$_4^+$　　[Zn(NH$_3$)$_4$]$^{2+}$

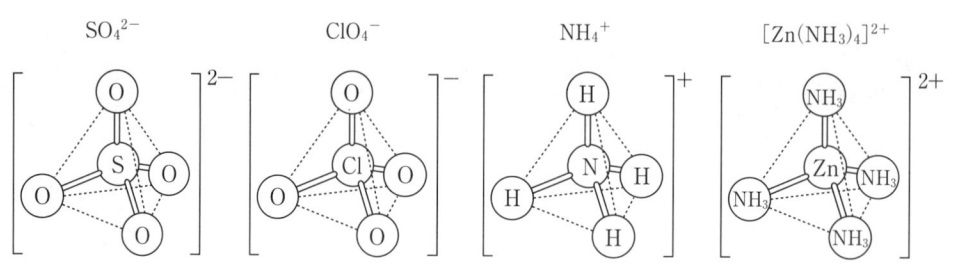

Zn^{2+}は空軌道の $4s$ と $4p$ 軌道で $(4s)(4p)^3$ 混成軌道をつくり，そこに⊖NH$_3$ の非共有電子対が配位結合している。
(☞上．p.157)

S^{2-} は sp^3 混成軌道をつくって，まず

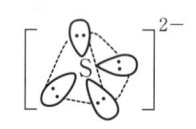

の形になる。

O は不対電子をなくして，$(2s)^2(2p_x)^2(2p_y)^2(2p_z)^0$ のようにして空軌道をつくる。S^{2-} が O の空軌道へ配位的に結合していると考えることができる。

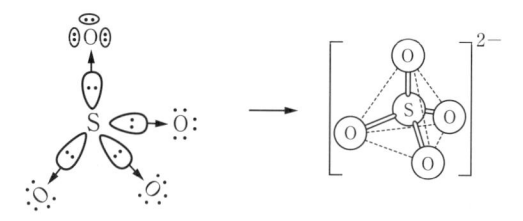

ClO$_4^-$ も同様に考えればよい。

Ⅱ. d^3s 混成軌道を使った化合物の例

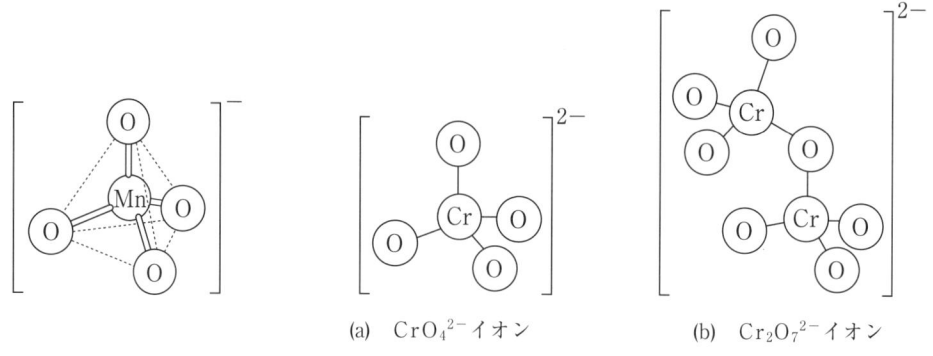

(a) CrO$_4^{2-}$ イオン　　(b) Cr$_2$O$_7^{2-}$ イオン
クロム酸イオンと二クロム酸イオン

- MnO$_4^-$，CrO$_4^{2-}$ では，Mn，Cr は 3 つの $3d$ 軌道と 1 つの $4s$ 軌道が混成軌道をつくり，SO$_4^{2-}$ と同じようにして酸素と結合していると考えることができる。
- Cr$_2$O$_7^{2-}$ では，Cr は d^3s 混成軌道をつくり，3 つの混成軌道には 2 個ずつ電子が入り，3 つの酸素の空軌道と配位結合し，他の 1 つの混成軌道には 1 つの電子が入り，2 つの Cr の間の橋かけをする酸素とそれぞれ 1 個ずつ電子を出し合って共有結合していると考える。

120°

I. sp^2 混成軌道

① C_2H_4

② $CH_2=CH-CH=CH_2$

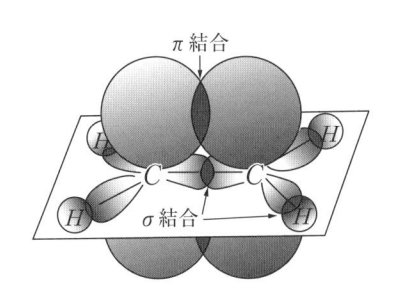

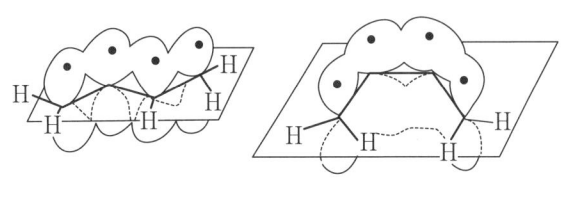

トランス型 シス型

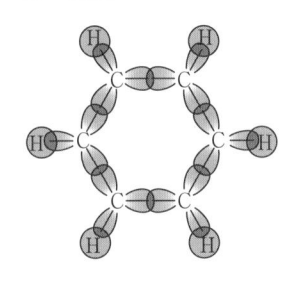

③ C_6H_6

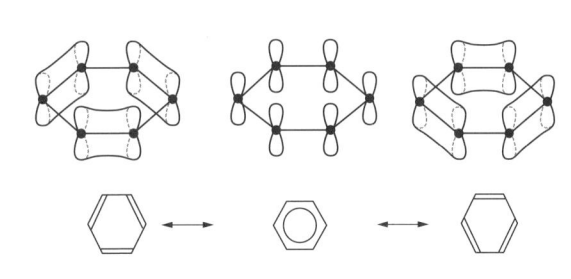

ベンゼンの σ 結合   ベンゼンの π 結合

④ C_5H_5N（ピリジン）

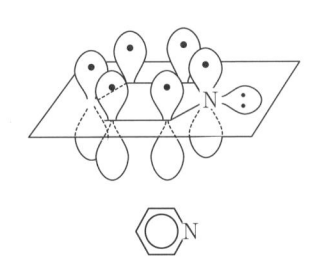

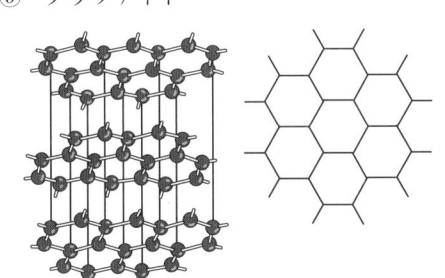

⑥ 無水マレイン酸

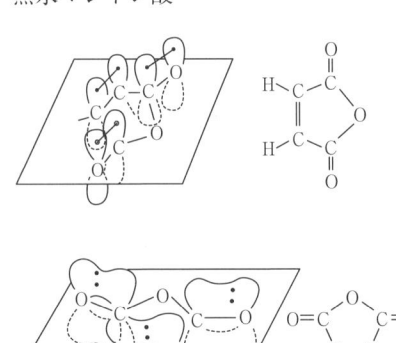

⑤ グラファイト

⑦ 無機化合物……以下のように，いくつかの構造が共鳴して，全体として安定になっている。

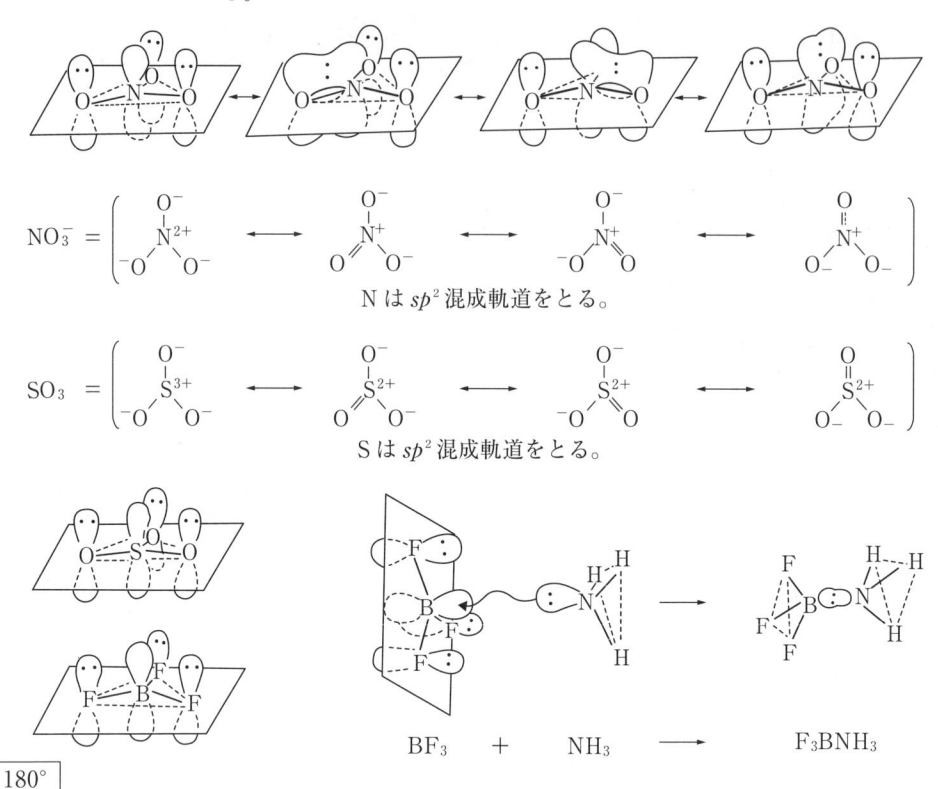

$$NO_3^- = \left(\begin{array}{c} O^- \\ -O-N^{2+}-O^- \end{array} \leftrightarrow \begin{array}{c} O^- \\ O=N-O^- \end{array} \leftrightarrow \begin{array}{c} O^- \\ -O-N=O \end{array} \leftrightarrow \begin{array}{c} O \\ -O-N-O^- \end{array} \right)$$

N は sp^2 混成軌道をとる。

$$SO_3 = \left(\begin{array}{c} O^- \\ -O-S^{3+}-O^- \end{array} \leftrightarrow \begin{array}{c} O^- \\ O=S^{2+}-O^- \end{array} \leftrightarrow \begin{array}{c} O^- \\ -O-S^{2+}=O \end{array} \leftrightarrow \begin{array}{c} O \\ -O-S^{2+}-O^- \end{array} \right)$$

S は sp^2 混成軌道をとる。

BF₃ + NH₃ ⟶ F₃BNH₃

180°

I. sp 混成軌道

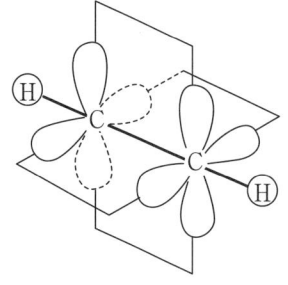

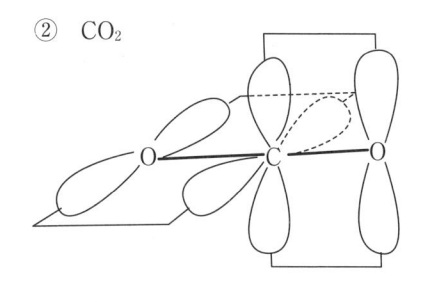

① C_2H_2

② CO_2

(注) これらの図では p 軌道が細長く描かれているが，本当はもっと横に広がっており隣り合う軌道は連結している。

③ アレン（プロパジエン）

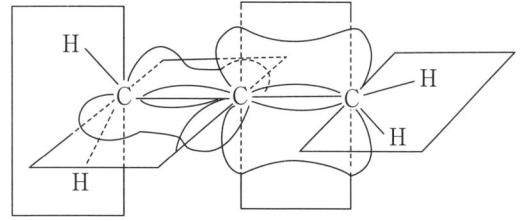

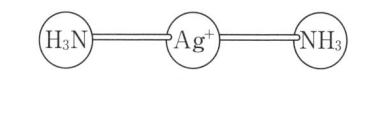

④ $[Ag(NH_3)_2]^+$ (☞上.p.157)

H₃N＝＝Ag⁺＝＝NH₃

$H_2\overset{1}{C}=\overset{2}{C}=\overset{3}{C}H_2$ （$\overset{1}{C}, \overset{3}{C}$ は sp^2 混成, $\overset{2}{C}$ は sp 混成）

Ⅰ. p^2, p^3 軌道

① H₂S

S–H 結合角 92.2°, H は $\delta+$

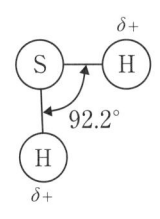

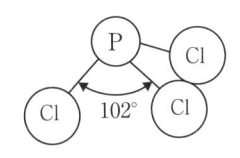

H が $\delta+$ となっているのでその反発で 90°より少し大きくなっている。

② PCl₃

Cl–P–Cl 結合角 102°

Cl が $\delta-$ となっていることと，Cl はかなり大きな半径を持っていることのため，それらの反発によって角が90°よりかなり大きくなっている。

Ⅱ. d^2sp^3 混成軌道

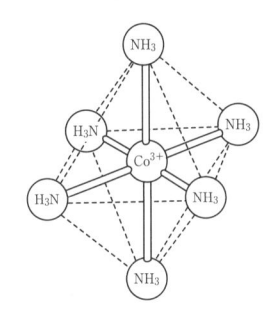

ヘキサアンミンコバルト(Ⅲ)イオン $[Co(NH_3)_6]^{3+}$（正八面体）

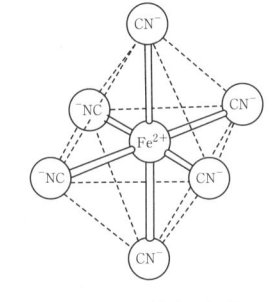

ヘキサシアニド鉄(Ⅱ)酸イオン $[Fe(CN)_6]^{4-}$（正八面体）

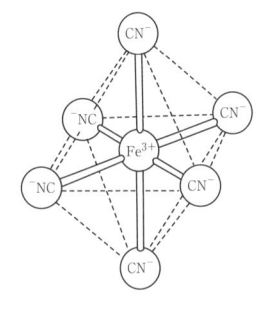

ヘキサシアニド鉄(Ⅲ)酸イオン $[Fe(CN)_6]^{3-}$（正八面体）

Fe^{2+} の最外殻付近は右のⅠのような電子配置をしているが，配位子 $^-{:}C\equiv N$ の接近で，反発の大きい軌道を避ける電子配置Ⅱへ移る。空になった2つの$3d$軌道と$4s$，$4p$軌道で6つの空のd^2sp^3混成軌道をつくり，$^-{:}CN$ の非共有電子対を受け入れると考える。

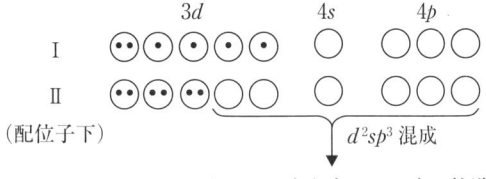

Ⅰ $3d$ (⦁⦁)(⦁)(⦁)(⦁)(⦁) $4s$ ◯ $4p$ ◯◯◯

Ⅱ (配位子下) $3d$ (⦁⦁)(⦁⦁)(⦁⦁)◯◯ $4s$ ◯ $4p$ ◯◯◯

→ d^2sp^3 混成

互いに90°をなす6つの空の軌道

Ⅲ. dsp^2 混成軌道

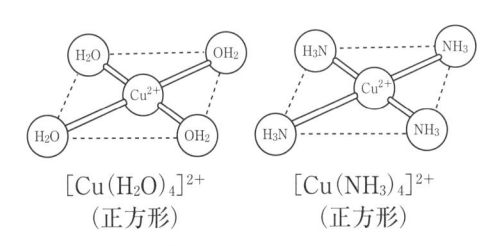

$[Cu(H_2O)_4]^{2+}$（正方形）

$[Cu(NH_3)_4]^{2+}$（正方形）

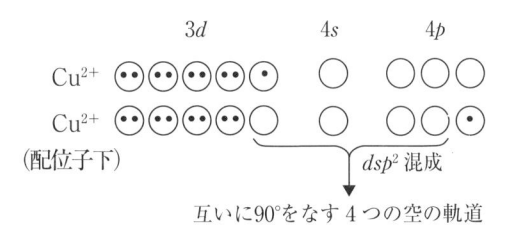

Cu^{2+} $3d$ (⦁⦁)(⦁⦁)(⦁⦁)(⦁⦁)(⦁) $4s$ ◯ $4p$ ◯◯◯

Cu^{2+} (配位子下) $3d$ (⦁⦁)(⦁⦁)(⦁⦁)(⦁⦁)◯ $4s$ ◯ $4p$ ◯◯(⦁)

→ dsp^2 混成

互いに90°をなす4つの空の軌道

3 分子性物質の性質

分子性物質では，分子が構成あるいは行動単位である。しかし，分子の性質は，むしろ分子中の部分構造（たとえば−COOH）から発することが多いため，分子の性質を学ぶとき各部分の性質を押さえることが大切である。ただ，ここではそこまで話を広げないで，分子を行動単位としてとらえられる性質を考えることにする。

① 分子間力（ファンデルワールス力）

分子は全体としては電荷を持っていないので，陽イオンと陰イオン間で働くような強い引力が分子間に働くことはない。しかし，分子は，ミクロに見れば，原子核と動き回るe^-の集合体であるから，分子の各所に瞬間的に，また時間平均的に$\delta+$と$\delta-$が生じ，その結果分子間にも力が作用することになる。今，($\delta+$　$\delta-$)が($\delta+$　$\delta-$)へ接近したときを考えてみよう。

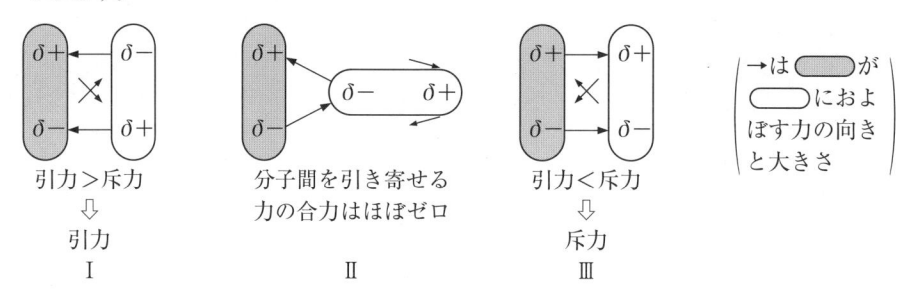

分子はそれぞれ回転しているから，接近したときの分子の位置関係には上のⅠ，Ⅱ，Ⅲなど無数のものがありえる。ところで，一般に引力が生じたため位置のエネルギー的に安定な状態ほど存在確率は高くなる（$e^{-\frac{E}{RT}}$に比例する。Eは位置のエネルギー）。したがってⅠやそれに近い状態が実現しやすく，分子間には全体として引力が生じることになる。

さて，分子の中に$\delta+$と$\delta-$が生じる原因は2つある。まず，2原子間で軌道が合体し，e^-2個が共有されても，電気陰性度の大きい元素の方にe^-が行きがちになるために時間を通してみると，$\delta+$と$\delta-$の部分が生じる。たとえば，HClでは$\overset{\delta+}{H}\overset{\delta-}{Cl}$となっている。ただし，分子全体を見たとき，$\delta+$と$\delta-$の中心が一致し，この種の引力が消えることがある。それは，

(ⅰ) 分子の形の対称性のために起こるとき

(ⅱ) 高温で分子の回転が激しくなって分子が球状に見えるために起こるとき

の2通りがある。前者の場合の分子を無極性分子と呼んでいる。

この種の引力は，分子全体での分離電荷の大きさと$\delta+$と$\delta-$の間の距離の積が大きいほど強い。部分構造のみに注目すれば，C=O > O−H ≒ C−Cl ≫ C−H である。

一方，無極性分子，極性分子にかかわらず，ある瞬間をとってみれば，分子の各所でδ+，δ-の状態が存在する。そして，各瞬間ごとに，引力が生じるような電子の配置が起こりやすいために，分子間に引力が生じることになる。

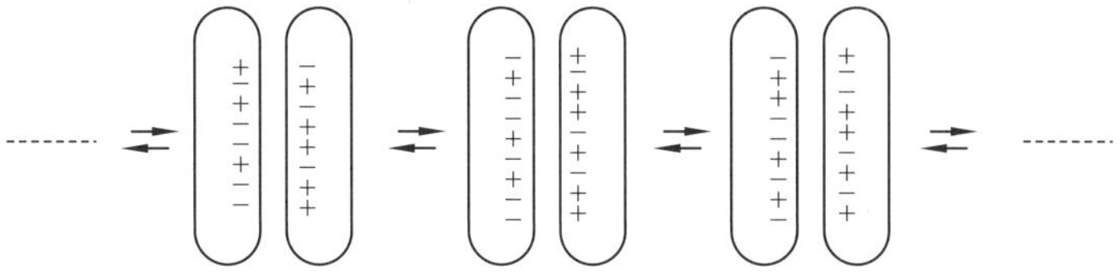

この引力は，瞬間のδ+，δ-を生じさせる原因となっている電子が多ければ多いほど強いはずである。電子数は陽子数と等しく，陽子数が大きいほど分子量も大きいので，この種の引力は分子量とともに増加すると言うこともできる。もし分子量が同程度なら，枝分かれなどがなくて分子間の接近（接触）が立体的に起こりやすいほど，また，最外殻電子に対する原子核の束縛がゆるくて分子が大きくフワフワしているほどこの引力は大きいことになる。

② **分子性物質の固体の構造とその硬さ**

小さな分子で対称性のよい形をした分子は適当な温度で結晶をつくりやすい。無極性であり，分子の形が球形かそれに近いときは，分子間の引力には方向性がないため，多くの金属結晶と同様に（主に立方）最密構造状に結晶する。分子の形が棒状，面状であったり，あるいは分子の中に極性の強い官能基があったりすると，結晶の構造は複雑になってくる。いずれにしても，弱い引力である分子間力で分子間が集合しているため，固体はもろくこわれやすい。

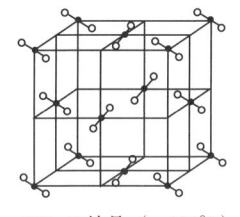

CO_2 の結晶（-190℃）
Cは面心立方格子上にある。
分子の軸は対角線方向を向いている。

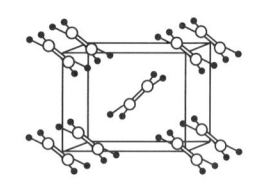

$CH_2=CH_2$ の結晶
分子の中心は直方体の
頂点と中心に位置する。

共有結合が三次元状に連続した状態で完全に規則的な構造（つまり結晶）をつくることは難しい。元素組成が単純でかつ高温，高圧下に置いたときなら，たとえば，ダイヤモンド（C），水晶（SiO_2），黒リン（P）のように，共有結合の連続した完全結晶ができる。これらは共有結合の結晶と呼ばれ，一般に硬く，反応性もとぼしく安定である。共有結合が面状に連続すると面状分子ができるが，これらは層状に重なって結晶をつくる。これらは曲げに対して強いが，層間は分子間力によって引き合っているため，層の面に沿ってずれやすい。

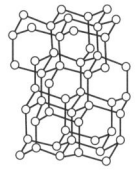

ダイヤモンド 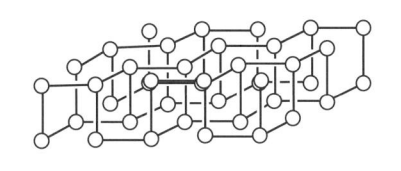　　　　黒リン 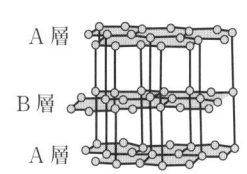　　　　黒鉛層状構造

線状高分子，たとえば $\pm CH_2CH_2\pm_n$，$\pm CH_2CHCl\pm_n$ の集合体の液体を冷却すると固化するが，右図のように固体の中では結晶領域と非結晶領域が入り混じって存在している。それは，n の値が一般には広い分布をしていることも一つの理由であるが，すべての分子鎖の自由な運動を規則正しく配列させるようにして凍結させることは困難であるからである。これらは，どの方向の曲げにも強くプラスチックとしてよく使われている。

③ 融点と沸点

低分子の場合，分子間の引力は弱いので，イオン性物質，金属性物質に比べ融点，沸点は低い。これらの中で比べてみると，**分子間力は，分子量が大きいほど，分子間が接近しやすいほど，さらに，分子の極性が大きいほど大きくなる**から，沸点や融点の高低はこれらの要因によって決まる。左図は，分子中の 炭素数＋酸素数 を横軸にして，種々の分子の沸点を示したものである。まず分子量とともに沸点が上昇していることがわかる。一方，分子量が同程度（炭素数＋酸素数が同じとき）なら，エーテル (C−O−C)，アルデヒド（$-C{<}^O_H$），アルコール (C−O−H)，カルボン酸（$-C{<}^O_{O-H}$）の順に沸点が高いことがわかる。これは，この順に分子間力が大きいからであるが，特に，アルコールやカルボン酸は目立って沸点が高い。これは，通常の極性の大きさだけでは説明できない現象であり，次の節で述べる水素結合が分子間に生じることによる。

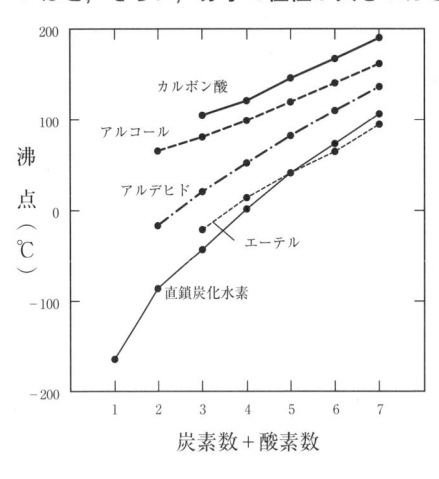

ところで，分子の形の対称性がよくて分子間がうまくはまり込むように接近して結晶格子が組める分子ほど結晶はエネルギー的に安定である。したがって，融点の高低を予想するときは，上に挙げた要因の中で，特に分子の形に注意する必要がある。CH_3CH_3，$CH_2=CH_2$，$CH≡CH$ で，沸点はそれほど違わないのに，融点は，$CH≡CH$ のみ異常に高い。これは，アセチレンはほとんど棒に近い分子であり，結晶格子をより密に形成できるからである。幾何異性体ではトランス型の方が融点が高かったり，ベンゼンの二置換体ではパラ型（X−⌬−Y）の融点が特に高いというようなことも，結晶格子を組みやすい分子の形をしていることから説明することができる。

	融 点	沸 点
CH_3CH_3	−172	−89
$CH_2=CH_2$	−169	−102
$CH≡CH$	−82	−75

例．シス型 −139℃ ＜ トランス型 −106℃

なお，共有結合の結晶は一般に多数の共有結合を切らないと融解や沸騰を起こせないため融点，沸点はかなり高くなる。

5. 水素結合による物質の構造と性質

1 水素結合とは

F, O, N は電気陰性度が大きいため，化合物中ではたいてい $\delta-$ に帯電している。そこで，F, O, N を X, Y とすると，

$$\overset{\delta-}{X}-\overset{\delta+}{H}\cdots\cdots\overset{\delta-}{Y}$$

のような強い極性間引力が生じる。さらに，Y が N, O のように H^+ を受け入れやすい非共有電子対を持っていると，振動する $-\overset{\delta+}{H}$ がその非共有電子対と配位結合的な要素を持ちながら結合することもできる。

$$X-\overset{\delta+}{H}\text{⦂}Y$$

F, O, N ではさまれた H を媒介するこのような結合を水素結合という。

$$\boxed{X-H\cdots\text{⦂}Y} \qquad (X, Y ; F, O, N)$$

HF 分子間は主に極性効果，NH_3 分子間は主に配位結合的効果，そして H_2O 分子間は 2 つの効果が重なっていると考えられる。

水素結合のエネルギーは，イオン結合や共有結合に比べるとずっと小さいが，通常の分子間力（ファンデルワールス力）より大きく，常温付近で切れるぐらいの大きさである。そのため，水素結合は分子性物質の沸点や融点，酸性度，生体分子の構造などに大きな影響力を持っている。

2 水の体積変化と水素結合

H_2O 分子には，1 分子あたり $-H$ が 2 つと ⦂ が 2 つある。そこで，H_2O 分子間に最大数の水素結合を形成するには，O 原子を中心にして，正四面体の頂点方向に $-H$ と ⦂ が配置され，その頂点にまわりの H_2O 分子の酸素原子が配置される必要がある。氷の結晶では水分子はそのように配置された構造が連続している。よって，4 配位によるダイヤモンドに似たすき間が多い構造をしている。氷から水へ変化する際，この水素結合の一部が切れて，このすき間は自由になった水分子で埋められる。それで，氷から水へ状態が変化すると体積が減少するのである。

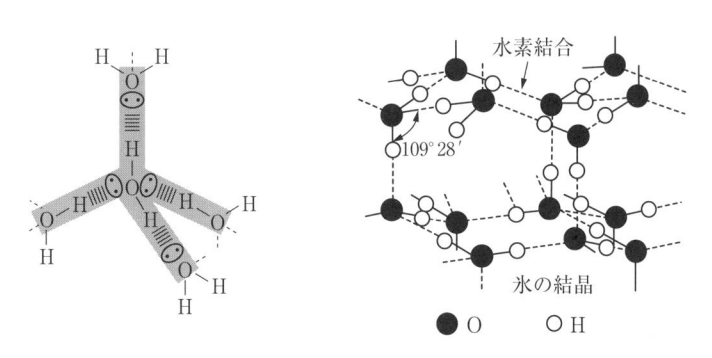

氷 の 構 造

水は下左図のように，小さい部分で氷の構造を持っている。温度を上げると，この構造がさらにこわれ体積が減少する。一方，温度上昇とともに，分子の運動が激しくなり，液体の体積は増加しようとする。この2つの相反する効果の兼ね合いで，水は，4℃付近で一番体積が小さくなる。つまり密度が最大となるのである。

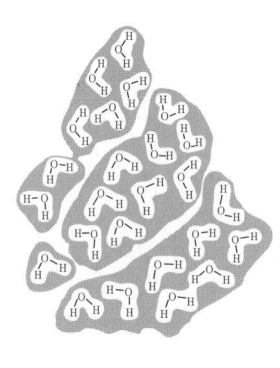

水の構造

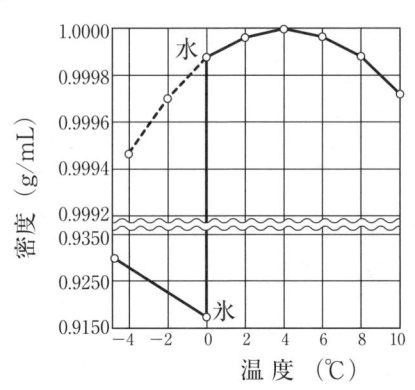

水の密度の温度変化（破線は過冷却）

③ 沸点と水素結合

① 水素化合物

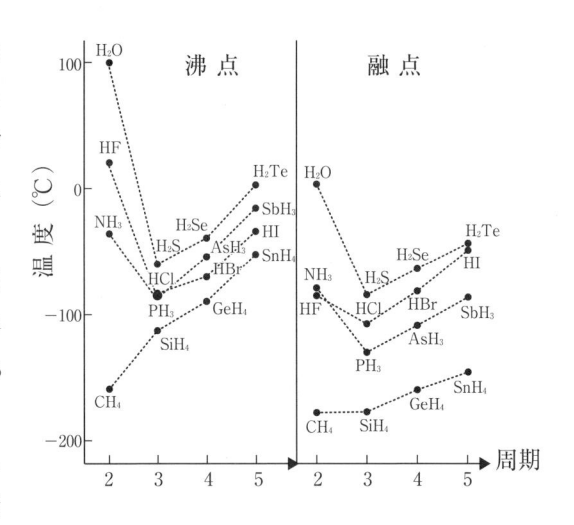

右図は14～17族元素の水素化合物の沸点，融点が周期とともにどう変わるか示した図である。一般に，分子量が大きいほどファンデルワールス力が大きい。そこで，この力から予想すると，同族の水素化合物の沸点，融点は，周期とともに高くなるはずであり，基本的にそのようになっている。しかし15～17族の第2周期の化合物 H_2O，HF，NH_3 は予想から大きくずれている。これは，これらの分子では分子間に水素結合ができ，そのため，分子間の引力が大きくなったためと考えられる。

② アルコールとエーテル

構造異性体であるエーテルとアルコールではアルコールの方が沸点がかなり

アルコール	沸点(℃)	エーテル	沸点(℃)
CH_3CH_2OH	78.3	CH_3OCH_3	−24.9
$CH_3CH_2CH_2CH_2OH$	118	$CH_3CH_2OCH_2CH_3$	34.5

高くなる。アルコールは−OH基間で水素結合をつくれるが，エーテルでは，酸素原子に結合しているHがないため水素結合がつくれないからである。また同じアルコールの異性体

では，－OH 基付近が立体的に混み合っていないために，分子間で水素結合が形成されやすい分子ほど沸点が高い。そこで，沸点はだいたい －OH の炭素鎖での位置が，

　　末端 ＞ 直鎖上 ＞ 枝分かれ

の順になる。

	沸点
例．CH₃CH₂CH₂OH（末端）	97℃
CH₃CH(OH)CH₃（直鎖上）	83℃

③ その他

有機化合物の中には，分子内で水素結合をつくるものがある。これらは，水素結合をつくっても分子間の引力の強化につながらないので，分子間に水素結合が生じるものに比べて融点などが低い（右表参照）。

分子内	分子間
融点 45℃ o-ニトロフェノール	融点 97℃ m-ニトロフェノール
融点 1.6℃ サリチルアルデヒド	融点 108℃ m-ヒドロキシベンズアルデヒド
融点 30℃ シス-1,2-シクロペンタンジオール	融点 55℃ トランス-1,2-シクロペンタンジオール

4 酸性度と水素結合

酸 HA の電離平衡

$$HA + H_2O \rightleftarrows H_3O^+ + A^-$$

が右に傾いていればいるほど H_3O^+ が多いから，HA は強い酸になる。平衡が右に傾くためには右辺の位置のエネルギーが低い必要がある。H_3O^+ はすべての酸に共通であるから，右辺の位置のエネルギーは，A^- がどれだけ安定であるかで決まる。A^- が水素結合で安定になると，それだけ強い酸になる。

例 1． サリチル酸（$K_a = 1.1 \times 10^{-3}$ mol/L）は安息香酸（$K_a = 6.2 \times 10^{-5}$ mol/L）より強い酸である。 ⇨ これは が左図のような水素結合で安定化されるからである。

例 2． シス型のマレイン酸とトランス型のフマル酸を比べると，酸の第 1 段階の電離定数 K_1（☞ 上.p.117）はマレイン酸が大きく，第 2 段階の電離定数 K_2 はフマル酸が大きい。これはマレイン酸の第 1 段階の電離で生じる陰イオンが右図のようにして水素結合で安定することが 1 つの要因となっている。

マレイン酸　　　　フマル酸
$K_1 = 1.20 \times 10^{-2} > K_1 = 9.55 \times 10^{-4}$
$K_2 = 5.96 \times 10^{-7} < K_2 = 4.14 \times 10^{-5}$
　　（mol/L）　　　　　（mol/L）

5 水素結合例

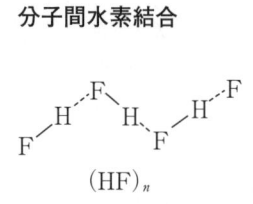

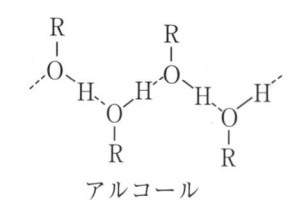

分子間水素結合

(HF)$_n$

アルコール

カルボン酸

タンパク質の α-ヘリックスでの水素結合

タンパク質の β-シートでの水素結合

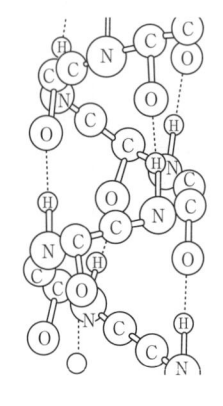

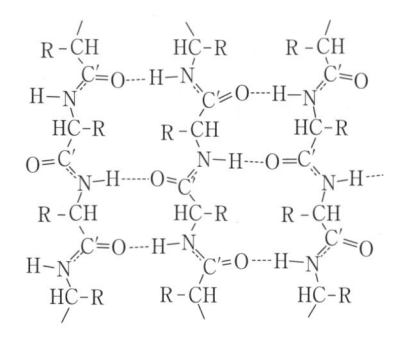

DNA 二重ラセンにおける水素結合

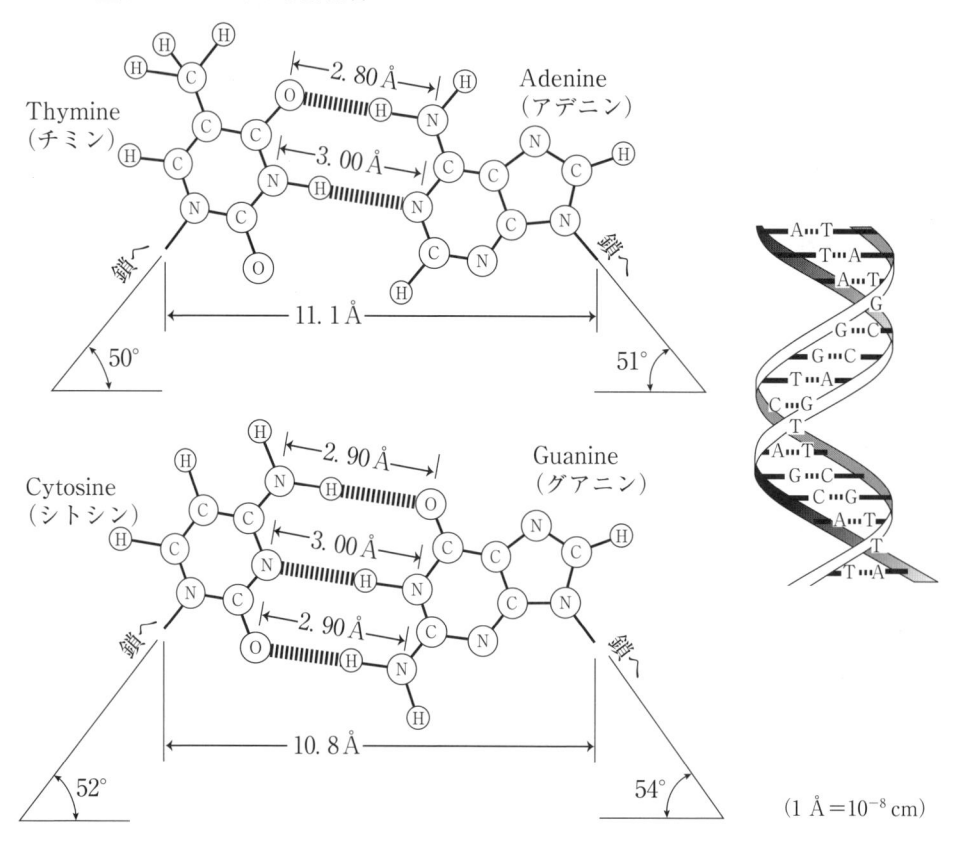

Thymine（チミン） — Adenine（アデニン）
2.80 Å
3.00 Å
11.1 Å
50°　51°

Cytosine（シトシン） — Guanine（グアニン）
2.90 Å
3.00 Å
2.90 Å
10.8 Å
52°　54°

(1 Å = 10^{-8} cm)

6. 物質の構造と性質（まとめ）

		金属結合	イオン結合	共有結合＋分子間力		共有結合
構造	ミクロ（例）	（図）	（図）	（図）低分子	（図）鎖状高分子	（図）網目状高分子
	マクロ	小さな金属結晶の集合体であることが多い。	沈殿反応のときは小さな結晶の集合体であるが，ゆっくり結晶を成長させると大きな結晶になる。	小さな結晶の集合体になることが多い。	通常，結晶領域と非結晶領域が混在している。	通常，非結晶（無定形）である。ただし，超高圧などの条件下では巨大な結晶ができ，そのときは共有結合の結晶という。
具体例		金，銀，銅	NaCl, CaO, NaNO$_3$ （NO$_3^-$ の中のNとOの間は共有結合）	I_2, CO_2 （ナフタレン構造図）	$+CH_2CH_2+_n$ $+CH_2CH+_n$ $\quad\quad\mid$ $\quad\quad CH_3$	ダイヤモンド 石英 赤リン（非結晶） 尿素樹脂
物理的性質	電気伝導性	大きい 銀＞銅＞…	ない。ただし，融解状態，溶解状態ではある。	ない。ただし，電解質でそれが水溶液の状態のときにはある。また黒鉛（グラファイト）にはある。		ない。
	硬さ	引き伸ばせる（延性） うすく広げられる（展性）	硬いがもろい（たたくと割れる）。	やわらかい。	弾力があり，曲げに強い。	硬い。
	融点	（−273〜0℃に分子結晶；Hg, Na付近に金属結晶（典型）；1000℃付近にNaCl, イオン結晶（+1, −1）；2000℃付近にFe, 金属結晶（遷移）, イオン結晶（+2, −2）等）				
	その他	独特の光沢あり。熱伝導性も大きい。			成型加工が容易で，日常生活に利用。	硬さの必要なところで利用。

第5章 物質の状態

1. 状態図

　そもそも，人類はいつごろから，条件次第で，どの物質も気体，液体，固体のいずれの状態もとりえることを知るようになったのだろうか。『石は硬い，水は軟らかい，一方空気は見えないし，その存在さえあやしい得体の知れない物質or元素である。』ぐらいの認識で，すべての物質に三態があるという認識はなかった。この状況から抜け出せたのは，やはり，物質が原子，分子等のものすごく小さい微粒子が膨大な数集まってでき上がっていることを知り，そこから物質の性質を説明することができるようになってからである。すなわち，

1. これら小さな粒子は，常温で1秒間に数百mものスピードで，ランダムな方向に広がる運動＝熱運動をしている。この熱運動の因子からは，微粒子の集団は，一瞬のうちに，バラける，すなわち気体になる。

2. 一方，微粒子間には，共有結合などの各種結合や分子間力などの引力が働いている。そして，これら引力は粒子間がより接近する方が強くなるので，微粒子間の引力の因子からは微粒子の集団は，より密に，コンパクトに集まる。

3. さらに，物質は，ある圧力のもとに置かれている。圧力が高いほど，粒子間が近づけられるので，圧力の因子からは，微粒子の集団は，より密に集められる。

　以上をまとめると，粒子の集団には，

① 粒子の熱運動…よりバラけようとする勢い
② 粒子間の引力…より密に集まろうとする勢い
③ 外圧　　　　…より密に集めようとする勢い

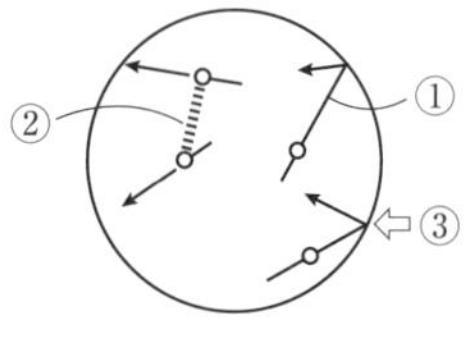

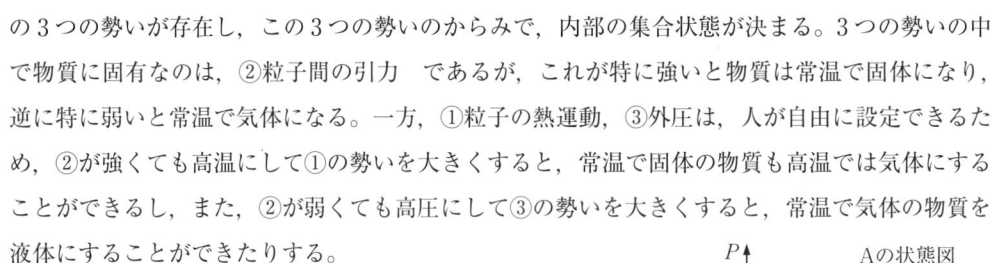

の3つの勢いが存在し，この3つの勢いのからみで，内部の集合状態が決まる。3つの勢いの中で物質に固有なのは，②粒子間の引力　であるが，これが特に強いと物質は常温で固体になり，逆に特に弱いと常温で気体になる。一方，①粒子の熱運動，③外圧は，人が自由に設定できるため，②が強くても高温にして①の勢いを大きくすると，常温で固体の物質も高温では気体にすることができるし，また，②が弱くても高圧にして③の勢いを大きくすると，常温で気体の物質を液体にすることができたりする。

　このように，どの物質も，温度，圧力を変化させることによって，固体，液体，気体のいずれにも変えることができる。そこで，温度を横軸，圧力を縦軸にして，各物質の状態がどうなるかの領域図が描かれるようになり，これを**状態図**と呼ぶことになった。

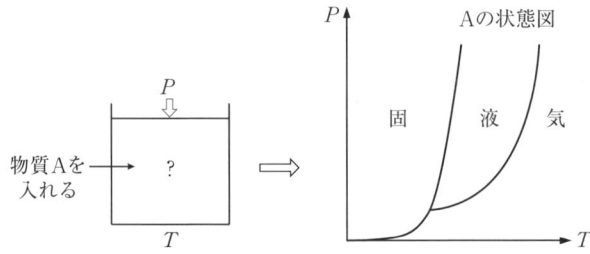

《状態図の特徴》

状態図には，結局，状態の境界線が描かれている。この境界では，2 つの状態（α，β とする）が存在し，粒子の熱運動により，α 相から β 相，β 相から α 相に粒子が移動している。二つの相が存在し続けるのは，二相間を往来する粒子数が等しい，すなわち平衡状態（固 $\rightleftarrows$ 液，液 $\rightleftarrows$ 気，固 $\rightleftarrows$ 気）にあるからである。

さて，ある温度 T，圧力 P すなわち，(T, P) において平衡状態にあるとする。

(T, P)　　⇨　　固 $\underset{①}{\rightleftarrows}$ 液　　液 $\underset{②}{\rightleftarrows}$ 気　　固 $\underset{③}{\rightleftarrows}$ 気
　平

まず，温度を ΔT 上げて，$(T+\Delta T, P)$ にすると，①の勢いが大きくなって非平衡になる。

$(T+\Delta T, P)$　⇨　固 $\rightleftarrows\xrightarrow{T\uparrow}$ 液　　液 $\rightleftarrows\xrightarrow{T\uparrow}$ 気　　固 $\rightleftarrows\xrightarrow{T\uparrow}$ 気
　非平

ここで，圧力を上げていくと，③の勢いが大きくなって，気より液，液より固への勢いを大きくしていくことができるので，再び平衡状態にすることができる。

$(T+\Delta T, P+\Delta P)$　⇔　固 $\underset{P\uparrow}{\overset{T\uparrow}{\rightleftarrows}}$ 液　　液 $\underset{P\uparrow}{\overset{T\uparrow}{\rightleftarrows}}$ 気　　固 $\underset{P\uparrow}{\overset{T\uparrow}{\rightleftarrows}}$ 気
　新平

以上，温度を上げると圧力も上げることによって平衡が保てることより，状態図の**境界線は右上がり**となることがわかる。ただし，**水だけ**は，固体（氷）の方が液体より密度が小さいので，**水の状態の固液境界線は，右下がり**となる。

《状態図の見方》

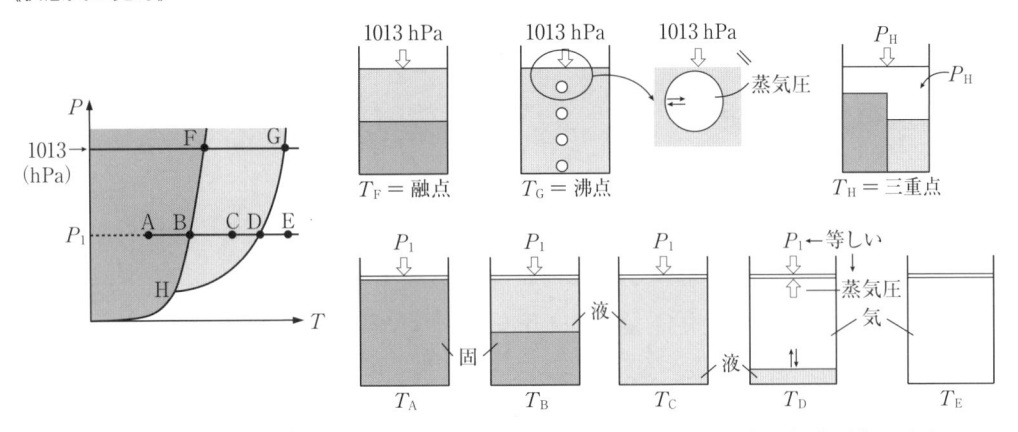

A〜H の各点での物質の状態は上右図の様である。D 点では，容器内に気液平衡があり，このときの気体の圧は，気液平衡が存在するときの気体の圧力＝蒸気圧である。よって，曲線 GH は，この蒸気圧が温度とともにどのように変化するかを示した線＝**蒸気圧曲線**でもある。ピストンをせず，液体を 1013 hPa の下で加熱すると，T_G の温度のとき沸騰が起こる。それは，蒸気圧＝1013 hPa の温度に達したので，液体の内部で生じる気泡が押しつぶされずに浮き上がってくるからである。

2. 気体の法則

1 気体とは何か

　気体は，変形，圧縮が固体，液体に比べて著しく容易である。これは，構成粒子間が離れており，ほとんどが空間であることを示している。一方，ほとんど空間であるにもかかわらず，ある体積を保つことができるのは，粒子間引力によって集合させようとする勢いに負けない運動エネルギーを持って構成粒子が飛びまわり，壁に当たって押し返しているからである。**気体の本質**は，以上の，**①ほとんど空間，②ほとんど自由な粒子の運動** の2点に集約される。したがって，**完全に空間，完全に自由な粒子の運動** を持つ気体は，気体としての本質を完璧に備えたものになる。ただし，実在する気体(real gas)の粒子はそれ自身の体積 (v) を持つし，また，粒子間の引力 (f) は決して消えはしないのだから，そのような完全な気体は観念上でしか存在しない。この観念上の気体を，**理想気体**(ideal gas)と呼ぶ。

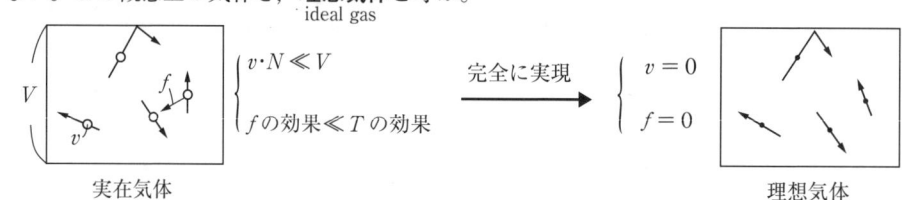

　実在気体： $\begin{cases} v \cdot N \ll V \\ f\text{の効果} \ll T\text{の効果} \end{cases}$ 　完全に実現 → 　理想気体： $\begin{cases} v = 0 \\ f = 0 \end{cases}$

　この理想気体については，$PV = nRT$ が成り立っており，私たちはこれを使って多くの計算をしている。ただし，歴史的には，いきなり理想気体の考え方や $PV = nRT$ が出てきたわけではない。そこで，気体の法則について，少し歴史的な経過をたどってみよう。

2 気体の法則の歴史

① ボイルの法則（1662年）

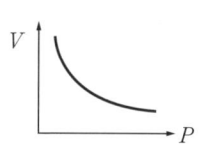

　1600年代の中ごろになると，水銀柱の実験により大気圧が発見され，空気の圧力を正しく測定できるようになった。ボイルは，当時唯一の気体であった空気の体積 (V) が，圧力 (P) 反比例すること（$V = k/P$ or $PV = k$ 一定）を発見した。

② ゲーリュサックの法則（シャルルの法則ともいう）

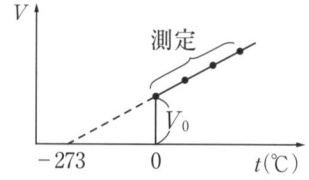

　1700年代中ごろから1800年代にかけて，いろいろな気体が分離発見された。どの気体の体積もほぼ圧力に反比例した（つまりボイルの法則を満たした）。一方，1800年代のはじめ，ゲーリュサックは体積が温度とともにどう変わるかを詳しく調べた。そして，0℃の体積を V_0，t℃の体積を V とすると $V = V_0(1 + \alpha t)$ で表されることを発見した。後に，α の値が正確に測られ $\alpha = \dfrac{1}{273}$ であることがわかった。1800年代中ごろにケルビンは，

$t = -273$℃ では $V = 0$ となることから，これより低い温度はないと指摘し，この点を起点とする温度，$T = 273 + t$（**絶対温度**）を提唱した。これを使うと，
$V = V_0(273 + t)/273 = V_0 T/T_0$ となる。

③ **アボガドロの法則（1811年）**

ゲーリュサックはまた，1808年に各種気体間の反応で気体の体積の間には簡単な整数比が成り立つことを示した。これを説明するため，アボガドロは，**同温，同圧の下で同体積の中には，気体の種類によらず，同数の気体粒子が存在する**，つまり $V = k \cdot n$（k は気体によらない定数）が成り立つ，という仮説を提出した。この仮説は，約50年後にやっと認められるようになった。

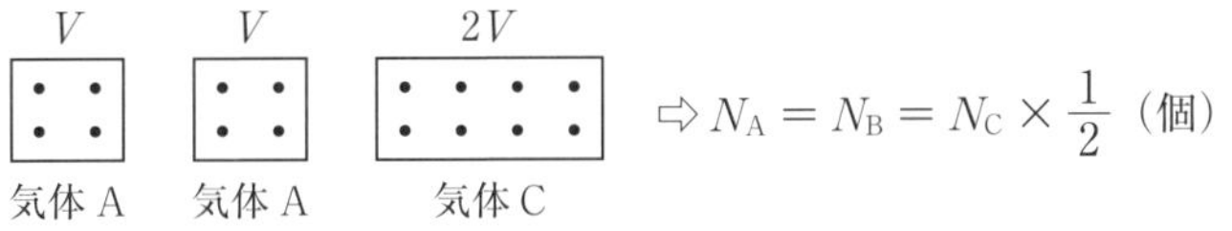

$$\Rightarrow N_A = N_B = N_C \times \frac{1}{2} \text{（個）}$$

気体A　気体A　気体C　体積 V，V，$2V$

以上の①〜③を1つの式にまとめてみよう。(P, V, T, n) で表される気体Ⅰと，(P', V', T', n') で表される気体Ⅳの関係を導いてみる。①〜③が使えるようにするため，このⅠ→Ⅳを，Ⅱ $(P', V_Ⅱ, T, n)$，Ⅲ $(P', V_Ⅲ, T', n)$ のステップにさらに分ける。

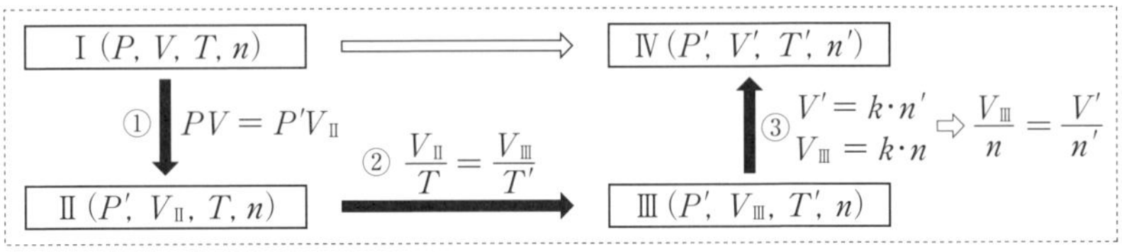

Ⅰ→Ⅱでは　T, n　一定であるから　ボイルの法則が成立。　　$PV = P'V_Ⅱ$ ……①
Ⅱ→Ⅲでは　P, n　一定であるから　シャルルの法則が成立。　$V_Ⅱ/T = V_Ⅲ/T'$ ……②
Ⅲ→Ⅳでは　P, T　一定であるから　アボガドロの法則が成立。$V_Ⅲ/n = V'/n'$ ……③

①，②，③式より，$V_Ⅱ$，$V_Ⅲ$ を消去すると

$$\frac{PV}{nT} = \frac{P'V'}{n'T'} = \text{一定}\ (= R)$$

が得られる。この一定値を R とすると，$PV = nRT$ というよく知られた式が導かれる。つまり，**この式は，ボイル，シャルル，アボガドロの三つの法則をまとめあげた式**である。

④ **気体分子運動論**

1800年代に入ると，物質が微粒子からなるという考え方が広く受け入れられるようになった。そして，気体状態とは広い空間を微粒子が飛びまわっている状態であり，気体の圧力とは微粒子が壁に衝突する際に及ぼす力であり，さらに温度とは微粒子の運動のエネルギーの大きさに比例するものであるとみなす人たちが出てきた。彼らは，この考え方をもとに，気体の P, V, T, n の間に成り立つ関係式を理論的に導いた。

まず，**気体粒子自身の体積（v）は気相の体積（V）に比べて圧倒的に小さいからゼロと仮定した**。また，気体粒子間は離れており，気体粒子もかなり自由に運動しているから，**気**

体粒子間の引力（f）もゼロと仮定した。

さて，運動量の変化量は，作用した力（F）と作用した時間（Δt）の積である。

$$\text{運動量の変化量} = F \times \Delta t \qquad (\text{☞物理の教科書})$$

これより，単位時間（$\Delta t = 1$）で生じた，微粒子の壁への衝突による運動量の全変化量が作用した力（F）となる。そこで，まずこれを求めてみよう。一辺 a の立方体の中に，質量 m の気体粒子 N 個が無秩序に飛びまわって壁と完全弾性衝突しているとする。任意の粒子 i の x 軸方向の速度成分を u_i とすると，はね返ったあと $-u_i$ の速度を持つから，x 軸に垂直な面に対する1回の衝突で生じる運動量の変化量（の絶対量）は，

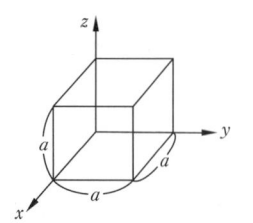

$$mu_i - m \times (-u_i) = 2mu_i$$

である。この粒子が再び同じ面に衝突するまでには x 軸方向には $2a$ の距離移動するから，$\Delta t = 1$ の間にこの面に衝突する回数は $u_i/2a$ である。よって，1個の粒子が面に及ぼす力は，

$$2mu_i \times \frac{u_i}{2a} = \frac{mu_i^2}{a}$$

である。これを全粒子 $i = 1 \sim N$ について総和をとり，面の面積 a^2 で割れば圧力 P が出る。

$$P = \sum_{i=1}^{N} \frac{mu_i^2}{a} \times \frac{1}{a^2}$$

ここで，$\sum_{i=1}^{N} u_i^2 = u_1^2 + u_2^2 + \cdots\cdots + u_N^2 = \overline{u^2} \times N$，つまり速度の2乗の平均値を $\overline{u^2}$ とすると

$$PV = m\overline{u^2}N \qquad (a^3 = V)$$

となるが，$N = N_A \cdot n$（N_A：アボガドロ定数），さらに $m\overline{u^2}/2$ は分子の x 軸方向の運動のエネルギーでこれは $k \cdot T/2$ と等しいとなるので，$m\overline{u^2} = k \cdot T$ と置き換えると，

$$PV = k \cdot T \cdot N_A \cdot n = nRT \qquad (R = k \cdot N_A)$$

となる。つまり，先にボイルの法則等から導いた式と全く同じ式が得られる。①～③を使った導出では，$PV = nRT$ はどのような条件下の気体に対し成り立つのか不明であったが，理論による導出により，$PV = nRT$ が成り立つ気体は，気体粒子の体積ゼロ（$v = 0$），粒子間引力ゼロ（$f = 0$）の気体＝理想気体であるとはっきり言うことができるようになった。そこでそれ以降，この $PV = nRT$ の式は，**理想気体の状態方程式**と呼ばれるようになった。

また，温度を決めるということは粒子の平均運動のエネルギーを決めるということであることもはっきりした。そして，粒子の総運動エネルギー一定のもとで，各粒子に運動エネルギーを分配する多様な方法の中で，最も確率の高い分配方法も理論的に計算できるようになった。それによると，右図で示すようにある温度の下でも運動のエネルギーの低いものから高いものまでかなり幅広く分布していることがわかる。

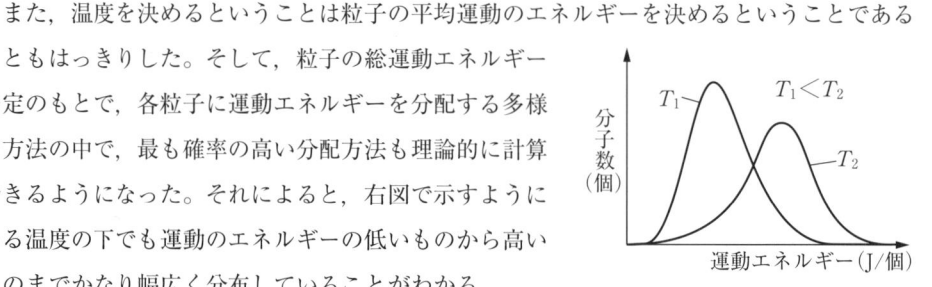

3 最も適切な式の決め方

気体法則を使う計算はやっかいだ。1つは，ボイルの法則など歴史法則が多くあり，どれを使うかで迷う。2つは，27℃，1.0×10^5 Pa，5.0 L のように，多くの数値が与えられていて，下手をすると膨大な数値計算をし，かつ計算ミスもしてしまう。どうしたらいいのか？

まず，確かに歴史的には，気体の法則は多くある。ただ，現在から見れば，すべての気体に $PV = nRT$ が成り立つという法則があったにすぎない。すなわち，すべての気体は，

気体Ⅰ　気体Ⅱ　気体Ⅲ　…

$$R = \frac{P \times V}{n \times T} = \frac{P' \times V'}{n' \times T'} = \frac{P'' \times V''}{n'' \times T''} = \cdots$$

の関係式でつながっており，たとえば，ボイルの法則は上式で，n，T 一定のときの関係式 $P \times V = P' \times V'$ にすぎない。したがって，気体の計算問題の究極の解法は，すべての気体について $PV = nRT$ の式を代入して，それらから不要なものを消去して求める値にたどりつく方法である。ただこの方法は，たいてい手間と時間がかかり実用的ではない。n，T 一定なら $PV = P'V'$ を使った方が計算が早いに決まっている。では，**$PV = nRT$ を使う以外の方法がないのはどのようなときか**。それは，**気体Ⅰしかないとき**である。一方，気体がⅠ，Ⅱ，…と2つ以上あるときは，基本的には $PV = nRT$ を直接的に使わないようにしよう。

さて，化学では，容器内で化学反応や状態変化が起こることが多い。このとき，容器内で，モルが変化し，その変化を追跡しなくてはならない。そこで，気体Ⅰ，Ⅱ，…と2つ以上出てくるとき，まず，モルが変化するかどうかチェックしよう。

モルが不変なら　$\dfrac{PV}{T} = \dfrac{P'V'}{T'}$

モルが変化なら　$PV = nRT$

とまず，メモし，その上で，気体Ⅰ，Ⅱ，…の間で，T，V，P の何が不変なのかをチェックして，不変なもの（不要なもの）を消去した式を導いて，それを使って計算しよう。

〔例〕

3.0×10^2 K，1.0×10^5 Pa　0.64 g/L の気体の分子量 M は？

↓気体量は1つ

$PV = nRT$，$n = W/M$

↓

$M = \dfrac{W}{V} \times \dfrac{RT}{P}$

$= 0.64 \times \dfrac{8.3 \times 10^3 \times 3.0 \times 10^2}{1.0 \times 10^5}$

$= \boxed{16}$

体積一定の容器に入った気体の温度を 300 K から 600 K にする。圧力は何倍？

↓気体量は2つ
↓n 一定

$\dfrac{PV}{T} = \dfrac{P'V'}{T'}$

↓V 一定

$\dfrac{P}{T} = \dfrac{P'}{T'}$

$\dfrac{P}{300} = \dfrac{P'}{600}$

$P' = P \times \boxed{2}$

27℃，1.0×10^5 Pa の下で 1.0 L と 2.0 L の気体を混ぜると何 L か？

↓気体量3つ
↓モル変化

$PV = nRT$

↓P，T 一定

$V = k \times n$

モルと同様，V は和がとれる

$1.0 + 2.0 = \boxed{3.0}$ L

《混合気体での成分気体の量の扱い方》

　P, V に与える影響力は，気体の種類ではなく，数によるのだから，混合気体の P, V は，それがどんな気体でできているかは問題にならない。ただ，混合気体の間で，反応が起こったり，一部が液化するようになったときの結果を予想するときには，各成分気体がどれだけ存在するかという情報が必要になる。もちろん，物質量(mol)がわかっていれば結果の予想は容易にできることが多いが，通常は，圧力や体積が与えられている。物質量と違い，圧力や体積は単純に和，差をとることはできないので，どう工夫するかである。

　混合気体を成分気体に分けて表すとき，V, T 一定なら，分離前の気体，分離された気体のいずれにも，$P = k \times n$ が成り立つので，圧力もまた物質量と同様に和や差がとれる。

また，圧力比はすべて物質量(mol)の比となっているので，次式が成り立つ。

$$\frac{P_1}{P} = \frac{n_1}{n_1 + n_2} \Leftrightarrow P_1 = \frac{n_1}{n_1 + n_2} \times P, \quad \frac{P_1}{P_2} = \frac{n_1}{n_2}$$

このようにして混合気体を V, T 一定で成分気体に分けたときの圧力を**分圧**という。
(partial pressure)

　一方，P, T 一定で気体を分離すると，分離前の気体，分離された気体のいずれにも，$V = k \times n$ が成り立つので，体積もまた物質量と同様に和や差がとれる。このときは次式が成り立つ。

$$V = V_1 + V_2$$
$$\frac{V_1}{V} = \frac{n_1}{n_1 + n_2} \Leftrightarrow V_1 = \frac{n_1}{n_1 + n_2} \times V$$
$$\frac{V_1}{V_2} = \frac{n_1}{n_2}$$

このようにして，混合気体を P, T 一定で成分気体に分けたときの体積を**分体積**という。
(partial volume)

　気体反応での変化量を追うとき，実験が **V, T 一定**のときは，各成分気体の物質量に比例する量として**分圧を使い**，実験が **P, T 一定**のときは，各成分気体の物質量に比例する量として**分体積を使う**と楽に計算ができる。

〔例題1〕　C_3H_8 と C_2H_2 の混合気体を0℃で1.0 L取り，これに6.0 Lの酸素を加え，加熱燃焼させた。そののち圧力・温度を燃焼前の状態に戻したところ，体積が2.0 L減少していた。C_3H_8 と C_2H_2 の燃焼反応の式を書き，C_3H_8 と C_2H_2 の物質量(mol)の比を求めよ。

ただし，水はすべて液体とせよ。　　　　　　　　　　　　　　　　　　　　　（慶大）

(解)　$\dfrac{\text{気体量2つ}}{n \text{変化}}$ $PV = nRT \xrightarrow{T, P \text{一定}} V = k \times n$ ⇨ 分体積で計算

$C_3H_8 + 5O_2$
$\longrightarrow 3CO_2 + 4H_2O(液)$
$C_2H_2 + 2.5O_2$
$\longrightarrow 2CO_2 + H_2O(液)$

C_3H_8	V_1
C_2H_2	V_2
O_2	6.0 (+
計 7.0	

$\xrightarrow{O_2}$

CO_2	$3V_1 + 2V_2$
H_2O	0 (←指定)
O_2	$6.0 - 5V_1 - 2.5V_2$ (+
計 $6.0 - 2V_1 - 0.5V_2 = 7.0 - 2.0$	

$V_1 + V_2 = 1.0 \cdots ①$　　　　　　　　　$2V_1 + 0.5V_2 = 1 \cdots ②$

①, ②より $V_1 = 1/3$, $V_2 = 2/3$　　∴ $n_1/n_2 = V_1/V_2 = \boxed{0.50}$

〔例題2〕 容積が 1.00 L の容器に、ある混合比の H_2, CO, CO_2 の混合気体が入っている。このときの温度は 27℃、圧力は 2.50×10^5 Pa であった。ここにソーダ石灰を加え、同温で十分に混合気体と接触させると、圧力は 2.00×10^5 Pa になった。さらに、ここに 1.60 g の O_2 を加えて、完全に反応させてから、塩化カルシウムを加えて、残っている気体と十分に接触させた。その後、前と同じ温度 (27℃) にしたところ、圧力は 1.00×10^5 Pa であった。最初の混合気体中の各気体の物質量(mol)の比を求めよ。ただし、気相の体積は常に 1.00 L で、O_2 の分子量 = 32.0、$R = 8.31 \times 10^3$ Pa·L/(mol·K) とせよ。　（東京海洋大）

(解)　$\underset{n\,変化}{気体量3つ}$ $PV = nRT \xrightarrow{V,T\,一定} P = k \times n$ ⇨ 分圧で計算

分圧を H_2 $x \times 10^5$ Pa、CO $y \times 10^5$ Pa、CO_2 $z \times 10^5$ Pa とする。$x + y + z = 2.50$ ……①

ソーダ石灰 = CaO + NaOH は H_2O や CO_2 を吸収する。この場合 CO_2 のみが吸収される。

$x + y = 2.00$ ……②

ここに 1.60 g の O_2 を加えると、O_2 の分圧 P_{O_2} は $PV = nRT$ に代入して、

$P_{O_2} \times 1.00 = \dfrac{1.60}{32.0} \times 8.31 \times 10^3 \times 300$ ⇨ $P_{O_2} = 1.246\cdots \times 10^5$ ⇨ 1.25×10^5 Pa

となる。点火すると、次の反応が起こり、

$H_2 + \dfrac{1}{2}O_2 \longrightarrow H_2O$,　$CO + \dfrac{1}{2}O_2 \longrightarrow CO_2$

H_2, CO が消えて H_2O, CO_2 が生じ、未反応の O_2 が残る。ここに $CaCl_2$ を加えると H_2O のみが吸収されるから、残るのは、CO_2 と過剰量の O_2 である。よって、

$\underbrace{y}_{CO_2} + \underbrace{1.25 - \left(\dfrac{x}{2} + \dfrac{y}{2}\right)}_{O_2(残)} = 1.00$ ……③

以上をまとめると次のようになる。

H_2	x
CO	y
CO_2	z (+
計 2.50	

$\xrightarrow{-CO_2}$

H_2	x
CO	y (+
計 2.00	

$\xrightarrow{+O_2}$

H_2	x
CO	y
O_2	1.25

$\xrightarrow{点火\ -H_2O}$

H_2O	0
CO_2	y
O_2	$1.25 - \dfrac{x}{2} - \dfrac{y}{2}$ (+
計 1.00	

$x + y + z = 2.50 \cdots ①$　　　　　　　　　$x + y = 2.00 \cdots ②$　　　　　　　　　$1.25 - \dfrac{x}{2} + \dfrac{y}{2} = 1.00$
　　∴ $x - y = 0.50 \cdots ③$

①, ②, ③より、$z = 0.50$, $x = 1.25$, $y = 0.75$。分圧比 = 物質量比なので、物質量比は、

H_2 : CO : CO_2 = 1.25 : 0.75 : 0.50 ⇨ $\boxed{5.0 : 3.0 : 2.0}$

4 実在気体と理想気体

① 実在気体を理想気体に近づける条件

気体の条件は，気体分子の体積を v，気体粒子数を N，粒子間引力を f とすると

 ① $v \times N \ll V$ ② f の効果 $\ll T$ の効果

であった（☞上.p.76）。そして，$v=0$，$f=0$ のときこの条件を完全に満たすので，その気体を理想気体とした。実在気体では $v=0$，$f=0$ にすることはできないが，まず

 ① $v \times N \ll V$ ⇔ $v \times \dfrac{N}{V} \ll 1$

において，$\dfrac{N}{V} \to 0$ にすると，$v=0$ としたときに近づける。$\dfrac{N}{V}$ は単位体積あたりの気体粒子数であるが，これが減少すると，単位面積あたりに壁にあたる粒子数が減少するので圧力が減少する。また，分子間が離れていくので $f \to 0$ となり，②で $f=0$ としたときに近づく。

以上より，低圧にすれば①，②の条件で $v=0$，$f=0$ としたときに近づくので，**たいていの気体は低圧だけで理想気体に近づく**。ただし，温度があまり低いと液化が起こるなど f の効果が強く出てくるので，温度はやはり高い方が良い。そこで，一般には，**高温低圧**が実在気体を理想気体に近づける条件となる。

② 実在気体の状態方程式

実在気体の状態方程式は，v 効果，f 効果の補正項を $PV=nRT$ に入れることによって得ることができる。（以下で i = ideal, r = real を意味する）

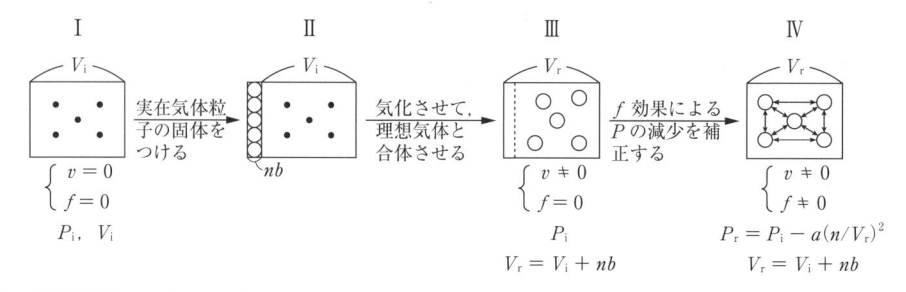

   Ⅰ   Ⅱ   Ⅲ   Ⅳ

実在気体粒子の固体をつける → 気化させて、理想気体と合体させる → f 効果による P の減少を補正する

Ⅰ: $\begin{cases} v=0 \\ f=0 \end{cases}$ P_i, V_i

Ⅱ: nb

Ⅲ: $\begin{cases} v \neq 0 \\ f=0 \end{cases}$ P_i $V_r = V_i + nb$

Ⅳ: $\begin{cases} v \neq 0 \\ f \neq 0 \end{cases}$ $P_r = P_i - a(n/V_r)^2$ $V_r = V_i + nb$

Ⅰ．理想気体 $P_i V_i = nRT$

Ⅱ．理想気体と同モルの実在気体粒子を固体にしてくっつける。

Ⅲ．その固体を気化させて，理想気体と合体させる。粒子の体積に比例する量を b とすると $V_r = V_i + nb$ となる。これで，v 効果が導入された。

Ⅳ．この体積の下で，f 効果を導入する。V 一定なら，f 効果は圧力の減少に表れる。圧力の減少度は，粒子間力の強いほど大きくなるが，粒子と粒子が接近する回数にもよる。この回数は衝突回数と同じで，濃度の2乗に比例する。そこで，圧力の減少量は $a \times \left(\dfrac{n}{V_r}\right)^2$ と表せそうである。その結果，$P_r = P_i - a \times \left(\dfrac{n}{V_r}\right)^2$ となる。これで，v，f の2つの補正は終わる。

以上より，実在気体の圧力 P_r, 体積 V_r の入った次の式が得られる。

$$P_i V_i = \left\{ P_r + a \times \left(\frac{n}{V_r}\right)^2 \right\} (V_r - nb) = nRT$$

a は粒子間引力の強さ，b は粒子の体積を反映した量であるから各気体によって違うが，実験データと照らし合わせて，この値を決定している。この式はファンデルワールスが提案した。

③ **理想からのずれの考察**

実在気体の理想気体からのずれは，もちろん上式のような実在気体の状態方程式をもとに議論するのが正確である。しかし，上式では P が $V^{-1} \sim V^{-2}$ で表されていることにみられるように，一見しただけでは理想気体からのずれが，どの要因が効いて生じたのかを見出すことが難しい。

一方，理想気体では，$n=1$ のとき，PV/RT は必ず 1 となるから，実在気体 1 mol の PV/RT が 1 からどの程度ずれるかで，理想と実在との関係を考察することもできる。また，$P \to 0$ では，いずれの気体も理想気体に近づくから，$PV/RT \to 1$ となる。そこで，P とともに $Z = PV/RT$ がどう変化するかを示したグラフを使うと理想と実在との関係を論じやすい。図 1 は，同一温度において，Z の P 依存性が各気体によってどう違うかを示した図であり，図 2 は，同一気体において，Z の P 依存性が温度によってどう変化するかを示した図である。

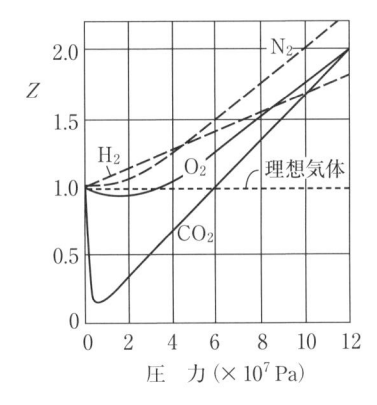

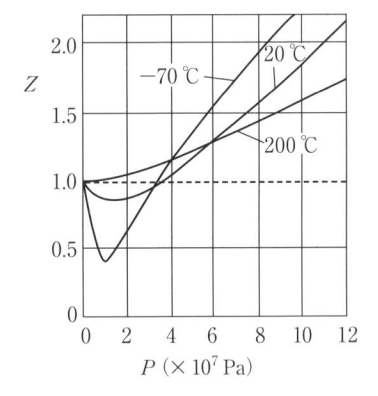

図1　0℃における各種気体 1 mol の $Z-P$ 曲線 ($Z=PV/RT$)

図2　CH_4 の三つの温度における $Z-P$ 曲線

さて，これらの図を見て，実在気体は，理想気体とかなり違うという印象を持つであろう。しかし，これらの図の大半の圧力は 2×10^7 Pa など大きな圧力であることに留意しよう。私たちがよく使う圧力は 10^5 Pa 程度の圧力でこの図では $P=0$ 付近であり，このとき $Z \fallingdotseq 1$ となっておりたいてい理想気体とみなせるのである。

理想気体と実在気体の違いは，v 効果，f 効果の大小で説明されるはずであるが，これらの効果は温度，圧力，体積などによって違う。そこで，**T, P が一定の下で比べることにしよう。そうすると，f, v 効果がすべて V に反映するようになる。**

②で述べたように，v の効果は $V_r > V_i$，つまり $V_r/V_i > 1$ をもたらす。一方，P, T 一定の下では，粒子間引力は分子を集めるように働いているのだから体積を理想より小さくす

る。つまり，f 効果は $V_r/V_i < 1$ をもたらす。よって，v 効果と f 効果は V_r に対し正反対に作用する。

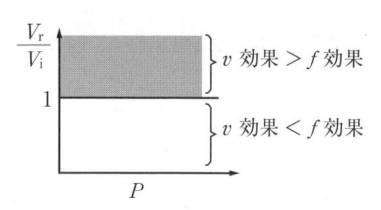

ところで，P，T 一定で，V_r，V_i を測定したとき，
$$1 = PV_i/RT, \quad Z = PV_r/RT$$
であるが，この2式より
$$Z = V_r/V_i$$
となる。すなわち，$Z = PV/RT$ は，ある温度，圧力において，実在気体の体積は，理想気体の体積に比べて何倍であるかを示す値でもある。そこで，図1，図2を v，f 効果を使って次のように簡単に説明できるようになる。

(1) P が大きいとき例外なく $Z = PV_r/RT = V_r/V_i > 1$ となるのは，P が大きくなって全体積が小さくなると，粒子に体積(v)があるため，全体積(V)の小さくなることが困難になるからである。

(2) P が小さいとき，n/V が小さいから，分子の体積が全体積に占める比率は小さい。そこで，f 効果の大きい気体の場合，特に f 効果がよく作用し $Z < 1$ となる。したがって，P が小さい領域でみたとき Z が小さいほど f が大きい気体と考えてよい。たとえば，図1では，CO_2 の分子間力は他に比べてかなり大きいと考えられる。実際，CO_2 は約 -80 ℃ で固体から気体になるが，O_2 や N_2 はもっと低い温度の約 -200 ℃ で液体から気体になる。

(3) f の効果は温度が上がれば相対的に小さくなるから，同じ気体で，圧力が小さいときは，Z は温度とともに大きくなっていく。実際，図2で P が 10^7 Pa ぐらいまででは，温度が上がるとともに Z は大きくなっている。

④ **実在気体の分子量の測定**

気体の分子量を求めるのに，理想気体の状態方程式が成り立つものとして $M = \dfrac{WRT}{PV}$ がよく使われる。しかしながら，実在気体については厳密には $M = \dfrac{WRT}{PV}$ は成り立たない。

密度を $d = \dfrac{W}{V}$ で表すと，W〔g〕の理想気体の分子量 M は次のように表される。

$$M = \frac{WRT}{PV} = \frac{dRT}{P} = \left(\frac{d}{P}\right)RT$$

$\dfrac{d}{P}$ は理想気体では一定であるが実在気体では一定とならない。しかし $P \to 0$ ならば，実在気体も理想気体に近づくのであるから，実在気体の $\left(\dfrac{d}{P}\right)$ も理想気体の $\dfrac{d}{P}$ に近づくはずである。$P = 0$ では実測はできないから，実在気体の $\left(\dfrac{d}{P}\right)$ をいくつかの気圧において実測し，グラフから外挿して $\left(\dfrac{d}{P}\right)_{P \to 0}$ の値を求め，その値を使って実在気体の分子量を理想気体の状態方程式から求める。

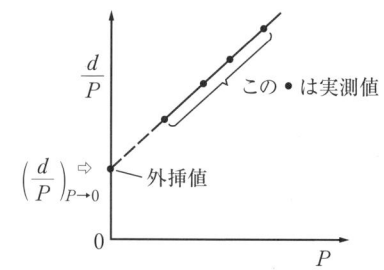

3. 状態変化

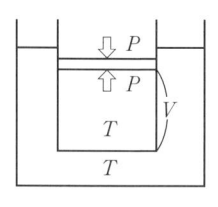

容器の中に，物質を入れ，温度や圧力を変化させたときの内部の体積や圧力を計算によって求める問題を解くとき，内部の状態がまずわかっていなくてはならない。内部の状態がどうであるかは，その物質の状態図が1枚あればすぐに判断できるはずである。ただ，状態図は一般には与えられていない。しかし，すでに，1. 状態図 で見てきたように，どの物質の状態図でも，固体，液体，気体が，1本の境界線で仕切られていることは共通している。したがって，この状態図の特徴をうまく使えば，状態変化の基本的な姿を知ることができる。よく出されるのは，P一定，T一定，V一定下の状態変化である。

1 一種類の物質のみが容器に入っているとき

① P一定でT変化

たいてい，ゆっくりと一定の速度で熱を奪うか，熱を加えるかしたときの内部変化について扱う。ここでは次図A点から，B，C，Dと移っていくことにする。P, V, Tの中で，Pは不変だから，TとともにVが変化する。また，時間とともにTが変化する。

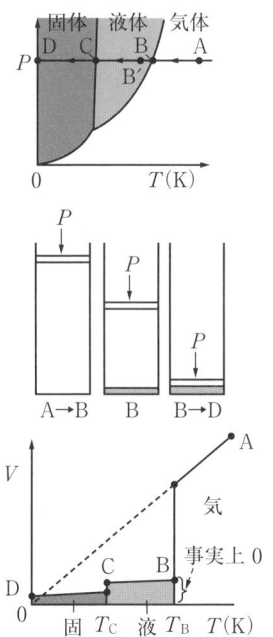

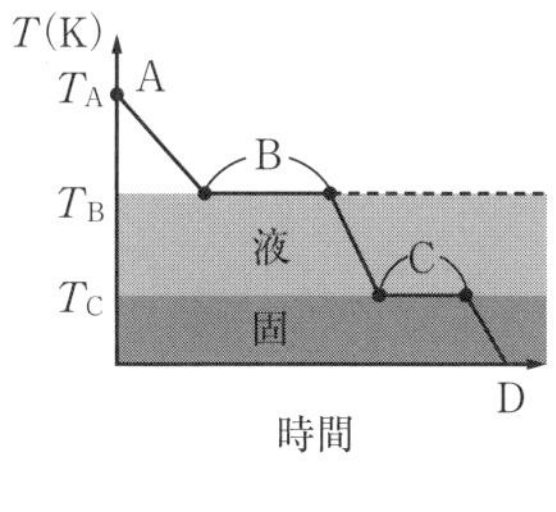

- A→Bでは，系は気体である。気体のnは不変で，Pも不変だから，$V = k \times T$つまりTとともにVが絶対零度へ向かって直線的に減少する。

- B点では，気体と液体が共存する。T_Bより少し低い温度，たとえば$T_{B'}$では物質はすべて液体であるから，T_Bの温度で物質は気体からすべて液体に変わらなくてはならない。つまり，Bで温度一定のまま気体から液体への変化が始まり，このとき液化の際に放出される熱を奪っている。気体がすべて液化し終わると，物質の体積は大幅に減少し，もとあった気体の体積に比べたら事実上0になっている。なお，状態図の上では1点であるが，気体から液体への状態変化が起こっているため，温度一定（$= T_B$）で時間は推移する。

- 物質がすべて液体になって初めて，物質の温度はT_BからT_Cに向かって下がっていく。

- T_Cに達すると温度は一定になり，物質は液体から固体に変化していく。このとき，凝固のときに放出される熱を奪っていることになる。このときも，状態図の上では1点であるが，温度一定（$= T_C$）で時間は推移する。

- 物質がすべて固体になると，温度がT_CからT_Dに向かって再び下がっていく。

② T一定でP変化

ここでは，次の状態図のHから，I，J，Kと移っていく場合を考える。T一定であるから，Pを変化させるとVの変化が観察される。

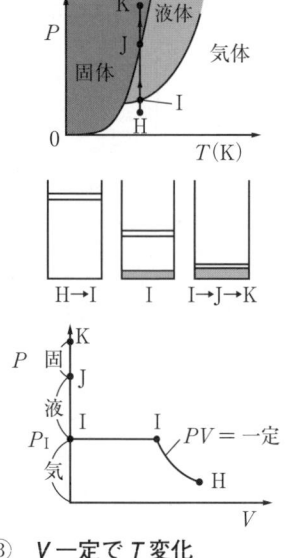

- HからIの間は気体である。気体のnは不変，Tも不変だから，$PV=$一定，つまりVはPに反比例する。
- PがP_Iに達すると，気液平衡の状態になる。状態図より明らかなように，圧力が少しでもP_Iより大きな点での状態は液体である。ということは，圧力がP_Iになった後に圧力を徐々に上げようとしてピストンを押しても，体積の小さくなった分だけ気体が液化し，依然として圧力はP_Iのままの状態が続いていくことを意味する。そしてP_Iのまま，すべての気体が完全に液化して初めて圧力を再び上昇させることができ，状態はI→Jへ変化していく。
- Jに達すると，P_Jのまま液体→固体の変化が起こり，すべて固体になってから圧力は上昇しうる。

③ V一定でT変化

容積が一定の容器に物質を入れるとき，目一杯入れない限り，必ず気相が存在する。すなわち，固相のみ，液相のみの状態は存在しない。また，V一定が保たれているのは，内圧と外圧の差を支えるだけの丈夫な容器であるからである。そして，この場合，Tとともに，内圧Pが変化することになる。

- A点から冷却すると，すべてが気体である限りは，n一定，V一定，で変化するので，$P=k\times T$，つまり内圧は温度とともに絶対零度に向かって直線的に減少する。そして，遂に，気液平衡線とE点で交わる。
- さらに温度を下げ，たとえばT_Fの温度にすると，もしすべて内部が気体なら，内部の圧力はP_Fになるが，このF点は，本来すべてが液体になる領域であるため，すべてが気体であることはありえない。では，すべてが液体かというと，さきほど述べたように，V一定の場合は，それもありえない。結局，気体と液体の共存するF′の状態になる。したがって，T_E以下の温度では，曲線EG上を動いていくことになる。

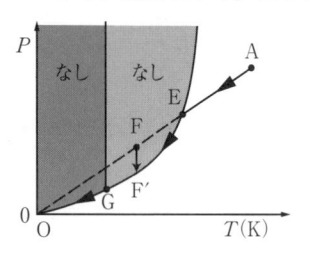

（V一定の変化では，液相のみ，固相のみの状態は考えられない）

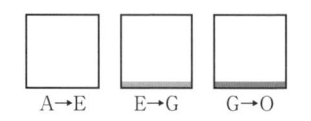

- G点で，液体はすべて固体に変化した後，温度が下がりはじめ，気固平衡を形成しながら容器内はG→Oに沿って変化していく。
- 以上見てきたようにA→E→G→O曲線が容器内の内圧曲線である。

2 混合物が容器に入っているとき

①で考察したのは容器内に1種類の物質が入っているときの状態変化であるから、1枚の状態図を使えばよかった。2種類以上の物質が存在するときは、液相や固相になったとき均一に混合するかどうかなどによって内部の状態はいろいろな状態がありえるため、その扱いは複雑になる。ただし、現実の入試では、(i)沸点の圧倒的に違う物質の混合物（N_2 とブタン、H_2O と空気など）、(ii)自由に混ざり合う液体の混合物（⟨benzene⟩と⟨benzene⟩–NH_2）、(iii)ほとんど混ざり合わない物質の混合物（H_2O と⟨benzene⟩–NH_2）、などの系が出されるだけである。(i)では沸点の高い物質の液化現象、(ii)では蒸気圧や沸点の変化、それと関係する蒸留、(iii)では水蒸気蒸留が主に問題にされる。ここでは、出題頻度が高い(i)について状態図を使って考察してみよう。なお、以下の文で 1 atm とは標準大気圧のことで 1.013×10^5 Pa である。

ブタン（C_4H_{10}）は 1 atm の下で -0.5 ℃の沸点を持つ。したがって、ブタンのみを容器に入れ、1 atm 下で、10 ℃から -10 ℃まで冷却すると、-0.5 ℃までは気体で、-0.5 ℃で完全に液化し、-0.5 ℃から -10 ℃ではすべて液体である。では、N_2 とブタンを分圧 1 atm で混合し、圧力一定（合計 2 atm）の下で、同じように 10 ℃から -10 ℃まで冷却したら容器内はどうなるのであろうか。すべてが気体状態である限り n は不変であるから、$P_{N_2} = P_{C_4H_{10}} = 1$ atm である。-0.5 ℃になると、ブタンは気体と液体が共存しうる状態になる。そして、もっと温度を下げる、たとえば -10 ℃にすると、容器内がブタンのみの場合ならブタンはすべて液体になっている。ところが、この場合は、-196 ℃という低い沸点を持つ N_2 も容器内にある。この N_2 は -10 ℃ぐらいでは全く液化しないのは明らかであろう。つまり、この温度になると、ブタンはすべて液化する"気持ちを持つ"ようになるが、N_2 は全く"その気がない"。したがって、液化したブタンの上部には N_2 による空間が残る。そうすると、ブタンの一部はこの気相をさまようようになる。すなわち、容器内は、気体の N_2、気体のブタン、液体のブタンが存在する（この点を B 点とする）。この状態はブタンにとっては、気液共存する状態であるから、状態図では A′ の点に相当すると思える。ところが、これは厳密に言うと正しくない。B 点では、

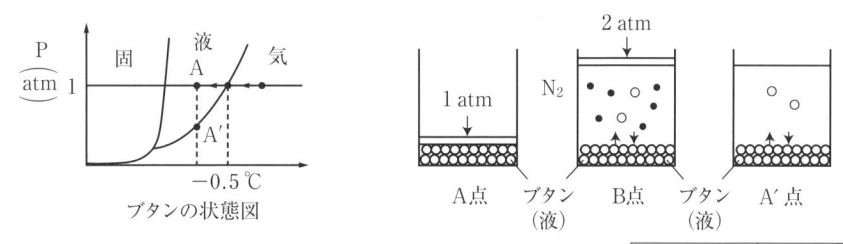

液体ブタンには、2 atm がかかっているが A′ では、$P_{A'}$〔atm〕（＜1）しかかかっていない。液体にかかる圧力が増すと液体分子間が接近させられるため分子間の斥力が強まり分子が外へ逃れようとする勢いが大きくなる。そこで、ブタンの蒸気圧は、B 点の方が A′ 点より高くなるのである。25 ℃の H_2O（液）を例にすると、右の表のように、液化しない N_2 などを入れて外圧

		蒸気圧	比
水 の み		23.756	1
外圧	1 atm	23.773	1.0007
	10 atm	23.932	1.0074
	100 atm	25.576	1.0766

表 蒸気圧の外圧依存性

を増すと，確かに蒸気圧は上がっている。しかし，一方で，その上昇値はごくわずかであることもわかる。私たちが入試問題の中で計算により圧力などを求めるとき，通常は外圧はせいぜい10 atmまでであることを考慮すると，一部液化した物質の状態（B点）は，純粋な場合の状態図の中の気液共存点（A'点）と事実上同じとしてよいことがわかる。そこで，N_2など液化しにくい気体とブタンなど液化しやすい気体の混合気体の温度や圧力を変えたとき，液化しやすい物質の状態変化もまた，その物質の純粋な場合の状態図を使って追うことができる。ただし，液化しにくい気体が必ず気相を残すため，この場合は〔すべて液体，すべて固体〕の領域は存在しないことに留意しなくてはならない。

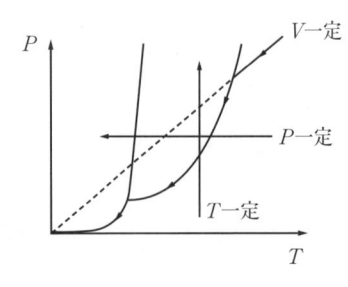

Xのみが入っている場合の
Xの状態図

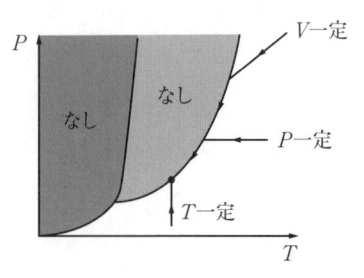

X（液化しやすい）とY（液化しにくい）
が入っているときのXの状態図

① $P = P_0 =$ 一定，T 変化

● 液化点まで　……気体の n 不変

$$\Rightarrow V = (n_X + n_Y)RT/P_0 = k \times T$$

● Xの一部液化後……

$$P_X = P_{X,v}(T)$$
$$P_Y = P_0 - P_{X,v}(T)$$

$$\Rightarrow V = \frac{n_Y RT}{P_Y} = \frac{n_Y RT}{P_0 - P_{X,v}(T)}$$

Xの液化点
Yの液化点
Xの蒸気圧が事実上0になった点

② $T = T_0 =$ 一定，P 変化

● 液化点まで　……気体の n 不変

$$\Rightarrow PV = (n_X + n_Y)RT_0 = k'$$

● Xの一部液化後……

$$P_X = P_{X,v}(T_0) = 一定$$
$$P_Y V = n_Y RT_0 = 一定$$

$$\Rightarrow P = P_{X,v}(T_0) + \frac{n_Y RT}{V}$$

$PV = k'$
Xの液化点

③ $V = V_0 =$ 一定，T 変化

● 液化点まで　……気体の n 不変

$$\Rightarrow P = (n_X + n_Y)RT/V_0 = k'' \times T$$

● Xの一部液化後……

$$P_X = P_{X,v}(T)$$
$$P_Y V_0 = n_Y RT$$

$$\Rightarrow P = P_{X,v}(T) + \frac{n_Y RT}{V_0}$$

Xの液化点
Yの液化点
Xの蒸気圧が事実上0になった点

ただし，上の式ではYは気体のままで液化しないと扱ったが，温度がかなり低いときは，Yもまた液化する。

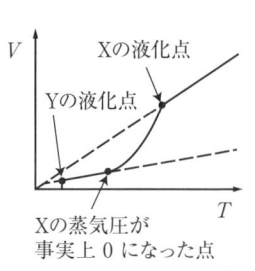

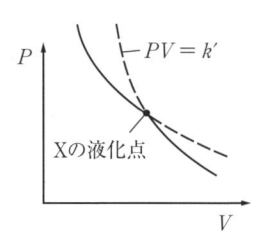

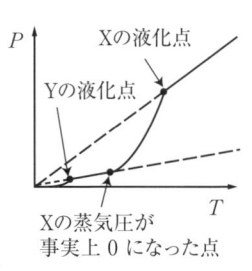

4. 蒸 気 圧

　ある液体の適当量を，体積一定の容器の中とか，液化しにくい気体の入っている容器の中とかに入れると，気相が必ず存在するから，最終的には気液平衡の状態になる。この平衡時の圧力を蒸気圧というが，この圧力は，液相にかかる圧力が極端に大きくない限り事実上一定と考えてよかった（☞上.p.87, 88）。そして，**蒸気圧はある温度の平衡時において許された唯一の圧力**であることに注目すれば，状態図を使わなくても，この圧力を使って容器内が最終的にどんな状態になるかを予想することができる。多くの参考書や問題の解説では，この蒸気圧をもとにした記述が多い。そこで，ここでは，蒸気圧を使う考え方を取り上げてみる。

1　平衡ではなぜ気相の圧力が1つの値しかとりえないか

　A(液) ⇌ A(気) の平衡が存在するとき，化学平衡の法則（☞下.p.23）によると，その温度での平衡定数を $K(T)$ として，次式が成り立つ。

$$K(T) = \frac{[\text{A}(気)]}{[\text{A}(液)]}$$

ここで，[A(液)]，[A(気)] は，各相でのAの物質量を，各相の体積で割った値，つまり各相でのAの濃度である。この式は，平衡においては二つの相におけるAの濃度の比は一定でなくてはならないことを示している。さて，[A(液)] は，$n_\text{A}^{液}/V^{液}$であるが，この温度における液体の密度 $d(T)$〔g/L〕を分子量 M で割ればすぐに出せる。

$$[\text{A}(液)] = \frac{n_\text{A}^{液}}{V^{液}} = \frac{d(T)}{M} \quad \left(\frac{\text{mol}}{\text{L}}\right)$$

つまり，T が決まれば，[A(液)] はある定まった値をとる。そこで，[A(気)] もまた，平衡では一定値しかとれない。そして，この [A(気)] は

$$[\text{A}(気)] = \frac{n_\text{A}^{気}}{V^{気}} = P_\text{A} \cdot \frac{1}{RT}$$

より，P_A/RT とも表される。T は決まっているから，P_A もまた平衡では一定の値しかとれないようになる。固体や液体に比べ，気体は圧縮が自由であり，一般的にはその濃度を大きく変化させることができる。しかし，ここで示したように，気液平衡（気固平衡も同様）においては，気相の濃度，分圧は各温度，物質に固有なただ一つしかとりえないのである。

　　平衡では　　P_A ＝ 一定 ＝ $P_{\text{A},v}$

この気液平衡での一定の圧力を**蒸気圧**といい，ここでは，$P_{\text{A},v}$ と表すことにする。v は *vapor*（蒸気）の略であり，この記号は，<u>A</u> の *vapor Pressure* の意味である。

2 蒸気圧と系内で起こることの判定

物質はすべて平衡状態を目指して変化していく。したがって、今、A の圧力が $\widetilde{P_A}$ で、その温度での蒸気圧が $P_{A,v}$ であったとき、系内は次のようになる。

(i) $\widetilde{P_A} = P_{A,v}$ ：気液平衡か飽和状態であるため変化は起こらない。

(ii) $\widetilde{P_A} > P_{A,v}$ ：気相の圧力(濃度)が多すぎるから液化が起こる。
$$\begin{cases} V \text{一定か液化しない気体が共存するとき} \cdots\cdots \text{最終的には } P_A = P_{A,v} \text{ となる} \\ \text{外圧} = \widetilde{P_A} = \text{一定 で保たれるとき} \quad \cdots\cdots \text{最終的にはすべて液化} \end{cases}$$

(iii) $\widetilde{P_A} < P_{A,v}$ ：気相の圧力(濃度)が少なすぎるから気化が起こる。
$$\begin{cases} \text{A(液)がなし}\cdots\cdots\text{気化すべき液体 A がないから何も起こらず気体のまま。} \\ \text{A(液)があり} \begin{cases} \text{外圧} = \widetilde{P_A} = \text{一定 で保たれるとき}\cdots\cdots\text{最終的にはすべて気化} \\ \text{その他} \quad P_A = P_{A,v} \text{ となることを目指して気化が起こるが、} \\ \quad\quad \text{最終的にはどうなるかは、A(液)の量による。} \end{cases} \end{cases}$$

---

3 具 体 例

① 一種類の気体を温度一定で圧力を変化させるとき

蒸気圧より大きな外圧を加えると、その瞬間にはボイルの法則に従って内圧($P_内$) = 外圧($P_外$)になるまで体積が減少する。そうすると $P_内 > P_{A,v}$ となるので液化が起こって内圧が減少するため $P_外 > P_内$ となり、再び体積が減少する。この繰り返しで結局系内はすべて液体になる。逆に外圧を蒸気圧より小さな圧力にすると、その瞬間には、$P_内 = P_外$ になるまで体積は増加する。そうすると $P_内 < P_{A,v}$ となるから、気化が起こって内圧が増加するため $P_内 > P_外$ となり、再び体積が増す。この繰り返しで遂にすべて気体となってしまう。これらのことは前節の1の②の考察からすれば当然なことでもある。すなわち、ある温度でその温度での蒸気圧より高い外圧（a 点）に容器をセットすれば容器内は最終的には液体であり、低い外圧（b 点）にセットすると最終的には気体の状態になることは状態図から明らかである。ただ蒸気圧を使うと、途中の動的な変化の様子がよくわかるであろう。

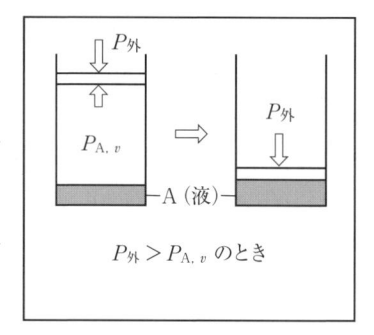

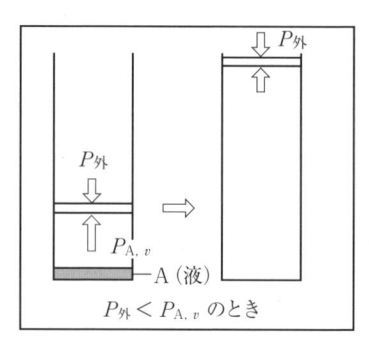

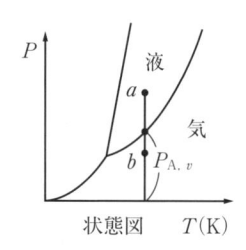

② 液化しない気体 G を含む気体を温度一定で圧縮したとき

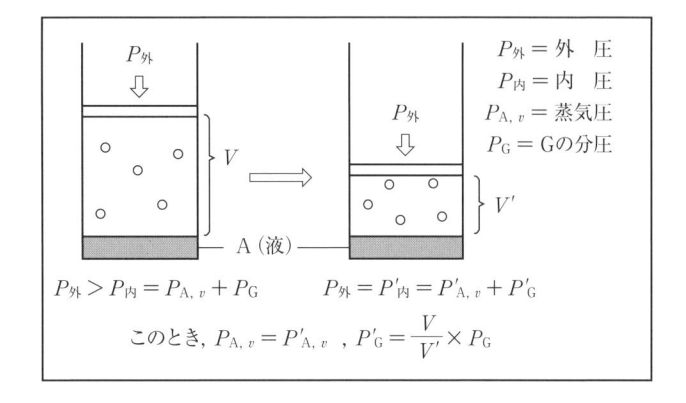

P_A の分圧が $P_{A,v}$ を超えるとAが液化し始めるが，液化しない気体の圧力が圧縮によって高くなり，外圧とつり合うことができる。そこで，気液平衡をつくりうる空間が依然として存在するから，液体の蒸気は空間の体積が減少した分だけ液化するが，最初とほとんど同じ値の蒸気圧を示している。

$P_外 = 外圧$
$P_内 = 内圧$
$P_{A,v} = 蒸気圧$
$P_G = Gの分圧$

$P_外 > P_内 = P_{A,v} + P_G$　　$P_外 = P'_内 = P'_{A,v} + P'_G$

このとき，$P_{A,v} = P'_{A,v}$, $P'_G = \dfrac{V}{V'} \times P_G$

③ 液体を開放系で放置したら分圧は蒸気圧の値をとりえない

開放系においては，液体の表面から出て行った分子が空気に混ざって拡散していく。そのため平衡は実現しない。蒸気圧というのは，あくまで密閉系で生じる気液平衡のときの蒸気の圧力である。

④ 開放系では，液表面での気化（蒸発）が起こる

開放系では，気化した分子の一部は必ず拡散していくから，$P_A < P_{A,v}$ が常に成り立つ。そこで，液の表面では，気化がどんどん進む。この液体表面における気化の現象を**蒸発**という。これと沸騰という現象とを混同してはいけない。

⑤ 開放系では，外圧＝ $P_{A,v}$ となる温度で液体内部からの気化（沸騰）が起こる

沸騰とは，液体の内部から気化が起こることをいう。液中でできた気相は，1種類の物質が気液平衡を形成してできているのであるから，その液の蒸気圧 $P_{A,v}$ を持っている。もし，この蒸気圧が外圧以上であれば，この気相は液中でつぶされずに浮力で浮き上がって外へ出る。だから，$P_外 = P_{A,v}$ のときを境にして沸騰が起こる。この時の温度をその物質の沸点という。通常，外気圧を1気圧（1 atm）にしたときの温度をその物質の沸点と言っているが，外気圧が変わると沸騰する温度が変化することに注意しよう。たとえば，富士山頂では，空気が薄いすなわち大気圧が約 0.75 気圧なので水は約 92℃ で沸騰する。

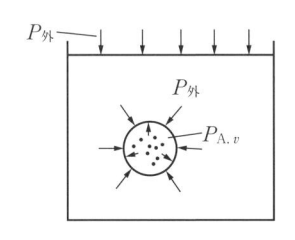

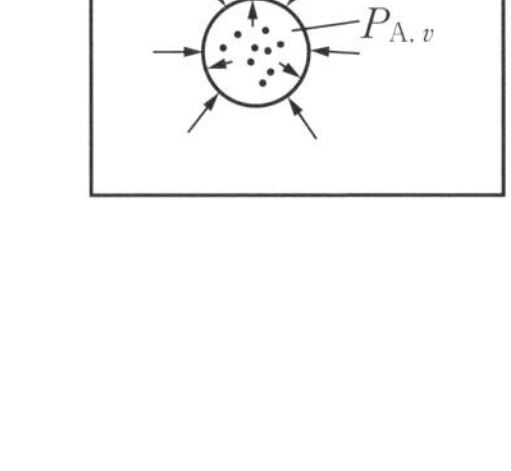

液中に生じた気泡がつぶれないためには $P_{A,v} = P_外$ が必要，生じた気泡は軽いので浮き上がって表面から出ていく。

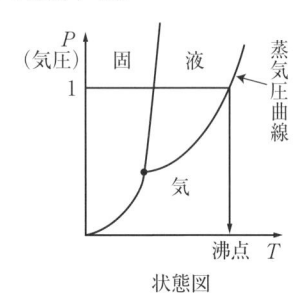

状態図

5. 溶　　　液

　化学反応は原子，分子，イオンなどの衝突を通じて起こる。衝突が起こるためには，反応物が原子，分子，イオンにまでバラされている方が都合がよい。実際，反応がどちらも固体である場合は細かく砕いてもただ混ぜるだけでは一般には反応しない。さて，物質が原子，分子，イオンにまでバラされているのは気体状態であるが，これは多くの場合高温でなくては実現しない。ところが，適当な液体を用意して，これに物質を加えて混ぜると，多くの物質は分子やイオンにまで分かれて，均一に広がることができる。このような，物質が液体物質に溶けて均一に分散した液体を**溶液**といい，このときに溶ける物質を**溶質**，溶かす媒体となる液体物質を**溶媒**という。溶液にすれば，濃度も変えられるし，いろいろな添加物を加えることもできるので，分子，イオンなどの性質を常温付近で広く調べることができる。だから，溶液について知ることは化学の学習にとって不可欠のものとなる。

1 溶解の可否

① 溶解を支配する因子

　○よりなる物質と●よりなる物質を考える。これらが分離しているときと，混合しているときとでは，(1)粒子配置の確率と (2)エネルギー状態 が違っている。このことが溶解の起こりやすさにどう関係するのかを考えてみよう。

(1) **粒子配置の確率**　　8個の○と8個の●が16個の座席を自由に入れ替わっていたときを例にしよう。このとき全部で 16!/8!・8! ＝ 12870 通り の配置がある。ところが，○と●が完全に分離しているとみなせる配置は次のような図であって，これは数えるぐらいしかないことがわかる。すなわち，○と●は 12870 通りのどの配置をとることも許されているが，次々と移り変わっていく配置の中で分離状態とみなせる配置が出て

分離状態とみなせそうな配置

くる確率は極めて小さく，粒子の数がアボガドロ数程度になると，事実上 0 となることがわかるであろう。すなわち，自由に位置を変えることができる多数の粒子の集団では，**粒子の配置の上では常に分離から混合へ向かう勢いが存在するのである。**

(2) **エネルギー状態**　　分離しているときは，○のまわりには○しかないから○は○と，●は●と引き合って存在している。混合しているときは，○のまわりにかなりの●がいるから，○と○，●と●が引き合う回数は減少して，○と●が引き合う回数が増えることになる。もちろん，○と○，●と●，○と●の間の引力の大きさは違っているから，これらが互いに接近したときのエネルギー的安定度も違う。したがって，混合によって，エネルギー状態が変化する。**エネルギーが低くなり安定になる場合は混合を促進するが逆の場合は混合にブレー**

キをかけることになる。

　以上をまとめると，(1)粒子配置の確率からすると混合はいつも起こりやすいのであるから，混合によるエネルギーの不安定化が特にひどいときにのみ混合が起こらないと判断することができる。それは，○と○，●と●，○と●の引力の性格が著しく異なるときであろう。たとえば，○が金属原子で●が水分子，○が無極性分子で●が極性の強い分子，のような場合は即座に混合が起こらないと考えてよいであろう。

② 具 体 例

(1) **分子性物質**　一般的な原則としては，極性の大きいものの間，極性の小さいものの間では混合が起こりやすいのであるが，分子が大きくなると分子の中に極性のある部分と無極性の部分が混在することが多く，溶けるか否かの判断が難しくなる。また，溶媒と反応することによってよく混合する場合もある。

	水（極性）	CCl_4（無極性）	備考
$CH_3CH_2CH_2CH_2CH_3$	×	○	C_5H_{12} は無極性
CH_3OH	○	×	CH_3OH は極性。水と水素結合できる
$CH_3CH_2CH_2CH_2-OH$	△	○	
$CH_3-\underset{\underset{O}{\|}}{\overset{\|}{C}}-CH_3$	○	△	$-OH$ 基や $-\overset{O}{\underset{\|}{C}}-$ 基1個あたり，3個の炭素までぐらいなら水に溶ける勢いの方が大きい
$-[CH_2-CH]_n-$ $\|$ OH	○	×	
HCl	○	×	水と反応する：$HCl + H_2O \rightarrow Cl^- + H_3O^+$

(2) **イオン性物質**　イオンと極性分子間の引力は陽イオンと陰イオン間の引力とある程度似ているので，イオン性物質を溶かす溶媒があるとするならば，水などの強い極性を持った溶媒である。ただ，すべてのイオン性結晶が水に溶けるとは限らない。イオン性物質の水に対する溶解性はかなり複雑な要因がからみあっていて単純には論じられないがだいたい次のような事実がある。詳しくは，沈殿反応のところ（☞上.p.152）を参照されたい。

　1. 強酸の出すイオンを含む塩はよく溶ける：$AgNO_3$, $CuCl_2$ …例外　$AgCl$, $PbCl_2$
　2. 形の悪いイオンはよく溶ける：$(CH_3COO)_2Pb$, $NaHCO_3$
　3. 多価の弱酸の出すイオンを含む塩は溶けにくい：$CaCO_3$, BaC_2O_4
　4. イオン結合性が弱まると溶けにくくなる：AgF はよく溶けるが $AgCl$ は溶けにくい。

(3) **金属性結晶**　金属結晶は自由電子と金属陽イオンとからなるので，これを溶かすには同じく金属結合でできた溶媒が必要である。常温なら，Hgなどが溶媒として可能である。ただし，$2Na + 2H_2O \longrightarrow 2NaOH + H_2$，のように溶媒である水と反応を起こして水溶性の物質に変わり，その結果水溶液になることもある。

(4) **共有結合の結晶**　網目状に広がる多数の共有結合を切って原子状にしたものを十分に安定化させる溶媒はない。したがって，これを溶液にすることはできない。

2 濃　　度

① 定　　義

混合物の中で注目している物質が基準量に対しどれだけ含まれているのかを示したのが濃度である。単位は使用目的に応じて，使いやすいものを使えばよい。

$$濃度 = \frac{g,\ mg,\ \mu g,\cdots,\ mol,\ mmol,\cdots,\ L,\ mL,\ L(標準状態)\cdots\cdots}{g,\ mg,\ kg,\cdots,\ mol,\cdots,\ L,\ dL,\ mL,\cdots,\ (dm)^3\cdots\cdots} \quad \Leftarrow 注目している物質の量 \\ \Leftarrow 基準量$$

ただし，基準量を考えるとき，

(1) 用意した**溶媒**の量

(2) でき上がった**溶液全体**の量

の二通りのとり方がある。それを区別するため，ここでは，

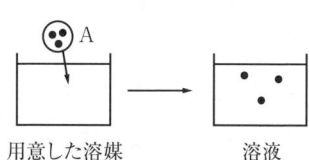

kg(媒)，L(全) のように表すことにする。よく出てくる単位の濃度には名前がついている。それらを下にまとめておく（注目している物質を A とする）。

単位	$\dfrac{g(A)}{hg(全)}$	$\dfrac{g(A)}{hg(水)}$	$\dfrac{mol(A)}{kg(媒)}$	$\dfrac{mol(A)}{L(全)}$	$\dfrac{mol(A)}{mol(全)}$
名称	質量%濃度		質量モル濃度	(容量)モル濃度	モル分率
利用箇所		塩の溶解度	沸点上昇度 凝固点降下度	浸透圧 平衡定数式	ラウールの法則 混合気体

注 1．密度は，g(A)/mL(全) でなく，g(全)/mL(全) であるから濃度ではない。
　2．質量% ＝（A の質量）÷（全体の質量）× 100 ＝ A の質量 ÷（全体の質量/100）であるから，質量%の正式な単位は，g(A)/hg(全) である。h はヘクトと読み，100 を表す。

〔例題〕　分子量 50 の物質 A 20 g を水 90 g に溶かした密度 1.1 (g/mL) の溶液について，
　　　　①質量%，②質量モル濃度，③(容量)モル濃度，④モル分率 を求めよ。

(解)　① $\dfrac{g(A)}{hg(全)}$ を求める。　　$20 \ \Big|\ \div\ \dfrac{20+90}{100}\ \Big|\ = \boxed{18}\ \dfrac{g}{hg}$

質量% を，溶質の質量を溶液全体の質量で割った値を 100 倍にしたものという従来の考え方で求めると，右のようになる。　　$\dfrac{20}{20+90} \times 100 = \boxed{18}\ \%$

② $\dfrac{mol(A)}{kg(媒)}$ を求める。　　$\dfrac{20}{50}\ \Big|\ \div\ \dfrac{90}{1000}\ \Big|\ = \boxed{4.4}\ \left(\dfrac{mol}{kg}\right)$

③ $\dfrac{mol(A)}{L(全)}$ を求める。　　$\dfrac{20}{50}\ \Big|\ \div\ \dfrac{100}{1000}\ \Big|\ = \boxed{4.0}\ \left(\dfrac{mol}{L}\right)$

$\left(\text{注．}100\ mL(全)\ は\ \dfrac{(90+20)}{1.1} = 100\ より求めた\right)$

④ $\dfrac{mol(A)}{mol(全)}$ を求める。　　$\dfrac{20}{50}\ \Big|\ \div\ \left(\dfrac{20}{50}+\dfrac{90}{18}\right)\ \Big|\ = \boxed{0.074}\ \left(\dfrac{mol}{mol}\right)$

② 濃度の単位の換算

濃度の換算, たとえば質量モル濃度から容量モル濃度への変換が必要なことがある。これには, **単位の変換**と**基準のとり方の変換**の2つが一般には必要である。単位を押さえたら, たとえばgからmolにするにはmol/gをかけるかg/molで割ればよいことは自動的にわかる。基準のとり方に変化があるとき, たとえば溶媒から溶液に変えるときは, 濃度の分母にある溶媒の量と分子にある溶質の量を同じ単位にしてから和をとればよい。

〔**例題1**〕 密度 1.4 g/mL で質量％が 60 ％である硝酸の ①質量モル濃度, ②容量モル濃度, ③モル分率 を求めよ。

（解）① $\dfrac{\text{g(A)}}{\text{hg(全)}} \longrightarrow \dfrac{\text{mol(A)}}{\text{kg(媒)}}$

$$\dfrac{60}{1 \,\text{hg(全)}} = \dfrac{60 \,\text{g(A)} \times \frac{1}{63} \,\text{mol(A)/g(A)}}{(100-60) \,\text{g(全)-g(A)=g(媒)} \times 10^{-3} \,\text{kg(媒)/g(媒)}} = \boxed{24} \left(\dfrac{\text{mol}}{\text{kg}}\right)$$

② $\dfrac{\text{g(A)}}{\text{hg(全)}} \longrightarrow \dfrac{\text{mol(A)}}{\text{L(全)}}$

$$\dfrac{60}{1 \,\text{hg(全)}} = \dfrac{60 \,\text{g(A)} \times \frac{1}{63} \,\text{mol(A)/g(A)}}{100 \,\text{g(全)} \div 1.4 \,\text{g(全)/mL(全)} \times 10^{-3} \,\text{L(全)/mL(全)}} = \boxed{13} \left(\dfrac{\text{mol}}{\text{L}}\right)$$

③ $\dfrac{\text{g(A)}}{\text{hg(全)}} \longrightarrow \dfrac{\text{mol(A)}}{\text{mol(全)}}$

$$\dfrac{60}{1 \,\text{hg(全)}} = \dfrac{60 \,\text{g(A)} \times \frac{1}{63} \,\text{mol(A)/g(A)}}{\left(\underbrace{60 \times \frac{1}{63}}_{\text{HNO}_3} + \underbrace{40 \times \frac{1}{18}}_{\text{水}}\right) \,\text{mol(全)}} = \boxed{0.30} \left(\dfrac{\text{mol}}{\text{mol}}\right)$$

〔**例題2**〕 モル分率が 0.05 (mol/mol) で密度が 0.997 g/mL のエタノール水溶液の ①質量モル濃度, ②容量モル濃度 を求めよ。

（解）① $\dfrac{0.05 \,\text{mol(A)}}{1 \,\text{mol(全)}} = \dfrac{0.05 \,\text{mol(A)}}{(1-0.05) \,\text{mol(媒)} \times 18 \,\text{g(媒)} \times 10^{-3} \,\text{kg(媒)}} = \boxed{2.93} \left(\dfrac{\text{mol}}{\text{kg}}\right)$

② $\dfrac{0.05 \,\text{mol(A)}}{1 \,\text{mol(全)}} = \dfrac{0.05 \,\text{mol(A)}}{(\underbrace{0.95 \times 18}_{\text{水}} + \underbrace{0.05 \times 46}_{\text{エタノール}}) \,\text{g(全)} \div 0.997 \,\text{mL(全)} \times 10^{-3} \,\text{L(全)}} = \boxed{2.57} \left(\dfrac{\text{mol}}{\text{L}}\right)$

③ 溶質の平衡……溶解平衡

　水とエタノールを混ぜたときのように任意の比率で物質が混合することもあるが，たいていは，水に食塩を溶かしていくときのように，あるところまでくると溶解速度と析出速度が等しくなって平衡状態になり，それ以上は溶解が進まないようになる。一般に，溶質相での溶質の濃度を［A］，溶液相での溶質の濃度を［A(溶液)］とすると，

$$v_1 = 溶解速度 = k_1 \times [A]$$
$$v_2 = 析出速度 = k_2 \times [A(溶液)]$$

（k_1, k_2 は温度一定では各物質に固有の定数）

が成り立つが，平衡では $v_1 = v_2$ であるからこの2つの濃度の間に関係が生じ，

$$\frac{[A(溶液)]}{[A]} = \frac{k_1}{k_2} = K = 一定$$

が成立する。したがって，この式を使って溶解平衡時の量計算が可能になる。

① **固体の溶解平衡**

　スクロース（ショ糖），NaCl，AgCl が S mol/L 水に溶けて平衡状態になっているとする。

スクロース(固) ⇌ スクロース(溶液)　　NaCl(固) ⇌ Na$^+$ + Cl$^-$　　AgCl(固) ⇌ Ag$^+$ + Cl$^-$
C_0-S　　　　　　S　　　　　　　　C_0-S　　S　S　　　　　C_0-S　　S　S

$$K = \frac{[スクロース(溶液)]}{[スクロース(固)]} \qquad K = \frac{[Na^+][Cl^-]}{[NaCl(固)]} \qquad K = \frac{[Ag^+][Cl^-]}{[AgCl(固)]}$$

ここで，各物質（Aとする）の固体は結晶であり，その密度を d_A，式量を M_A とすると，

$$[A(固)] = \frac{N_A^{固}}{V^{固}} = \frac{W_A^{固}/M_A}{V^{固}} = \frac{d_A}{M_A} = 物質Aに固有の値$$

すなわち，［スクロース(固)］，［NaCl(固)］，［AgCl(固)］はすべてそれぞれに固有の値であり，ある定まった値になるから，上の式は，結局，

$$[スクロース(溶液)] = S = K' = 一定$$
$$[Na^+][Cl^-] = S^2 = K' = 一定$$
$$[Ag^+][Cl^-] = S^2 = K' = 一定$$

となる。よって，いずれの場合も，平衡状態での溶質の溶解濃度 S は一定となる。この S のことを溶解度と一般には呼んでいる。ただし，塩の溶解平衡では，2つのイオン濃度の積が一定であるのだから，別の物質を加えて，一方のイオン濃度を増加させると S は減少する。たとえば，HCl を 0.1 mol/L になるように加えたときは，$[Ag^+][Cl^-] = S \times (0.1 + S) = 10^{-10}$ となるから，S は HCl がなかったときの値 10^{-5} から 10^{-9} にまで減少する。そこで，塩の溶解平衡では，共通イオンが混在するときは，溶解度が常に一定であるとはいえない。それでも，NaCl のようによく水に溶ける塩については $K' = 50$ とか K' が非常に大きいため，共通イオンの効果は S に対してあまり効いてこない。そこで，**通常は，易溶性塩については共通イオンの効果を無視して，塩の溶解度はある温度では一定値をとると考えて計算を行う**。このとき，濃度としては，g/hg(水) がよく使われる。

⇓

$$S = [スクロース(水)] \qquad S = [NaCl(水)] \qquad K = [Ag^+][Cl^-]$$

〔例題〕 (1) 60 ℃ で，50 g の水へ 32 g の KNO_3 を溶かした。冷却すると何度で結晶が析出するか。(ここで hg(ヘクト) = 100 g)

(2) この液を 60 ℃ に保ったまま水を蒸発させると何 g の水を蒸発させたとき結晶が析出するか。

(3) 30 ℃ で 15 % の $CuSO_4$ 水溶液 100 g を 0 ℃ に冷却すると $CuSO_4\cdot 5H_2O$ は何 g 析出するか。式量は $CuSO_4 = 160$, $CuSO_4\cdot 5H_2O = 250$ とする。また，$CuSO_4$ の溶解度は 30 ℃ で 25 g/hg(水)，0 ℃ で 15 g/hg(水)。

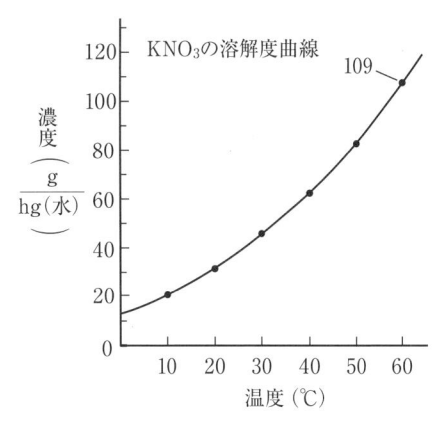

(解) 易溶性塩の溶解度 (S とする) を使った問題では，温度を下げたり，水を蒸発させたり，新たに塩を加えたり，いろいろな操作が出てくる。ところが私たちが使えるのは，溶解平衡時には塩 A の水溶液中の濃度 [A(溶液)] が S と等しいという関係式だけである。そこで，①どの点で溶解平衡が成り立つのか，②そのときの溶液中の A の濃度は求めたい量 x でどう表されるのか に留意して方程式を立てればよい。

(1) $\begin{cases} 溶解平衡が成り立つとき & [A(溶液)] = S(T) \quad \cdots\cdots\text{ⓐ} \\ この溶液が冷却していくとき & [A(溶液)] = \dfrac{32}{0.50} = 64 \text{ g/hg(水)} \quad \cdots\cdots\text{ⓑ} \end{cases}$

よって，ⓐ，ⓑのグラフの交点の温度以下で沈殿が生じる。グラフより，ほぼ $\boxed{40℃}$。

(2) $\begin{cases} T = 60℃ だから溶解平衡時は & [A(溶液)] = 109 \text{ g/hg（水）} \quad \cdots\cdots\text{ⓒ} \\ x \text{ g の水が蒸発したとして} & [A(溶液)] = \dfrac{32}{(50-x)\times 10^{-2}} \text{ g/hg(水)} \quad \cdots\cdots\text{ⓓ} \end{cases}$

ⓒ＝ⓓ より $x = \boxed{21}$ g

(3) 0 ℃ で結晶 $CuSO_4\cdot 5H_2O$ が x g 析出したとする。

$\begin{cases} 0℃ で \quad [CuSO_4(溶液)] = S(0℃) = 15 \text{ g/hg(水)} \quad \cdots\cdots\text{ⓔ} \\ はじめに \ 0.15 \times 100 = 15 \text{ g の } CuSO_4 と 100 - 15 = 85 \text{ g の } H_2O があった。 \\ 結晶には \ x \times \dfrac{160}{250} \text{ g の } CuSO_4 と x \times \dfrac{90}{250} \text{ g の } H_2O が含まれている。 \\ よって析出後 [CuSO_4(溶液)] = \dfrac{15 - x \times \dfrac{16}{25}}{\left(85 - x \times \dfrac{9}{25}\right) \times 10^{-2}} \text{ g/hg(水)} \quad \cdots\cdots\text{ⓕ} \end{cases}$

ⓔ＝ⓕ より $x = \boxed{3.8}$ g

② **気体の溶解平衡**

$A(気) \rightleftarrows A(溶液) \qquad K = \dfrac{[A(溶液)]}{[A(気)]} \quad \cdots\cdots(1) \quad \Rightarrow \quad [A(溶液)] = K[A(気)] \quad \cdots\cdots(2)$

気体の溶解平衡ではもちろん(1)式が成り立つが，溶解度はいくらであるかを示すために(2)式のように変形して使うことが多い。さて，純物質の固体や液体では，分子やイオンなどの微粒子がぎっしりと詰まっているために，その濃度 [A(固)]，[A(液)] は事実上一定値をとった。しかし，気体の場合は，ほとんどが空間であるので [A(気)] はほぼ任意の値がとれる。

そこで，気体の溶解度は，固体の溶解度と違って一定値をとらず，気相での濃度［A(気)］に比例することになる。ただし，HClやNH₃が水に溶けるときのように極めてよく溶ける場合は溶媒と溶質との相互作用が強すぎて(1)式は成り立たない。だから，**溶解度があまり大きくない気体についてだけ(1)式や(2)式が使える。**

ところで，実際に計算するとき(2)式もまたほとんど使わない。気体の濃度［A(気)］は $n_{A(気)}/V$ であり，これは気体の法則より P_A/RT となるため，(2)式より

$$[A(溶液)] = K[A(気)] = k \times P_A \quad \cdots\cdots(3) \quad (k = K/RT)$$

が得られる。これが有名な**ヘンリーの法則**の一般的な表示式である。

さて，［A(溶液)］の単位としては，mol/L(水)，g/L(水)，g/mL(水) などを使うことができるが，溶けているのがもともとは気体であったのだから，mol，gでなく気体状態にしたときの体積mL，Lなどで与えることがかなりある。もちろん，標準状態のような同温，同圧下で与えるのなら，気体の体積はmolやgに比例するから，(3)式の比例定数 k の値が違うだけで(3)式はそのまま成り立つ。ところが，この平衡は温度 T〔K〕，圧力 P_A〔Pa〕の下で実現しているのだから，溶けている気体の体積を標準状態で与えると，溶けずに気相に残っている気体との量関係が見にくい。そこで，溶けている気体を溶けていない気体と同じ条件（T〔K〕，P_A〔Pa〕）においたときの体積で溶解度を与えることがある。このときの体積を v とすると(3)式より次の(4)式が得られる。

$$[A(溶液)] = \underbrace{\frac{n_{A(液)}}{V_水}}_{\frac{mol}{L(水)}} = \frac{P_A \cdot v}{RT} \times \frac{1}{V_水} = k \cdot P_A \quad \Rightarrow \quad \frac{v}{V_水} = kRT = k' = 一定 \quad \cdots\cdots(4)$$

すなわち，濃度［A(溶液)］をL(平衡温，平衡圧)／L(水) の単位で表すと P_A にかかわらず一定値 k' をとるのである。(4)式は(3)式と一見矛盾する表現なので勉強の浅い諸君は混乱してしまう。**気体の粒子の詰まり方はスカスカなので圧力と温度を決めない限りその体積からは絶対量については何も決めることはできないことを**再確認しよう。その上で，$PV = nRT$ をもとに2つの式の関係を考えるならば2つは全く矛盾しないことがわかるであろう。

$$[A(溶液)] = k \cdot P_A \quad \cdots\cdots \quad 溶解度の単位 \quad \frac{mol}{L(水)}, \frac{g}{L(水)}, \frac{g}{dL(全)}, \frac{mL(標準状態)}{L(水)} \quad など$$

$$[A(溶液)] = k' \quad \cdots\cdots \quad 溶解度の単位 \quad \frac{mL(平衡圧, 温)}{L(水)} \quad のとき$$

〔**例題**〕 (1) 酸素1体積と窒素4体積との混合気体が20℃，1.013×10^5 Pa において同じ温度の水に溶けるとき，水1Lに溶ける酸素の体積は標準状態に換算すると何mLか。ただし，20℃，1.013×10^5 Pa で水1mLに溶ける酸素の体積は標準状態に換算すると0.03mLである。 (京大)

(2) CO_2 は0℃，1.00×10^5 Pa で水100gに0.332g溶ける。4.40gの CO_2 を100gの水を含む0.327Lの容器に入れ，0℃で平衡状態まで放置すれば何gの CO_2 が溶けるか。また，このとき CO_2 の分圧はいくらか。ただし，水の体積は常に100mLとする。

($M_{CO_2} = 44.0$，$R = 8.31 \times 10^3$ Pa·L/(mol·K)) (芝工大)

(解)

(1) 溶解度のデータ

1 mL 水 20℃ → 標準状態で 取り出す 0.03 mL, $P_{O_2} = 1.013 \times 10^5$ Pa

(2) 溶解度のデータ

100 g 水 0℃, $P_{CO_2} = 1.00 \times 10^5$ Pa, 0.332 g

求めること

0.227 L, 100 g 水 0℃, $P_{CO_2} = P \times 10^5$ Pa, x g, 全CO₂ = 4.40 g

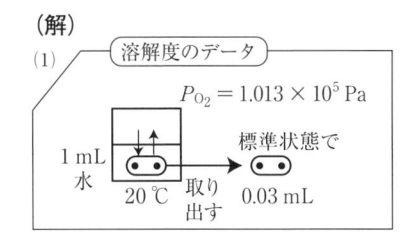

水に溶ける O_2 のツブの数は，左図に比べて，圧力では

$$P_{O_2} = 1.013 \times 10^5 \times (1/5) \text{ Pa}$$

1/5 倍となり，一方，水の量（1000 mL）では1000倍となる。よって，それを標準状態で表すと，

$$0.03 \times (1/5) \times 1000 = \boxed{6} \text{ mL}$$

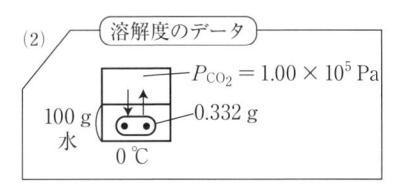

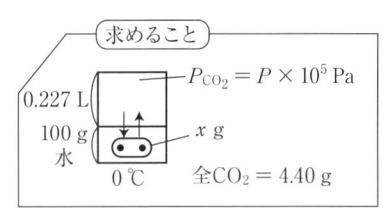

$P_{CO_2} = P \times 10^5$ Pa では，水 100 g に CO_2 は，左図より，

$$0.332 \times P \text{ [g]}$$

溶ける。一方，気相には，CO_2 は

$$\frac{P \times 10^5 \times 0.227}{8.31 \times 10^3 \times 273} \times 44.0 = 0.440\, P \text{ [g]}$$

存在する。そして，全 CO_2 は 4.40 g だから，

$$4.40 = (0.332 + 0.440)P$$
$$P = 5.70 \Rightarrow P_{CO_2} = \boxed{5.70 \times 10^5} \text{ Pa}$$
$$CO_2(水) = 0.332 \times 5.70 = \boxed{1.89} \text{ g}$$

③ 温度と溶解度

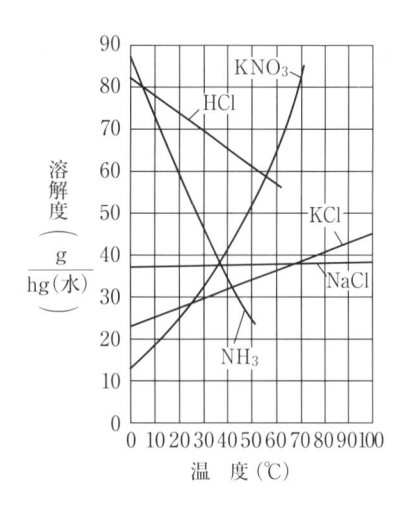

固体状態では分子やイオンはほとんど身動きができないが，溶液状態になるとかなりそれが可能になる。だから，固体の溶解過程は乱雑さが増す起こりやすい過程である。にもかかわらず，たいていの固体の溶解ではどこかで溶解にストップがかかり平衡状態に至る。これは，固体の溶解が多くの場合エネルギー的に不安定になる過程，つまり吸熱反応であることを意味している（☞下.p.15）。

$$A(固) \rightleftarrows A(溶液) - Q \text{ [kJ]} \quad (Q > 0)$$

一方，気体が溶解するときは，気体のほとんど自由であった運動がかなり制限を受けることになるから乱雑さは減少し，この点からすれば気体の溶解は起こらないはずである。しかし，溶解することによって溶媒分子と引き合ってエネルギー的に安定になることができる。この発熱の効果と乱雑さの減少の効果がつり合って必ず平衡状態に至る。

$$A(気) \rightleftarrows A(溶液) + Q \text{ [kJ]} \quad (Q > 0)$$

平衡移動の法則（☞下.p.24）によれば，温度を上げると吸熱過程の方向へ平衡は移動するので，一般に，温度とともに溶解度は，固体では増加，気体では減少する。ただし，特殊な理由によって固体の溶解度が温度とともに減少する物質がある。

4 溶媒の二相間平衡…溶液の性質

① 蒸気圧降下，沸点上昇，凝固点降下，浸透圧の関係

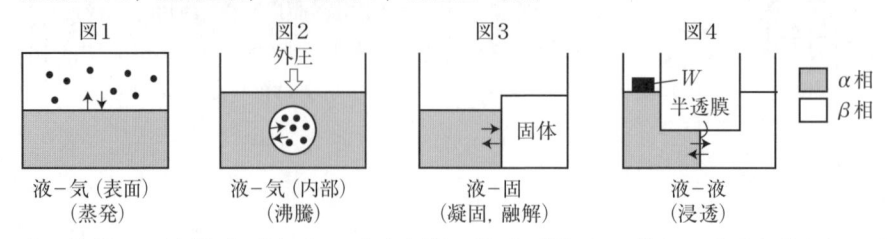

図1　　　図2　　　図3　　　図4
　　　　　外圧　　　　　　　　W　　　■α相
　　　　　　　　　　　　　　半透膜　　□β相
液-気（表面）　液-気（内部）　液-固　　液-液
（蒸発）　　　（沸騰）　　　（凝固，融解）　（浸透）

　ある物質Aの液相（α相）とAを含む別の相（β相）との間をA分子が往来し，その出入りする量が等しいために平衡状態となっている現象には上のような場合がある。α相がAのみからなるときは，このような平衡が実現するのは，図1では溶媒Aの蒸気圧曲線上の温度と圧力，図2ではAの沸点，図3ではAの凝固点，図4では$W=0$のときである。
　さて，β相へは移動できない溶質Bをα相に加えたとしよう。このとき，溶液相からβ相へ移動する溶媒Aの量は，溶質Bが進路をふさいでいる分，Aのみだったときに比べて減少する。

$$\left[A(純溶媒) \underset{平衡}{\rightleftarrows} A(\beta) \right] \xrightarrow{+溶質B} \left[A(溶液) \underset{非平衡}{\rightleftarrows} A(\beta) \right]$$

　その結果，もはやこの状態は平衡ではなくなる。平衡を回復するには，温度，圧力を変化させるしかない。一般に，**温度を上げると，より粒子の配列の乱れた状態が実現しやすくなる**。具体的には，固体より液体，液体より気体へ向かう勢いが増す。したがって，図1，図2では温度を上げ，図3では温度を下げればよい。これらの現象を，図2では**沸点上昇**，図3では**凝固点降下**と呼んでいる。一方，一般に，**圧力を上げれば，粒子の詰まり方がより密な状態が実現しやすくなる**。具体的には，液体より固体（水の場合は逆），気体より液体へ向かう勢いが増す。そこで，図1，図2では圧力を下げ，図3では圧力を上げると再び平衡にすることができる。図1は**蒸気圧降下**，図2は**外圧を下げると沸点が下がる現象**である。

　なお，図4では，溶液相に余分の静圧を加えて，溶媒分子間を無理に接近させるとその反発でβ相へ移動する溶媒分子数が増加してバランスが回復できる。この溶液相に加える余分の静圧を**浸透圧**という。

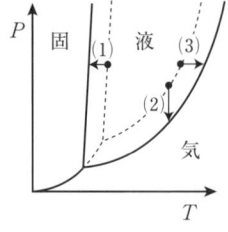

　　　　　　　　　　　　　　　　　　　　P 固　液
　　　　　　　　　　　　　　　　　　　　　(1) (3)
　　　　　　　　　　　　　　　　　　　　　 (2)
　　　　　　　　　　　　　　　　　　　　　　　気
　　　　　　　　　　　　　　　　　　　　　　　　T

-----は純溶媒での境界線。溶液では溶媒の出ていく勢いが弱まるため他相からの溶媒の浸入をゆるしてしまう。その結果，液体状態でいる領域は広がる。

A(液) ⇌ A(固)		A(溶液) ⇌ A(固)	$T\downarrow$	A(溶液) ⇌ A(固)……(1)
A(液) ⇌ A(気)	+溶質 ⇒	A(溶液) ⇌ A(気)	$[A(気)]\downarrow$	A(溶液) ⇌ A(気)……(2)
			$T\uparrow$	A(溶液) ⇌ A(気)……(3)
A(液) ⇌ A(液) 半透膜		A(溶液) ⇌ A(液) 半透膜	$P\uparrow$	A(溶液) ⇌ A(液) 半透膜
平衡		非平衡		平衡

② **希薄溶液の法則**

　蒸気圧，沸点，凝固点，液に加える静圧について，純溶媒と溶液との差を $\Delta y(>0)$ とする。もちろん，溶質の濃度（これを x とする）が大きいほど，Δy は大きくなるから，一般に，Δy は x の増加関数で表されるはずである。これを一般式で与えることは難しいが，希薄な溶液では，Δy は x に比例するという単純な関係，$\Delta y = k \times x$，が得られる。

	Δy	k	x
蒸気圧降下	$\Delta P_{A,v}$	$P^\circ_{A,v}$	X_B（モル分率）
沸点上昇 凝固点降下	ΔT	K	m_B（質量モル濃度）
浸透圧	ΔP	RT	C_B（容量モル濃度）

・A：溶媒
・B：溶質
・$P^\circ_{A,v}$：純溶媒の蒸気圧
(注) 浸透圧は純溶媒と溶液にかかる静圧の差であるので ΔP と書かれるべきものであるが，π と表されることが多い。

注） 高校での計算問題をただ解くだけなら，上の公式を覚えて具体値をあてはめるだけで十分である。

　ただ，どのようにして，これらの式が導出されたかを知りたい人もいるので少し触れておこう。

　蒸気圧降下　たとえば，純溶媒A 100個の中の1個をBで置き換えたとする。今まで，100個のAがそれぞれある確率を持って気相へ飛び出していたときに $P^\circ_{A,v}$ の蒸気圧を示していたのであるから，飛び出す可能性のあるAが99個になったときは，Aの蒸気圧は $P^\circ_{A,v} \times (99/100)$ になると考えてよいであろう。この $99/100$ は，溶液中のAのモル分率でもあるから，これを一般に X_A と表すと，

　　蒸気圧降下 $= \Delta P_{A,v} = P^\circ_{A,v} - P^\circ_{A,v} \times X_A = P^\circ_{A,v}(1-X_A) = P^\circ_{A,v} \times X_B$　（$\because\ X_A + X_B = 1$）

　沸点上昇，凝固点降下，浸透圧　n_B mol の溶質が加わったことによって溶媒が失った出ていく勢いは $RT \times n_B$ と表すことができる。一方，温度を ΔT 変化させると，粒子の配置の乱れ（乱雑さ，☞下.p.16）の α と β 相での差（ΔS）に ΔT をかけ合わせただけ二つの相を行き交う溶媒の勢いが変化する。また，α 相に ΔP だけ余分の圧力を加えると，溶液の体積（V）に ΔP をかけ合わせただけ，α 相から，β 相への溶媒の勢いが増す。そこで，平衡が回復するときには

$$\Delta S \times \Delta T = RT \times n_B \quad \cdots\cdots(1) \qquad V \times \Delta P = RT \times n_B \quad \cdots\cdots(2)$$

の関係式が成り立つ。ところで，ΔS は詳しくは $\Delta S = Q \times n_A / T$ と表される。ここで Q は mol あたりのAの状態変化熱である。よって，$\Delta T = RT \times (T/Q) \times (n_B/n_A)$ となる。さらに，Bの質量モル濃度 m_B は $n_B/(n_A \times M_A \times 10^{-3})$ と表されるから，(1)式は次のように m_B を使って表すことができる。

$$\Delta T = RT \times (T/Q) \times M_A \times 10^{-3} \times m_B = K \times m_B \quad (K = RT \times (T/Q) \times M_A \times 10^{-3})$$

　一方，(2)の式を変形すると，$\Delta P = RT \times n_B/V$ となるが，n_B/V は mol/L で表される濃度，つまり容量モル濃度であるから，これを C_B とすると，ΔP は次のように表される。

$$\Delta P = RT \times C_B$$

　以上からわかるように，$\Delta T = K \times m_B$ の K は $RT \times (T/Q) \times M_A \times 10^{-3}$ で与えられるから，計算によっても求めることができるのであるが，高校では，この計算はさせずに，一定値を天下り的に与えるようにしている。そして，この定数の単位が 度・kg/mol であって mol あたり量であるため **モル凝固点降下，モル沸点上昇** といっている。他方，浸透圧では，比例定数は RT であって，これは簡単に求まるため，比例定数を K とせず，RT のままにしてこれを計算で求めさせるようにしている。なお，この式は $\Delta P \times V = n_B RT$ と書くと，理想気体の状態方程式と同じ形になっている。しかし，これは偶然の一致であって，**浸透圧と理想気体とは全く関係のない現象**であることに注意しよう。

③ 実　験

㋑　**凝固点降下**……凝固点（液体と固体の共存温度）を知るのであるから，液体を冷却していって，固体と液体が共存して温度が一定値となるときの温度を測ればよく，原理的には実に簡単である。ところが，純溶媒の凝固点ならこのようにして求まるが，溶液の冷却の場合はそうはいかない。なぜなら，溶媒が溶液中から抜け出て純固体として凝固していくにつれて，溶液中の溶質Bの濃度（m）が高まるので固体と液体の共存温度は $\Delta T = K \cdot m$ に従って，どんどん下がっていくからである。したがって，初めに用意した溶液の溶質Bの濃度（m_0）での凝固点は，凝固が起こり始めた瞬間の温度である。ところが，冷却していって凝固点に達しても実際は結晶が析出せず温度はさらに降下する（**過冷却**という）。そして，ある温度になって遂に結晶の核が生じて一気に結晶が析出し始めるので，正しい凝固点を直接的な方法で測ることはできない。そこで，次のような実験装置で，溶液をゆっくりと冷却していき，一定時間ごとに温度を測定して，温度―時間曲線（冷却曲線）を書いて，外挿して，過冷却がなく凝固し始めたとみなせる温度（下図A′点）を決定することにしている。

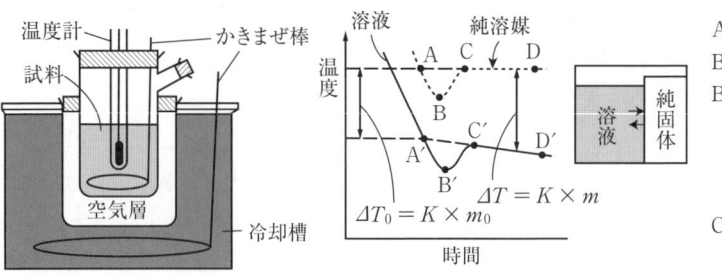

AB，A′B′：過冷却
B，B′：結晶核生成
BC，B′C′：結晶急成長
　　　　　（大量の凝固
　　　　　熱によって
　　　　　温度が上がる）
CD，C′D′：平衡状態で
　　　　　結晶成長

㋺　**沸点上昇**……沸騰によって溶媒が気体となって出て行くと溶液中の溶質濃度が増加するので，沸点もまた $\Delta T = K \times m$ に従って上昇していく。また，過熱現象も現れる。ところが，還流冷却器をつけて沸騰させると，気化した溶媒をすべて戻すことができるので，右図のような実験装置さえ使えば，加熱しても一定値を示す温度，つまり沸点を知ることができる。

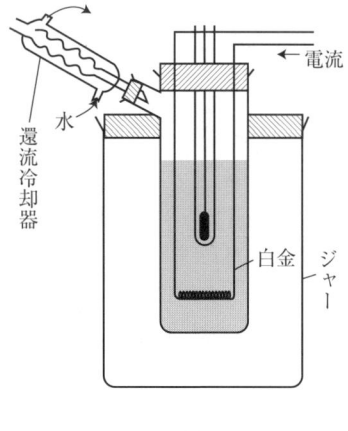

㋩　**浸透圧**……半透膜を隔てて溶液と純溶媒を接触させたときに生じる純溶媒相から溶液相への溶媒の浸透を止めるのに必要な溶液相に加える余分の圧力を実験の上から求めることは難しい。そこで，純溶媒の浸透を自由にさせておいて，その結果生じる液面の高さの差による静圧で浸透平衡状態にする。この液面の差による静圧が浸透圧であるが，溶媒が溶液の中に入ってきたため，このときの浸透圧は用意した溶液の浸透圧ではなくなっている。この値が近似的にもとの液のものであると言えるには溶媒の浸透が少量のときにバラン

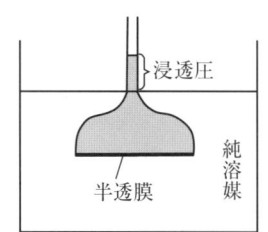

スがとれる必要がある。そのためには，溶液を入れる容器の上部は細い管にすること，浸透圧が小さい物質＝高分子化合物 を使うことなどの注意が必要である。

④　$\Delta T = K \times m$，$\Delta P = RT \times C$ を使った計算

　㋑　計算による ΔT，ΔP の推定

　　いずれの式も，ΔT，ΔP は溶質の物質量(mol)つまり個数に比例することを示している。溶かした粒子が液中でどんな形，大きさ，重さなどを持っていても，そのことは ΔT，ΔP に関係なく，ただその粒子の数のみが関係する。すべての国民は，金があってもなくても，力があってもなくても，等しく1票の権利を持つようなものである。したがって，もとは2分子であったのが溶液中では1分子に会合しているとするなら，ΔT には1個分の寄与しかない。逆に1分子が2つの粒子に解離すれば，2個分の働きをする。たとえば，0.1 mol/kg の NaCl の水溶液の ΔT を計算で予想するとき，NaCl は水溶液中でほぼ Na^+ と Cl^- に分かれて存在しているから m として，0.1 でなく，0.1×2 を代入しなくてはならない。

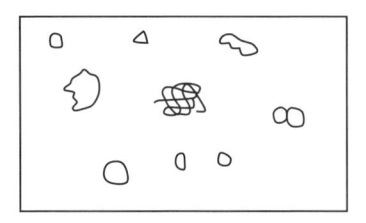

ひとりで働けるものはすべて独立した個体と認め，1個と数える。

　㋺　未知物質 A の分子量（M_A）の決定

　物質が未知であっても，その一部を取り出して測り（W_A [g]），ある量（W [g]）の適当な溶媒に溶かして，その凝固点降下度を測ることはできる。そして，このとき，

$$\Delta T = K \times m, \quad m = \frac{(W_A/M_A)}{W \times 10^{-3}} \quad \left(\frac{\text{mol}}{\text{kg}}\right)$$

が成り立つから，これらの式より A の分子量 M_A が決まる。

　例． 2.6 g の A，ナフタレン 100 g，$\Delta T = 2.3$ K，$K = 6.9$ (K·kg/mol)

$$2.3 = 6.9 \times \frac{(2.6/M_A)}{0.10} \quad \Rightarrow \quad M_A = \boxed{78}$$

注1． ただし，もし，A が ⬡—COOH のように，ナフタレン中で一部が会合しているようなときは，実験より求まった A の分子量の値は真の分子量 122 より大きくなる。

2 ⬡—COOH ⇌ ⬡—C(O···H—O)(O—H···O)C—⬡

すなわち，**実験値は液中での溶質の存在状態を反映した平均的な分子量**である。解離度や会合度は，溶媒が異なれば違うから，この平均分子量も溶媒によって違った値になる。したがって，いくつかの溶媒で実験して M_A を求めたとき，その値が事実上変わらなかったときのみ解離，会合は起こっていないと判定できて，その値を真の分子量に近いとみなすことができる。

注2． 1 g の溶質を 100 g の水に溶かしたとき，$M = 100$，$M = 100000$ では ΔT，ΔP（27℃で）はいくらになるかをそれぞれ求めてみると次のようになる（密度は 1 g/cm³ とする）。

☆ $M = 100$ のとき

$\Delta T = 1.86 \times \left(\dfrac{1}{100} \Big/ 0.1\right) = 0.186$ 度

$\Delta P = 8.3 \times 10^3 \times 300 \times \left(\dfrac{1}{100} \Big/ 0.1\right)$ Pa $\risingdotseq 2.5 \times 10^3$ cmH$_2$O

☆ $M = 100000$ のとき

$\Delta T = 1.86 \times 10^{-4}$ 度

$\Delta P = 2.5$ cmH$_2$O

(1Pa $\risingdotseq 1.0 \times 10^{-2}$ cmH$_2$O を使用)

ΔT については, $M = 100$ のときは測定可能であるが, $M = 100000$ のときは小さすぎて測定不能である。よって, **凝固点降下, 沸点上昇は分子量の小さい分子の分子量決定に適している。**一方 ΔP (浸透圧) は, $M = 100$ のとき, 水柱にして 2.5×10^3 cm $= 25$ m であって, これは事実上実験不可能であるが, $M = 100000$ なら 2.5 cm であるから, 十分に測定でき, また溶媒の浸透量も少ないところでつり合っているので都合がよい。よって, **浸透圧は分子量の大きい分子の分子量決定に適している。**

(ハ) 既知物質の溶液中での解離, 会合現象の研究

物質が既知の場合, その真の分子量 (M) は初めからわかっている。その物質をある溶媒に溶かして ΔT や ΔP を測り, それをもとに出した分子量 ($\overline{M}$) が真の値と違うなら, この物質は, この溶媒中では解離か会合していると考えられる。もちろん

$\overline{M} > M$ なら, もとの分子より大きくなっているのであるから会合している。

$\overline{M} < M$ なら, もとの分子より小さくなっているのであるから解離している。

と一応判断できる。ただし, 会合が起こっているといっても, 2分子, 3分子, … と非常に複雑に起こっているのかもしれないので, M と $\overline{M}$ の不一致についてはいろいろな解釈を与えることができる。今はっきりしていることは, W [g] の溶質を加えたとき, 溶質が溶液中でどんな姿でいるかはわからないが, ΔT, ΔP の値を示すだけの粒子数 (n [mol]) が存在しているということである。この n と W とをいくつかの解釈で関係づけて, 溶液内で溶質がどのような姿で存在しているのかをあれこれ議論するのである。

(i) 平均分子量 ($\overline{M}$) $\quad n = W/\overline{M}$

(ii) 補正係数 (i) $\quad n = (W/M) \cdot i$

(iii) 解離度, 会合度 (α) $\quad n = (W/M) \cdot f(\alpha)$

$f(\alpha)$ は, 解離や会合のモデルをどう与えるかで違ってくる。

$\left(\begin{array}{l|l}
\text{例1. A} \rightleftarrows \text{B} + \text{C (解離例)} & \text{例2. } 2\text{A} \rightleftarrows \text{A}_2 \text{ (会合例)} \\
\quad 1-\alpha \quad \alpha \quad \alpha & \quad 1-\alpha \quad \dfrac{\alpha}{2} \\
f(\alpha) = \text{合計} = (1-\alpha) + \alpha + \alpha & f(\alpha) = \text{合計} = (1-\alpha) + \dfrac{\alpha}{2} \\
\qquad\quad = 1 + \alpha & \qquad\quad = 1 - \dfrac{\alpha}{2}
\end{array}\right)$

以上より, 3つの解釈の間は,

$$n = \dfrac{W}{\overline{M}} = \dfrac{W}{M} \times i = \dfrac{W}{M} \times f(\alpha)$$

でつながっているので, $M = \overline{M} \times i$, $M = \overline{M} \times f(\alpha)$, $i = f(\alpha)$ などの関係式が得られる。

6. コロイド溶液

　石ケン水，濁水，血液，雲，霧などのように，原子や分子が集まってかなり大きくなった微粒子が分散している状態は，私たちのまわりでもよく見かける。これら大きな粒子の分散している系には，食塩水やスクロース（ショ糖）水のような小さなイオンや分子が分散している通常の溶液とは異なった性質がいくつかある。ここでは，これらについて学んでみよう。

1　微粒子が分散する理由

　ある部屋に君も含め 100 人の人がいたとする。そこへ誰かが 100 円玉 10000 枚を持ってやってきて，それを無差別に撒きまくり，それを皆が競って拾ったとしよう。さて，君は，何枚 100 円玉を拾うことができるだろうか。確かに 1 人あたりの平均は 100 枚である。しかし，君の拾ったのは 120 枚あるいは 80 枚かもしれない。結局，何枚かは予想できないだろう。実際，このように無差別にばら撒かれたときすべての人が 100 枚ずつ拾うことはまずありえないと君も思うであろう。多数の分子に運動のエネルギーが分配されるときも，同じことが言える。すなわち，運動のエネルギーを多量に持っているものから少量しか持っていないものまでいろいろな分子が存在する。ただし，分子の個数がある値（N とする）より大きくなった領域で統計をとれば，分子の運動エネルギーは広い範囲に渡ってはいるが，それぞれの運動のエネルギーを持つ分子の比率はある一定になるような分配状態（平衡分布）になっている。このような領域と同程度以上の大きさの粒子 A が水中に存在したときには，粒子 A と衝突する水分子の数も多数であるから，衝突によって受ける力も平均的なものとなる。そこで，粒子の下の面にぶつかる水分子が全体として粒子を押し上げようとする力は，粒子の上の面にぶつかる水分子が全体として粒子を押し下げようとする力より，位置のエネルギーが低くなっただけ運動エネルギーが大きくなっている分大きい。その結果，浮力が生じることになる。粒子 A のような一定の大きさ以上の粒子の場合，重力＞浮力 なら沈降し，重力＜浮力 なら浮き上がるという単純な現象しか見られない。

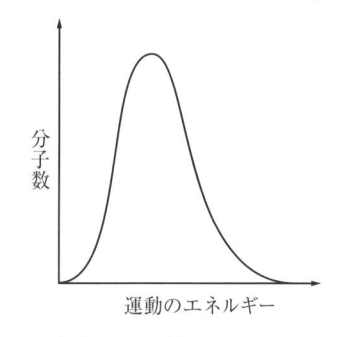

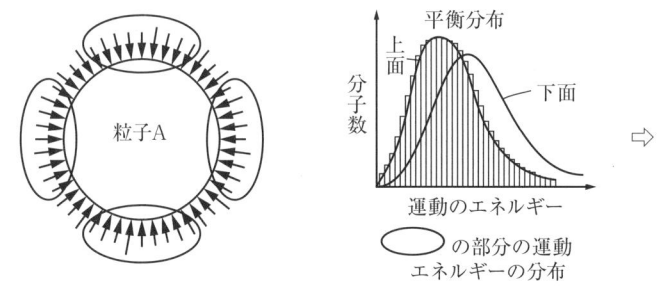

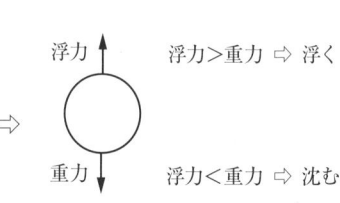

分子の数が N より小さな領域では，分子の運動のエネルギーは平衡分布をせず，ある運動のエネルギーを持った分子が平均よりかなり多く存在するというようなことが普通のようにして起こっている。このような領域と同程度，あるいは以下の大きさを持つ微粒子Bが水中に存在するときは，運動エネルギーの分布が不規則になっている水分子が微粒子Bに衝突して力を及ぼすため，力の合力の大きさと方向は，時々刻々さまざまに変わり，いわゆる不規則な力の場におかれ，もはや浮力などという力は考えられなくなる。

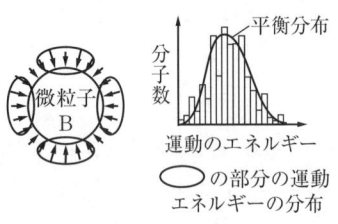

時刻	t_1	t_2	t_3	t_4
微粒子Bに働く合力の方向と大きさ	→	↘	↗	↙

このようにして，ある一定の大きさ以下の微粒子Bは時々刻々に大きさも方向も変わる力を受けてさまざまな方向に移動していこうとするため，分散状態がとれるようになる。ただし，その分散状態を保つには，いくつかの条件が必要である。

① **微粒子Bがさらに小さな微粒子にまでバラされることがないこと**——たとえば，食塩やスクロースの微粒子Bをつくっても，これらは，さらに Na^+ やスクロースなどの小さな微粒子となって分散していく。

② **粒子が衝突して合体し大きな粒子にならないこと**——微粒子が合体して大きな粒子Aになると，もはや時々刻々と変わる力の場におかれることはなく，単に浮くか沈むかという状況になってしまう。

この①，②について，次にもう少し詳しく考えてみよう。

2 コロイド粒子を構成する物質

上で述べたランダムな運動が可能なために条件次第で分散が可能になる粒子の大きさは，約 10^{-5} cm より小である。もちろん，これより大きな粒子（たとえば煙）でも，対流などによって舞い上がり，一時的に分散することはある。しかし，対流のない通常の水中などで分散する粒子は，たいてい 10^{-5} cm 以下の大きさである。さて，原子の大きさは，約 10^{-8} cm だから，$10^{-8} \sim 10^{-7}$ cm 程度の大きさのイオン，分子が分散しているときは，通常の溶液と考えてよい。そこで，10^{-5} cm～10^{-7} cm 程度の粒子径を持った粒子を**コロイド粒子**，これが分散している**溶液をコロイド溶液**と呼ぶ。

コロイド粒子を構成できる物質は，上で述べたように粒子がさらに細かく分かれて分散することはないものである。次の3つの場合が考えられる。

① **分子コロイド**——ほぼすべての原子が共有結合で結ばれてコロイドの大きさを持った分子。

例．酵素，ポリビニルアルコール（$\mathrm{+CH_2CH(OH)+}_n$），などの高分子化合物。

② **会合コロイド**——コロイドよりは小さな分子であるが，分子の中に，溶媒によく溶ける部分と，非常に溶けにくい部分がバランスよく存在しているため，溶けにくい部分が集まってコロイドの大きさを持つようになった粒子。**ミセル**（micro cell）ともいう。

例．$CH_3(CH_2)_{16}COONa$ など脂肪酸塩。

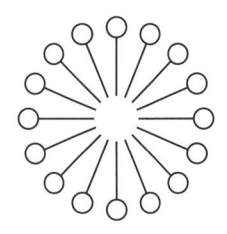

③ **分散コロイド**——溶媒には本来溶解しない物質の微粒子。

例．金属（Au, Ag, …），非金属（S_8, C, …），難溶性塩（$Fe(OH)_3$, AgCl, …）

3 コロイド粒子の合体を妨害する要因

コロイド粒子が接近しても2つの粒子が合体しないようにするには2つの方法がある。

第一の方法は，**粒子表面を帯電させること**である。たとえば，負に帯電させたとする。このとき，溶液は電気的には中性であるから表面電荷と同じ量の陽イオンがコロイド粒子を取りまいている。ただし，陽イオンは，この表面電荷に引きつけられてはいるが，液中を自由に動いて遠くまで広がっていくことができるため，コロイド粒子付近は，電気的に正の不足状態つまり負の状態になっている。そこで，2つの粒子が接近するにつれて表面の負電荷間の反発力が強くなり，粒子の合体を妨げるようになる。

第二の方法は，**粒子表面をべっとりと溶媒分子で覆っておくこと**である。コロイド粒子が互いに接近しても表面を覆っている溶媒分子が離れなければ，コロイド粒子間の接触を妨げることができる。

第一の方法のみで水中で分散している場合，**疎水コロイド**という。水に対して疎遠であって，本来沈降すべき物質が，たまたま，コロイド粒子の大きさになった上に何らかの理由で表面が帯電してしまったために，分散状態になったということから，疎水コロイドと呼んでいる。一方，第二の方法が主たる理由で水中に分散している場合，**親水コロイド**という。コロイド表面に溶媒である水分子がべっとりとくっついて離れないのは，それだけ，水分子に対して親和性が高いからである。

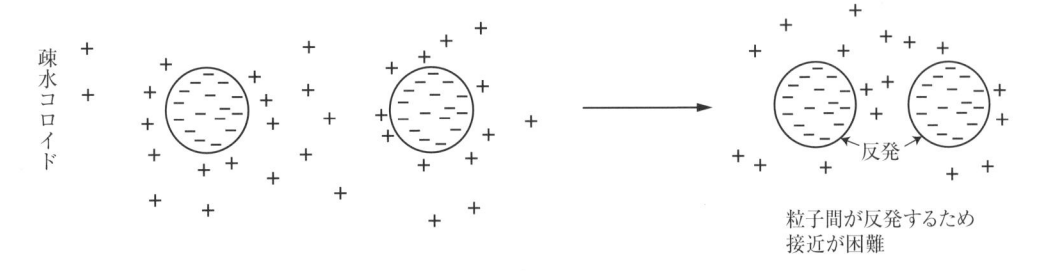

疎水コロイド： 粒子間が反発するため接近が困難

親水コロイド： 水和水　水和水があるため粒子間の接触が困難

4 コロイド溶液の性質

コロイド粒子は大きさのみで定義され，また表面の性質を使って分散している。したがってコロイド溶液の性質はコロイドの**大きさ**と**表面状態**に関係することがほとんどである。

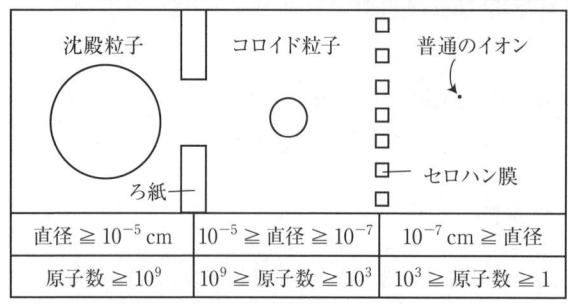

直径 $\geq 10^{-5}$ cm	$10^{-5} \geq$ 直径 $\geq 10^{-7}$	10^{-7} cm $\geq$ 直径
原子数 $\geq 10^9$	$10^9 \geq$ 原子数 $\geq 10^3$	$10^3 \geq$ 原子数 ≥ 1

原子1個の直径は1Å $= 10^{-8}$ cm 程度であり，また体積は直径の3乗に比例するから，コロイド粒子中に含まれる原子数はほぼ次の通りである。

$$\left(\frac{10^{-5}}{10^{-8}}\right)^3 \sim \left(\frac{10^{-7}}{10^{-8}}\right)^3 = 10^9 \sim 10^3 \text{ 個}$$

① 透析

コロイド粒子はろ紙の穴より小さいのでろ紙を素通りする。しかし，セロハンやコロジオン膜の穴よりは大きいので，これらの膜は通過できない。一方，小さなイオンや分子はこのセロハン膜の穴をも通ることができる。そこで右図のような装置を使って，小さなイオンや分子を除き，コロイド粒子のみの溶液にすることができる。これを**透析**という。

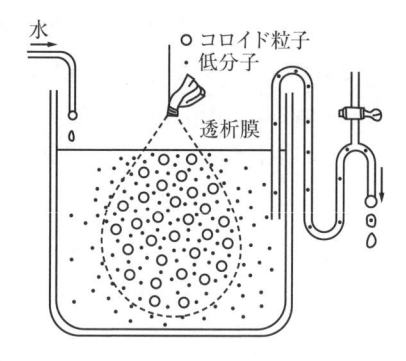

② チンダル現象

光の波長よりかなり小さな粒子に光が当たると，同波長の光が散乱する。散乱の強さは粒子の体積の2乗に比例する（覚えなくてよい）。よって，原子や小さなイオンでは光はほとんど散乱しないが，コロイド粒子ぐらいの大きさの粒子では，かなり強く散乱する。そこで，真の溶液とコロイド粒子の入ったビーカーに横から光を照射すると，コロイド溶液のみその通路が光って見える。この現象を**チンダル現象**という。（チンダルは人名）

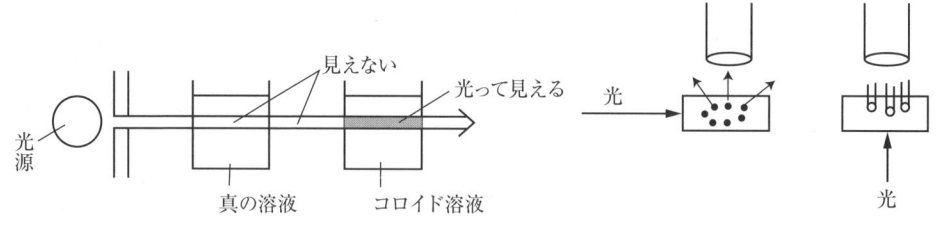

ところで，肉眼で区別できる距離は 10^{-2} cm 程度で，光学顕微鏡の倍率は 10^3 倍が限度である。コロイド粒子は 10^{-5} cm 以下の粒子径を持つので，コロイド粒子を光学顕微鏡で見ることはできない。しかし，コロイド溶液に横から光を当て，その散乱光を直角方向から顕微鏡で見ると，コロイド粒子の存在を光点で確認することができる。このような散乱光を見る顕微鏡を限外顕微鏡という。

③ ブラウン運動

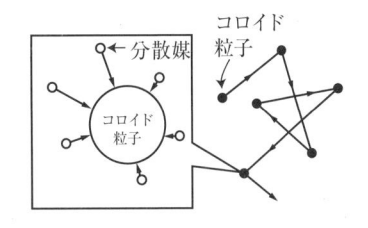

コロイド粒子が分散する理由の1つとして，この程度の大きさの粒子には浮力ではなく，不規則な力が働いて粒子が運動するからだと述べた。そのような運動をしているという証拠はあるのだろうか。これは，先に述べた限外顕微鏡でコロイド粒子の運動を見ればはっきりする。確かに，限外顕微鏡により，コロイド粒子が絶えず不規則な運動をしていることがわかる。このような溶媒分子の不規則な運動がもたらす粒子のランダムな運動を一般に**ブラウン運動**という。(ブラウンは人名)

なお，「ブラウン運動は，分子運動を限外顕微鏡で観測できるから重要」という文章がよく書かれているが，分子運動とはコロイド粒子の運動ではない。コロイド粒子の運動を見ることによって，間接的に分散媒分子がこのようなミクロな部分では不規則な分子運動をしていることがわかるという意味であるから誤解のないように。

④ 電気泳動

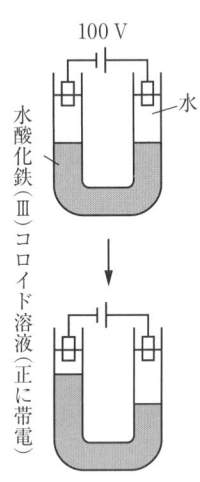

正負いずれかに帯電しているコロイド粒子は，電圧をかけると表面電荷と反対符号の極へ移動する。この現象からコロイド表面が正負どちらに帯電しているかが決定できる。また帯電状態が異なっている物質を移動速度の差を使って分離することもできる。これはタンパク質の分離などによく使われている。煤煙は黒鉛の粒であるがたいてい帯電している。したがって電圧をかけるとかなり除去することができる。エアコンでは空気中の小さなホコリを除くため，帯電板に空気を通す装置がついている。

5 コロイド粒子の析出

分散状態を可能にしている条件（①粒子間の衝突による合体がないこと，②不規則な運動が可能なぐらいの小さい粒子であること）を取り除けば，コロイド粒子は析出する。結局，粒子間の衝突さえ起これば，それによって粒子の合体が次々と起こって粒子が大きくなって，遂には析出するようになるから，粒子間の衝突を阻害する条件を崩せばコロイドの析出が可能になる。

① 疎水コロイド

先にコロイド表面の電荷が互いに反発し合うので粒子間の衝突が起こらないと述べた。しかし粒子がものすごく近くまで接近したときは，粒子間は引き合って合体するはずであるから，実際は，粒子表面間の距離 r があるところ（$r = r_0$）までは反発（斥）力が働き，それ以下の距離では逆に引力が働くはずである。すでに p.36 で述べたように，距離 r 離れた粒子間の位置のエネルギー（$E(r)$）とその点に働く力（$f(r)$）とは，$f(r) = -dE(r)/dr$ の

関係がある。したがって

$r > r_0$ では　　斥力 $\Leftrightarrow f(r) > 0 \Leftrightarrow dE(r)/dr < 0$
$r < r_0$ では　　引力 $\Leftrightarrow f(r) < 0 \Leftrightarrow dE(r)/dr > 0$

となっているはずである。実際，理論計算によると図2のように $r = r_0$ に山を持つエネルギー図が得られる。このエネルギーの山を越すためには，コロイド粒子を接近させる方向に衝突する水分子のエネルギーが特に大きくなくてはならない。

そのような機会はなかなか訪れるものではないからコロイド粒子の合体は普通は起こらず，安定に分散することになる。

さて，コロイド粒子間の引力の大きさはコロイドを構成する物質に固有のものであるから変えることはできない。一方，コロイド粒子間の斥力は，コロイド表面電荷とペアになっている反対符号のイオンが水中ではかなり遠くまで分布しているためにコロイド付近が電気的に中性でなくなることによって生じるのであるから，イオンの分布を変化させるとこの斥力を減少させることができる。すなわち，電解質を加えて水中のイオンを増やせば，コロイド表面付近へはその表面電荷と反対符号のイオンが多く集まってくるため粒子間の斥力を小さくすることができる。（⇨図3）電解質をどんどん加えていけば斥力エネルギーもどんどん小さくなり，遂に全エネルギー図で山は消えてしまう。（⇨図5）このとき，一気にコロイド粒子間の衝突→合体→沈殿が起こる。このような疎水コロイド粒子の析出現象を**凝析**という。

反対符号のイオンの価数は大きい方が斥力を減らすのに効果的である。たとえば負コロイド粒子が陽イオンを引き寄せるとき，M^+ 2個（⊕，⊕）では1個の⊕をつかまえても，もう一個の⊕を逃してしまうことがありえるが，M^{2+}（⊕⊕）では，⊕と⊕はつながっているため1つの⊕をつかまえたら，必ずもう一方の⊕もつかまえたことになっている。（⇨図4）そこで，凝析に必要なイオンの濃度は，価数が大きいほど少なくてすむ。その濃度は，イオン価数の6乗に反比例することが，実験や理論からわかっている

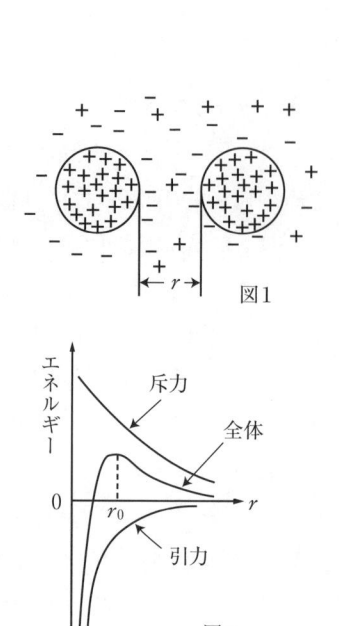

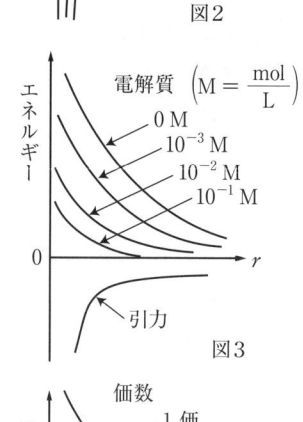

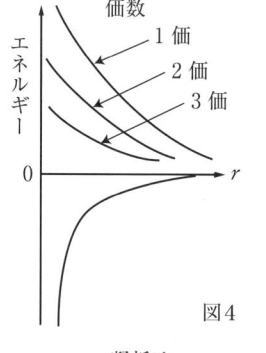

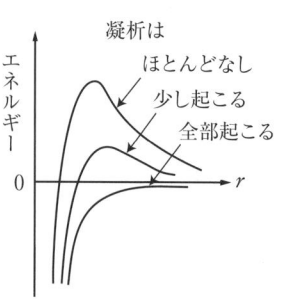

図1

図2

図3

図4

図5　合力のエネルギー

（これは覚えなくてよい）。たとえば、負コロイドを凝析させるに必要な Na^+, Ca^{2+}, Al^{3+} のイオン濃度は、ほぼ $1:(1/2)^6:(1/3)^6$ である。

問 あるコロイド溶液は Na_2SO_4 なら 0.05 (mol/L)，$CaCl_2$ なら 0.001 (mol/L) を加えると凝析する。このコロイドは，正負どちらに帯電しているか。

（正コロイドなら陰イオンの価数が効くから，凝析に必要な量は，Na_2SO_4 の方が $CaCl_2$ より少なくてよい。これは事実に反する。一方，負コロイドなら陽イオンの価数が効くから，$CaCl_2$ の方が Na_2SO_4 より少なくてよい。これは事実に合う。⇒ 負）

② **親水コロイド**

コロイド表面にある親水性の基（$-OH$，$-COOH$，$-NH_2$ 等）が水素結合で水分子を強く引きつけているためにこれらの水和水が邪魔になって粒子間の合体が起こりにくくなって分散しているのが親水コロイドであった。したがって，親水コロイドを析出させるには，表面での水素結合を切り，この水和水をコロイド粒子からはぎ取らなくてはならない。イオンは親水基より強く水分子と引き合うから，$NaCl$ などの塩を加えると親水コロイドは沈殿するはずである。しかし，$NaCl$ を 1 mol/L ぐらいにしても沈殿しない。なぜなら，水溶液には約 $\frac{1000}{18} = 56$ mol/L の水分子が存在し，かつ，Na^+，Cl^- が強く引きつけられる水分子はイオン1個あたり4個ぐらいだけであるから，親水基と水分子との水素結合を切るに至らないからである。$NaCl$ が 5～10 mol/L ぐらいになって初めて親水基と水分子との水素結合が切れ，親水コロイドは沈殿する。このような大量の塩で，溶解している物質が析出する現象を一般に**塩析**（salting out）と呼んでいる。

疎水コロイド	項　目	親水コロイド
主として無機物質，金，銀，白金，炭素，硫黄，$AgCl$，As_2S_3，$BaSO_4$，$Fe(OH)_3$，$Al(OH)_3$ などのコロイド。	成　分	主として有機物質。セッケン，デンプン，寒天，ゼラチン，タンパク質，膠などのコロイド。
①粒子に吸着している水分は少量である。②粒子が集合して沈降しないのは，主として表面電荷の反発が粒子間の接近を防げるためである。	特　色	①粒子に吸着している水分は多量である。②粒子が集合して沈降しないのは，主として親水基と水素結合する水分子が粒子間の接触を妨害するためである。
少量の電解質を加えると，表面電荷は中和されて粒子間の反発力が弱くなり，粒子が集合沈降する。これを凝析という。	析　出 方　法	少量の電解質の添加では凝析しないが，多量の電解質やアルコールの添加によって沈降する。前者を塩析という。
はっきりしている（水とコロイド粒子の屈折率の差がはっきりしているから）。	チンダル現象	はっきりしない（コロイド粒子内にも水が入り込んでいるため水とコロイド粒子の屈折率の差がはっきりしにくいから）。
チンダル現象がはっきりしているから，よくみえる。	限　外 顕微鏡	疎水コロイドのようには，はっきりしない。
外部からの加電によって，自分の電荷と反対の方に移動する。	電　気 泳　動	表面電荷を有するときは移動するが，水和のため移動速度は小さい。

③ 保護コロイド

親水コロイドを疎水コロイドに加えると疎水コロイドの表面に親水コロイドが付着し，疎水コロイドは凝析しにくくなる。そのとき加える親水コロイドを保護コロイドという。墨汁の膠(獣類の皮などを煮てつくる)，写真の感光乳剤のゼラチンは保護コロイド。

6 界面現象

① 吸　着

気体と固体，気体と液体，液体と固体，水と油のような液体と液体，などが接しているとき，その間に界面ができる。この界面に原子，分子，イオンなどの微粒子がくると，この粒子は2つの相を構成する粒子と引き合うのであるが，たいていどちらか一方と引き合う力の方が強いので，その方に引きつけられる。その力が非常に強いとき，粒子は一方の相の表面にくっついて離れなくなる。このような現象を吸着という。もし一方が気相であるなら，気相を構成する粒子の数は液相や固相に比べて非常に小さいので引力の合計は小さい。そこで，この界面へやってきた粒子はたいてい液相か固相へ吸着してしまう。ただし表面に吸着させるのであるから，表面積が極めて大きくなくてはならない。そのためには，物質が穴だらけの状態，つまり**多孔性**であることが必要となる。

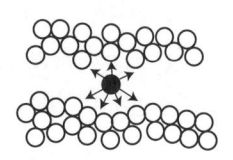

例1. 冷蔵庫の臭い消しに使う活性炭……ヤシがらを加熱分解して残った炭素(黒鉛)からなる多孔性物質。主に有機分子を吸着する。

例2. シリカゲル……オルトケイ酸 $(Si(OH)_4)$ が縮合重合して三次元網目状構造になったとみなせる高分子化合物を乾燥させたもので，これも多孔性である。表面に－OH，＞O＜があるので水分子をよく吸着する。そこで，乾燥剤に用いられる。

② 界面活性剤

石ケン分子には油と仲のよい(親油性＝疎水性)部分と，水と仲のよい(親水性)部分があるため，水と油の界面があるとそこへ喜んでやってくる。このように，界面が大好きとばかりに界面に対し活性を持っている物質を一般に**界面活性剤**という。ところで，この界面活性剤を使うと水と油のように互いに混ざり合わない物質の一方を他方に分散させることができる。これは，界面活性剤が右図のようにして一方の相の微小部分を囲んで，球状に集まりコロイドと同様な原理で分散するからである。ただし，分散した粒子はコロイドより大きいため，光を強く散乱し，液は牛乳のように白く濁ってくる。そこで，この現象を界面活性剤の**乳化作用**という。マヨネーズ，乳液などには，すべて界面活性剤が使われている。

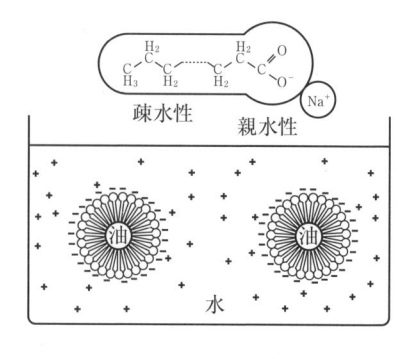

第6章 基本的な化学反応

1. 酸，塩基と中和反応

1 酸，塩基，塩の定義

① アレニウスの定義

1800年のボルタによる電池の発明以来，さまざまな電気分解が行われ，流れた電気量と物質の変化量との関係は1830年頃にはすでに明らかにされていた。ところが，電気分解を受ける物質が水に溶けているとき，どのような状態で存在しているのかについては議論が混乱していた。純水は電気を通さないのに，NaClを溶かすと電気を通すようになって電気分解が可能になる。これは，水溶液中に荷電粒子（イオン）が存在するに違いなかった。ただ，その荷電粒子はいつできるのであろうか。すなわち，電圧をかける前からイオン状態で存在しているのか，それとも電圧をかけたときにイオンに分かれるのであろうか。当時の人は，電圧をかけたときにイオンが生じると信じていた。なぜなら，互いに引き合っている陽イオンと陰イオンが水に溶かしただけでバラバラに離れて存在しているなんてありえないと思っていたからである。このようなとき，アレニウスは，**電圧をかけなくても，溶けているNaClは水中では初めから正負のイオンに分かれて存在している**と提唱した。これが，アレニウスの電離説である。この説は，上に述べた理由によって，当時の人々にすぐには受け入れられなかった。しかし，電気が関係しない現象である浸透圧の実験を通じてNaClが水中では2粒子に分かれていることや，酢酸の水溶液を薄めていったときの電気伝導度の変化が彼の説でうまく説明されることがわかるにつれて，彼の説は支持されるようになった。

彼は，水に溶かすとイオンに分かれる物質を**電解質**，そうでないものを**非電解質**と名づけた。また，電解質でも，よく電解するものと少ししか電解しないものがあると考えて，前者を**強電解質**，後者を**弱電解質**と呼んだ。このような考え方を持っていた彼は，当時混乱していた酸，塩基とは何かということに対しても，明確に次のように定義した。

> 酸とは水中で電離して H^+ を出すもの
> 塩基とは水中で電離して OH^- を出すもの

そして， $H^+ + OH^- \rightarrow H_2O$ が中和反応

なお，NH_3, CO_2 は，この定義によると，直接的には塩基や酸ではない。しかし，水中では H_2O と反応して，塩基や酸と関係するようになるため，この定義を拡張して，それぞれを塩基または塩基性物質，酸または酸性物質と呼ぶことができる。

$$NH_3 + H_2O \longrightarrow (NH_4OH) \longrightarrow NH_4^+ + OH^-$$
塩基

$$CO_2 + H_2O \longrightarrow (H_2CO_3) \longrightarrow H^+ + HCO_3^-$$
酸

この定義は実に明解であり、有効であったため、この後、物質の分類や化学式の表式に大きな影響を与えた。$SO_2(OH)_2$, $NO_2(OH)$ をわざわざ H を前に持ってきて H_2SO_4, HNO_3 と表し、NaOH はこのままで表すのも、酸の本質が H^+ で、塩基の本質が OH^- であることが明確になるように物質を表そうとするためである。

このアレニウスの定義に基づくと、酸や塩基は、化学式の示す粒子あたり何個の H^+ や OH^- が出せるかという点から1価、2価、3価…が考えられ、また H^+, OH^- の出す強さの違いで大雑把に強酸、弱酸などに分類される。

酸塩基	HCl, CH₃COOH NaOH, NH₃	$HCl \rightarrow H^+ + Cl^-$, $CH_3COOH \rightleftarrows CH_3COO^- + H^+$ $NaOH \rightarrow Na^+ + OH^-$, $NH_3 + H_2O \rightleftarrows (NH_4OH) \rightleftarrows NH_4^+ + OH^-$	
	価数による分類		電離度による分類
酸	1価の酸　HCl, HNO₃ 2価の酸　H₂SO₄, (COOH)₂ 3価の酸　H₃PO₄		強酸——HCl, HClO₄, H₂SO₄ 弱酸——CH₃COOH, H₂S, C₆H₅OH
塩基	1価の塩基　NaOH, NH₃ 2価の塩基　Ba(OH)₂ 3価の塩基　Fe(OH)₃		強塩基——KOH, Ba(OH)₂ 弱塩基——NH₃, Cu(OH)₂, C₆H₅NH₂

一方、塩については陽イオン（NH_4^+, Na^+…）と O^{2-}, OH^- を除く陰イオン（SO_4^{2-}, Cl^-…）とからなるイオン性物質と定義できる。これは、もちろん、酸から生じる陰イオンと、塩基から生じる陽イオンが結合したものとみなせるから、その多くは中和反応で合成することができる。ただし、$2Na + Cl_2 \rightarrow 2NaCl$ のような中和反応以外の反応でも塩は合成される。

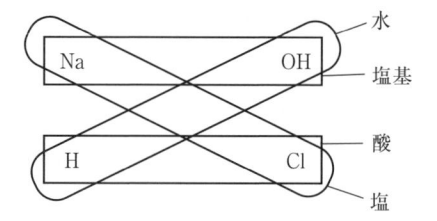

2価以上の酸、塩基には、中和が完全に終わっていない塩がありうる。$NaHCO_3$ のように H^+ が残っているときは**酸性塩**、$Cu(OH)Cl$ のように OH^- が残っているときは**塩基性塩**という。また2価以上のとき、中和の相手を2種にすることが可能となる。たとえば $Ca(OH)_2$ に対し、HCl と HClO を反応させると CaCl(ClO) ができる。これは複塩という。さらに、陽イオンのまわりに配位子を集めてできた錯イオンが塩の構成イオンであるとき、**錯塩**という。

塩　の　分　類		例
単　塩 (単数の酸、 塩基から 生じる)	正　塩 (中性塩ともいう)	Na₂SO₄, NH₄Cl, CH₃COONa
	酸性塩 (H^+ を含む)	NaHSO₄, NaHCO₃
	塩基性塩 (OH^- を含む)	Cu(OH)Cl
複　塩 (複数の酸 (塩基) と塩 基 (酸) から生じる)		ミョウバン　AlK(SO₄)₂・12H₂O 　　　(KOH + Al(OH)₃ と 2H₂SO₄ による) サラシ粉　CaCl(ClO)・H₂O 　　　(HCl + HClO と Ca(OH)₂ による)
錯　塩 (錯イオンを含む)		K₄[Fe(CN)₆], [CoCl(NH₃)₅]Cl₂

② ブレンステッドとローリーの定義

アレニウスの定義は実に有効であり，日常的にはこの定義に対して不満を持つことはまずない。ただ酸の電離の際に実際に起こっている変化を正しくとらえておらず，また，有機化学の分野ではあまり有効でない，という大きくは2つの弱点がこの定義にはある。

1900 年を前後して，電子が発見され，そして原子が正に帯電した原子核とそのまわりを運動する電子からなることが明らかとなった。それにともない，H^+ は実は陽子であることもわかった。ここに至って，アレニウスによる酸の電離反応に対し大きな疑問が生じることになった。果たして原子の 10^{-5} 倍ぐらいの半径しか持たない陽子が水溶液中で安定に存在できるのであろうか。Na^+，K^+ など原子と同程度の大きさのイオンならともかく，これらよりはるかに小さなイオンである H^+ ＝陽子 が何ら結合することなく単独で安定に存在することなんてありえるはずはなかった。だが，その水溶液が電気を通すことから考えて，酸が水溶液中で電離していることは間違いない。では，電離して生じたはずの H^+ はいったいどこへ行ってしまったのであろうか。ブレンステッドとローリーは，**酸から生じた H^+ はフリーな状態では存在せず，必ず別の粒子の非共有電子対と結合しており，実際に起こっているのは，2 つの粒子の間での H^+ のキャッチボールである** と考えた。たとえば，HCl を水に溶かしたとき，$HCl \rightarrow H^+ + Cl^-$ のようにして，"自分の気持ち"だけ（単独）で H^+ を出すのではなく，H_2O の非共有電子対が自分の H^+ を受け取ってくれることを確認した上で H_2O に H^+ を渡す反応が起こっていると考えた。

$$\left(Cl\!\odot^- \longrightarrow \boxed{H^+} \longrightarrow \odot OH_2 \right) \longrightarrow Cl^- + H_3O^+$$

H^+ はいつも，誰かから誰かに渡されるのであって決して単独で出て行くことはない。したがって，酸，塩基については具体的な1つ1つの H^+ の移動反応に即して，ピッチャーが酸，キャッチャーが塩基と定義しようと提案したのである。

　酸とは H^+ を与えるもの
　塩基とは H^+ を受け取るもの　　そして，　H^+ 移動反応が酸塩基反応

この定義によると以下のような H^+ 移動反応において，酸，塩基は次のように決まる。

$$
\begin{array}{lllll}
\text{酸} & & \text{塩基} & \text{塩基} & \text{酸} \\
HCl & + H_2O & \rightleftarrows & Cl^- & + H_3O^+ & \cdots\cdots① \\
CH_3COOH & + H_2O & \rightleftarrows & CH_3COO^- & + H_3O^+ & \cdots\cdots② \\
H_2O & + NH_3 & \rightleftarrows & OH^- & + NH_4^+ & \cdots\cdots③ \\
H_2SO_4 & + HNO_3 & \rightleftarrows & HSO_4^- & + H_2NO_3^+ & \cdots\cdots④ \\
H_2O & + C_2H_5O^- & \rightleftarrows & OH^- & + C_2H_5OH & \cdots\cdots⑤
\end{array}
$$

これらの例に示されるように，H^+ の移動反応は非常にたくさんある。たとえば④の反応を見よう。H_2SO_4 と HNO_3 を混合すると，H_2SO_4 から HNO_3 へ H^+ が渡される。このとき，なんと HNO_3 は塩基として働いているのである。また，H_2O はアレニウスの定義では中性であっ

たのに，この定義では①，②で塩基，③，⑤で酸である。また，アルコールは通常は中性物質と言っているが，⑤では酸になっている。このように，H^+ の投げ合いの観点からすると，どちらの方が投げる力が相対的に強いかだけが問題になるだけであって，もはや強酸とか弱酸というような絶対的な酸の強さを表す用語も不要になる。したがって，この定義は H^+ の関与する反応を正確にとらえているだけでなく，この定義を使うと，酸塩基の強弱の順序がわかる表さえあれば，有機反応も含めすべての H^+ 移動反応がどちらへ進むかなどの判断がたちどころにできる（☞上．p.193）。この点でこの定義は非常に有効である。しかし，時と場合によって物質が酸になったり塩基になったりするので，物質を酸，塩基，塩に分類して，そこから物質の関係を理解していこうとするときはむしろ不便で，初心者にとっては混乱を起こしやすい。そこで，アレニウスの定義とブレンステッド・ローリーの定義で物質の分類はどう違ってくるのかを少し例を挙げて述べておこう。

例1．強酸……アレニウスの定義では，水中でほぼ完全に電離する酸が強酸であった。実際は，この反応は，次のように起こっている。

$$HA + H_2O \rightleftarrows A^- + H_3O^+$$

だから，ブレンステッド・ローリーの定義で H_3O^+ より強い酸がアレニウスの定義でいう強酸になっている。

例2．中性物質……CH_3CH_2OH は OH^- でほとんど中和されないからアレニウスの定義では中性物質になっている。これは，ブレンステッド・ローリーの定義から考えると，次の平衡

$$CH_3CH_2OH + OH^- \rightleftarrows CH_3CH_2O^- + H_2O$$

が左に傾いているからであり，それは CH_3CH_2OH が H_2O より弱い酸であるからにすぎない。**このようなブレンステッド・ローリーの定義で H_2O より弱い酸性度を持つ HX はアレニウスの定義では中性物質**になっている。

例3．NaOH……NaOH はもちろんアレニウスの定義では塩基である。ところが，ブレンステッド・ローリーの定義では，H^+ を受け取ることのできるものすべてが塩基であるから，Cl^-，NO_3^-，SO_4^{2-}，OH^- すべてが塩基である。もし，Na^+ と塩基 Cl^- との化合物 NaCl を塩と呼ぶなら，$NaNO_3$，Na_2SO_4 だけでなく NaOH も塩と呼ばなくてはならないであろう。このように，ブレンステッド・ローリーの定義では，OH^- は特別なものではなく，多数の塩基のうちの1つにすぎない。それ故に，**NaOH も NaCl と同列に置かれる**のである。

例4．中和反応……ブレンステッド・ローリーの定義では，酸塩基反応という反応名のみがあるのであって，特定の反応に中和反応と名づけることはない。

$$\underset{酸}{HCl} + \underset{塩基}{H_2O} \rightleftarrows \underset{塩基}{Cl^-} + \underset{酸}{H_3O^+} \cdots\cdots ①$$

$$H_3O^+ + OH^- \rightleftarrows H_2O + H_2O \cdots\cdots ②$$

たとえば，①の反応は②と同様に圧倒的に右に平衡が傾く酸塩基反応だが，中和反応と言ったら変に感じるであろう。**酸塩基反応＝中和反応 というのはアレニウスの定義においてのみ成り立つ** ことを確認しておこう。

2 酸，塩基の強さの評価方法

酸（HA）の全分子の中で，非共有電子対に H^+ を投げつける分子の割合（＝**電離度**：α）が大きいほど，酸としての強さが大きいと考えられる。そこで，何か１つの塩基を決めて，それに対する電離度を測定すれば，酸としての強さが評価できそうである。通常，この H^+ の受け取り手の塩基としては，大量の H_2O を考える。

$$HA + H_2O \longrightarrow A^- + H_3O^+$$

ところで，この反応は，逆も起こる。つまり，H_3O^+ が X^- に H^+ を投げ返すことは必ず起こりうる。したがって，この反応は，左から右への反応と右から左への反応の起こっている回数が単位時間あたり等しいとき，つまり反応速度が左右で等しいとき，平衡となって落ち着く。

$$\begin{array}{cccc} HA & + & H_2O & \rightleftarrows & A^- & + & H_3O^+ \\ C(1-\alpha) & & 56-C\alpha & & C\alpha & & C\alpha \end{array}$$

ところで，反応速度は，単位時間あたりの濃度の変化量であるから，反応物の濃度に比例する。したがって，右向きの反応速度を v_1，左向きの反応速度を v_2 とすると

$$v_1 = k_1[HA][H_2O]$$
$$v_2 = k_2[A^-][H_3O^+]$$

と表される。そして，平衡状態では，$v_1 = v_2$ が成り立っている。今，平衡状態にある酸 HA の水溶液を２倍に薄めたとしよう。このとき，[HA]，[A^-]，[H_3O^+] はすべて 1/2 倍になる。ただ，溶液はほとんど水でできているから，水の濃度は約 56 mol/L で事実上不変である。よって v_1 は 1/2 倍減少し，一方，v_2 は $1/2 \times 1/2 = 1/4$ 倍 減少するから，$v_1 > v_2$ となって平衡ではなくなる。そこで，このあと反応は右へ進行し，v_1 が減少し，v_2 が増加していくうちにあるところで，$v_1 = v_2$ となって再び平衡状態になる。すなわち，薄めると，平衡点は右へ移動し，電離度は大きくなるのである。このように，電離度 α は濃度によって変わるので，酸の強さを評価するには，はなはだ心もとない量ということになる。それでは，いっそのこと，平衡では $v_1 = v_2$ となるのであるから，

$$v_1 = k_1[HA][H_2O]$$
$$v_2 = k_2[A^-][H_3O^+]$$

の式で，T を一定にしたとき不変の部分だけを取り出してみたらどうであろうか。k_1，k_2 は一定で，さらに，H_2O は大量に存在するので [H_2O] も事実上一定であったのだから

$$\underset{(一定)}{K_a} = \frac{k_1[H_2O]}{k_2} = \frac{[A^-][H_3O^+]}{[HA]}$$

という式が得られる。K_a は，もちろん，酸の濃度によらず一定であると同時に，これが大きければ，平衡で右辺の量が多いのだから電離しやすいことがわかる。すなわち，酸の強さを示す指標としてこれなら適切であろう。そこで，この K_a を**酸の電離定数**といい，酸の強さの定量的尺度とする。（ただ，K_a の値はよく使う酸については 10^{-x} $(x > 0)$ となることが多いので，$pK_a = -\log K_a = x$ で表すこともある。）次の図は，$-\overset{\delta+}{H}$ を有する物質の K_a を $10^{10} \sim 10^{-30}$ の広い範囲で示した図である。

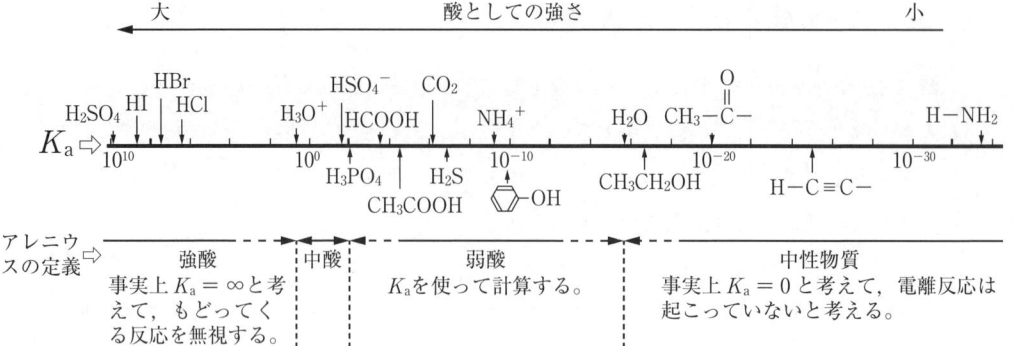

```
         ←   大                  酸としての強さ                       小   →

                                              O
                                              ‖
   H₂SO₄  HBr         HSO₄⁻  CO₂          H₂O   CH₃—C—              H—NH₂
        HI HCl    H₃O⁺ ↓    ↓    NH₄⁺      ↓     ↓                    ↓
Kₐ⇒  ↓  ↓  ↓      ↓  ↓HCOOH     ↓
─────┼──┼──┼──────┼──┼──────────┼──────────┼─────┼──────────────────┼───
    10¹⁰          10⁰            10⁻¹⁰        10⁻²⁰                10⁻³⁰
           H₃PO₄   H₂S              CH₃CH₂OH      H—C≡C—
            CH₃COOH  ◯-OH
```

```
アレニウ  ⇒ │  強酸    │中酸│   弱酸    │      中性物質
スの定義    │事実上Kₐ=∞と考│Kₐを│Kₐを使って計 │事実上Kₐ=0と考えて，電離反応は
            │えて，もどってく│    │算する。    │起こっていないと考える。
            │る反応を無視する。│    │            │
```

たとえば，$K_a = 1$ のとき $[HA] = [A^-] = [H^+] = 1$ が成り立ち，電離度 $\alpha = 0.5$ である。$K_a = 10^{-4}$ のとき $[HA] = 1$，$[A^-] = [H^+] = 10^{-2}$ が成り立ち，$\alpha \fallingdotseq 10^{-2}$ である。$K_a = 10^{-20}$ なら，$[H^+] = 10^{-7}$ の中性水溶液でも $[A^-]/[HA] = 10^{-14}$ となるから $\alpha \fallingdotseq 10^{-14}$ である。$K_a > 1$ では，1 mol/L 程度の濃度が大きいときでも約半分以上が電離しており，一般に強酸に分類されている。通常，$10^{-3} > K_a > 10^{-16}$ ぐらいの酸は弱酸に，$K_a < 10^{-16}$ のときは中性物質に分類されている。

なお，酸が H^+ を出すと A^- も生じるが，この A^- の塩基としての強さは，

$$A^- + H_2O \rightleftarrows HA + OH^-$$

での平衡定数

$$K_b = \frac{[HA][OH^-]}{[A^-]}$$

で与えられる。ただ，この式に，$K_a = [A^-][H_3O^+]/[HA]$ をかけ合わせると

$$K_a \times K_b = [OH^-][H_3O^+] = K_w \quad (\text{w：water})$$

となって，$K_a \times K_b$ は一定値 K_w となる。そこで，塩基 A^- の塩基としての強さは，K_a と K_w さえわかれば求まるので，必要なときは，その都度 $K_b = K_w/K_a$ より求める。もちろん，

$$K_a \text{ 大} \Leftrightarrow K_b \text{ 小}$$

である。つまり，強い酸ほど，電離しやすいのであるから，A^- は〔H^+ を受けにくい⇔塩基として弱い〕ことになる。

注） アレニウスの定義によると酸の電離反応は

$$HA \rightleftarrows H^+ + A^-$$

と表されるから，この式からは

$$K_a = \frac{[H^+][A^-]}{[HA]}$$

が得られる。ブレンステッド・ローリーの式とは $[H_3O^+]$ が $[H^+]$ に変わっている点だけが違っている。前にも述べたように，水中には H^+ が全く存在せず，あるのは H_3O^+ であるから，本当は $[H^+]$ と書くことは正しくない。しかし，とにかく電離して出た H^+ の数を数えるときは $[H_3O^+]$ と書くのは面倒なので，$[H_3O^+]$ のことを $[H^+]$ と表してもよいことにしている。この本でも以降で $[H^+]$ がよく出てくるが，これはあくまで $[H_3O^+]$ を便宜的に表したものであることに注意してほしい。

3 中和反応

① 定　義

　先に述べたように，ブレンステッド・ローリーの定義では中和反応という言葉はない。一方，アレニウスの定義では，H_2O より H^+ を出しやすい物質が酸で，H_2O より OH^- を出しやすい物質が塩基であるから，アレニウスの定義で酸と塩基に分類される物質を混合すると，水中に H^+ と OH^- が純水時よりあふれ，その結果，過剰の H^+ と OH^- が反応して H_2O が生じることになる。そして，残された陽イオンと陰イオンは塩を形成する。これが，アレニウスの定義による酸と塩基が起こす反応の本質である。よって，中和反応は次のように定義できる。

　　　　　酸と塩基が反応し水と塩が生じる反応である

ただし，CO_2，NH_3 は酸，塩基そのものではないが，水中では

$$CO_2 + H_2O\ (\rightleftarrows H_2CO_3)\ \longrightarrow\ H^+ + HCO_3^-$$
$$NH_3 + H_2O\ (\rightleftarrows NH_4OH)\ \longrightarrow\ NH_4^+ + OH^-$$

の反応を通じて，H_2O より多くの H^+，OH^- を出す力がある。したがって，これらと $NaOH$ や，HCl との反応も中和反応と考えてよい。そこで，広くは，

　　　　　酸性物質と塩基性物質が反応し，塩と水が生じる反応である

と定義できる。

　ところで，$CO_3^{2-} + H_2O \rightleftarrows HCO_3^- + OH^-$　の反応が起こりうるため，Na_2CO_3 は HCl と反応できる。そこで，$Na_2CO_3 + HCl \longrightarrow NaCl + NaHCO_3$ も中和反応と考える人もいる。しかし，アレニウスの定義からするとこのような塩と酸の反応は中和反応ではない。

		酸性物質	＋塩基性物質	⟶ 塩	＋ 水
(イ)	酸と塩基(狭義)	$2HCl$	$+ Ca(OH)_2$	$\longrightarrow CaCl_2$	$+ 2H_2O$
		H_2SO_4	$+ 2NaOH$	$\longrightarrow Na_2SO_4$	$+ 2H_2O$
		HCl	$+ NH_3$ (NH_4OH)	$\longrightarrow NH_4Cl$	(H_2O)
		$2HCl$	$+ Zn(OH)_2$	$\longrightarrow ZnCl_2$	$+ 2H_2O$
		$Zn(OH)_2$	$+ 2NaOH$	$\longrightarrow Na_2[Zn(OH)_4]$	
(ロ)	酸性酸化物と塩基	CO_2	$+ 2NaOH$	$\longrightarrow Na_2CO_3$	$+ H_2O$
		SO_2	$+ 2NaOH$	$\longrightarrow Na_2SO_3$	$+ H_2O$
		$ZnO + H_2O$	$+ 2NaOH$	$\longrightarrow Na_2[Zn(OH)_4]$	
(ハ)	酸と塩基性酸化物	H_2SO_4	$+ CuO$	$\longrightarrow CuSO_4$	$+ H_2O$
		$6HCl$	$+ Fe_2O_3$	$\longrightarrow 2FeCl_3$	$+ 3H_2O$
		H_2SO_4	$+ ZnO$	$\longrightarrow ZnSO_4$	$+ H_2O$
(ニ)	酸性酸化物と塩基性酸化物 (この場合 H_2O は生じない)	CO_2	$+ CaO$	$\longrightarrow CaCO_3$	

② **完全に中和するための酸と塩基の量関係**

中和反応は，酸，塩基の出す過剰な H^+ と OH^- が H_2O になっていく点に反応の本質があった。弱酸や弱塩基であっても，アレニウスの定義でいう酸はすべて H_2O よりは H^+ や OH^- を出す力の強い物質であるのだから，これらの一方が少しでも残っていれば，完全に中和したことにならない。したがって，完全に中和するためには，**酸や塩基の強弱とは無関係に**，とにかく，出しうる H^+ と出しうる OH^- が完全に消し合うように酸と塩基を加えればよい。そこで，具体的な酸と塩基の中和反応での mol 関係は，化学式さえ見ればすぐにわかる。たとえば，HCl，CH_3COOH，H_2SO_4 はそれぞれ，1 mol あたり，1, 1, 2 mol の H^+ を出しうるし，NaOH，$Ca(OH)_2$，$Al(OH)_3$ はそれぞれ 1 mol あたり 1, 2, 3 mol の OH^- を出しうる。したがって，たとえば，H_2SO_4 3 mol と $Al(OH)_3$ 2 mol で反応は完了する。

注1) たとえば，弱酸 100 個の水溶液には，H^+ は 3 個しか存在していない。この H^+ を中和するには，OH^- 3 個でよいのではないかと思うかもしれない。しかし，実際は，この H^+ は電離平衡

$$HA \rightleftarrows H^+ + A^-$$

で生じていたのであるから，この 3 つの H^+ が中和で消えれば，平衡状態ではなくなるため，右へ反応が進み，新たに H^+ が生じることになる。したがって，弱い酸であってもそれが残っている限り，中和は完了したことにならないのである。

注2) 完全に中和すると塩の水溶液となる。弱酸＋強塩基，強酸＋弱塩基による塩の場合，弱であることが影響して，すなわち，水に対して圧倒的に H^+ または OH^- を出しやすかったわけではないことが影響して，ほんの少しではあるが，中和反応が戻る。

$$CH_3COONa + H_2O \longrightarrow CH_3COOH + NaOH$$
$$NH_4Cl + H_2O \longrightarrow NH_3 + H_2O + HCl$$

したがって，この場合，中和は完了していないのではないかと思うかも知れない。しかし，もしそう考えると，中和は永遠に完了しないことになる。なぜなら，どんな液でも，$K_a = [A^-][H^+]/[HA]$ は成り立っており，$[HA] = 0$ は絶対に実現しないからである。したがって，この戻る反応は，「塩の加水分解反応」という観点から扱えばよい。

〔例題〕 1.0 mol/L の CH_3COOH 水溶液（電離度 0.01）100 mL を中和するのに 1.0 mol/L の NaOH 水溶液（電離度 1）は何 mL 必要か。

（解） CH_3COOH 水溶液中には CH_3COOH が $1.0 \times 100 = 100$ mmol 溶けていて，その 1% が電離しているので，H^+ は 1 mmol ある。この 1 mmol の H^+ を中和するのに必要な OH^- は 1 mmol であるので，NaOH 水溶液は 1 mL である。ただ，99 mmol の CH_3COOH が残っているので中和は完了したことにならない。中和完了には NaOH 水溶液は $1.0 \times V = 100$ mmol より NaOH 水溶液は 100 mL 必要である。

4 [H$^+$]（便宜上 [H$_3$O$^+$] をこう表す）

① pH

酸の水溶液では H$^+$，塩基の水溶液では OH$^-$ が主役である。そして，これらの溶液の性質はこの主役の密集度合，つまり [H$^+$]，[OH$^-$] と大いに関係する。したがって，この値を，測定や計算によって求められるようにすることは非常に重要である。ただ，H$^+$ と OH$^-$ は，少しでも余分にあれば，互いに反応して H$_2$O になり，結局

$$H^+ + OH^- \rightleftarrows H_2O$$

で示される平衡状態でのみ互いに安定に存在しうる。このとき

右向き速度 $= k_1[H^+][OH^-]$
$\parallel$
左向き速度 $= k_2[H_2O]$

の関係が成り立ち，また，酸や塩基が混ざっていたとしても H$_2$O は大量に存在するから，[H$_2$O] は事実上一定である。よって，平衡では

$$一定 = \frac{k_2[H_2O]}{k_1} = [H^+][OH^-]$$

が成り立つ。この一定値は，水のイオン積と呼ばれ K_w（w：water）で表される。H$^+$ と OH$^-$ から H$_2$O が生じる反応はもちろん発熱反応である。一般に温度を上げると平衡は吸熱反応方向へ移動する（☞下.p.25）から，この平衡では [H$^+$]，[OH$^-$] が増加し，K_w も増加する。右表には，いくつかの温度での K_w の値が与えられている。

水 の 電 離 定 数

温　　度	K_w
10	0.295×10^{-14}
20	0.69×10^{-14}
25	1.02×10^{-14}
30	1.48×10^{-14}
40	3.02×10^{-14}
100	51.8×10^{-14}

さて，いずれの温度でも K_w の値は小さい。したがって，[H$^+$]，[OH$^-$] も，たいてい 10^{-x} で表されるような小さな値になるから，少々使いにくい。そこで，一般に

$$[H^+] = 10^{-pH} \Leftrightarrow pH = -\log[H^+]$$

$$[OH^-] = 10^{-pOH} \Leftrightarrow pOH = -\log[OH^-]$$

という，[H$^+$]，[OH$^-$] の対数をとり，それにマイナスをつけた値を使うことが多い。ただし

$$[H^+][OH^-] = K_w \longrightarrow pH + pOH = -\log K_w = 14 \ (25℃)$$

であるから，どちらか一方がわかれば，他方は上式より求めることができる。そこで，もっぱら，pH を使うことにしている。pH は [H$^+$] に関係するが，

[H$^+$] 大 $\Leftrightarrow$ pH 小

というように大小関係は逆である。時どき [H$^+$] 大 なら pH 大 と思い違いをすることがあるので注意しよう。

② [H$^+$] を計算で求める方法

ある水溶液の [H$^+$] や [OH$^-$] を求めるとき，次の点に留意する必要がある。

(i) H$^+$ や OH$^-$ を出す可能性のある分子やイオンをすべて視野に入れること
(ii) それらについての強弱をはっきりさせること
(iii) 強弱によって求め方が異なるので，次のように場合分けしておくこと

(1) 純水　(2) 酸または塩基のみの水溶液　(3) 酸＋塩基

$$\begin{cases} ① 強 & ③ 強＋弱 \\ ② 弱 & ④ 弱＋弱 \\ & ⑤ 二価の弱 \end{cases} \quad \begin{cases} ① 強＋強 \\ ② 弱＋強 \\ ③ 弱＋弱 \end{cases} + \begin{cases} 酸過剰 \\ 中和点 \\ 塩基過剰 \end{cases}$$

(1) 純　水

純水では，H$^+$ は水の電離によるもののみである。

$$H_2O \rightleftarrows H^+ + OH^- \quad K_w = [H^+][OH^-]$$

ここで，a mol/L の H$_2$O が電離したとすると，[H$^+$] $= a$，[OH$^-$] $= a$ であるから，

$$K_w = [H^+][OH^-] = a^2$$
$$a = \sqrt{K_w} = 1.0 \times 10^{-7} \quad \therefore \quad pH = 7.0 \ (25℃)$$

である。K_w は温度で変化するから，この値は温度によって違う。たとえば，10℃では，$K_w = 0.295 \times 10^{-14}$ であるから，pH $= 7.3$ となる。中性というのは [H$^+$] $=$ [OH$^-$] のときのことであり，これが pH $= 7.0$ となるのは，あくまで，25℃のときだけである。

〔例題〕(1) 10℃で純粋な水の水素イオン濃度を測定したところ 5.4×10^{-8} mol/L であった。このときの水酸化物イオン濃度は水素イオン濃度｛ア．より大きい　イ．より小さい　ウ．に等しい｝。｛ ｝の中の正しい記号を選べ。　　　　　　　　(京大)

(2) 重水（D$_2$O）だけからなる水に対し，pD $= -\log$[D$^+$] を定義する。D$_2$O のイオン積は 1.6×10^{-15} (mol/L)^2 である。次のア〜ウで正しいものを選べ。

ア．中性の D$_2$O の pD は 7.0 である。

イ．0.01 mol の DCl を D$_2$O に溶かして 1 L にした液の pD は 2.0 である。

ウ．0.01 mol の NaOD を D$_2$O に溶かして 1 L にした液の pD は 12.0 である。(東工大)

(解) (1) [H$^+$][OH$^-$] $= 10^{-14}$ $\therefore$ [OH$^-$] $= 10^{-14}/5.4 \times 10^{-8} = 1.9 \times 10^{-7} >$ [H$^+$] としてはいけない。純水では H$^+$ と OH$^-$ は水の電離のみで供給されるのだから，必ず [H$^+$] $=$ [OH$^-$] である。K_w は温度によって違っていることに注意。(⇨ ウ)

(2) D$_2$O $\rightleftarrows$ D$^+$ $+$ OD$^-$ で $K =$ [D$^+$][OD$^-$] $= 1.6 \times 10^{-15}$。

ア．中性では [D$^+$] $=$ [OD$^-$] $= \sqrt{1.6 \times 10^{-15}} = 4.0 \times 10^{-8}$ $\therefore$ pD $= 7.4$ (⇨誤)

イ．DCl は強酸であるから，完全電離する。よって，[D$^+$] $= 0.01$ (mol/L)

$\therefore$ pD $= 2.0$ (⇨正)

ウ．NaOD も強塩基であるから，完全電離する。よって，[OD$^-$] $= 0.01$ (mol/L)

$\therefore$ [D$^+$] $= 1.6 \times 10^{-15}/0.01 = 1.6 \times 10^{-13}$ ⇨ pD $= 12.8$ (⇨誤)

(2) 酸または塩基のみの水溶液

　酸の水溶液と塩基の水溶液とでは，主役が H^+ であるか，OH^- であるかだけが違っている。したがって，酸の溶液についての $[H^+]$ の求め方さえわかっていれば，あとは H^+ と OH^- を入れ替えるだけで塩基の溶液についての $[OH^-]$ が求められる。そこで，ここでは，酸の水溶液を扱う。

　当面は，1価の酸 HA の 25℃，C mol/L の水溶液を考えることにする。この液では，水と酸 HA が H^+ の供給源である。

$$\begin{array}{c} HA \rightleftarrows H^+ + A^- \\ C-a \quad\quad a \quad\quad a \end{array}$$

$$\begin{array}{c} H_2O \rightleftarrows H^+ + OH^- \\ \quad\quad b \quad\quad b \end{array}$$

したがって，水溶液中の全 H^+ 濃度 $[H^+]_t$ は $a+b$ であり，一方 OH^- は水の電離によってのみ供給されるから $[OH^-]_t = b$ である。（添字の t は total を意味する。）そして，この $[H^+]_t$ と $[OH^-]_t$ の積は K_w であるから，これらを表記すると次のようになる。

$$\left.\begin{array}{l} [H^+]_t = a+b \\ [OH^-]_t = b \end{array}\right\} \Rightarrow [H^+]_t[OH^-]_t = (a+b) \times b = K_w$$

本来，このような式をもとに a や b を決定していくのであるが

$$10^{-14} = (a+b) \times b \geqq b^2 \quad \therefore \quad 10^{-7} \geqq b$$

で示されるように，水の電離による $[H^+]_{H_2O} = b$ は 10^{-7} より必ず小さい。したがって，$[H^+]_t = a+b$ において，$a \gg b$ であるため $[H^+]_t \fallingdotseq a$，つまり，水の電離による H^+ は全 H^+ の中では無視できるときが多いようである。まず，水の電離による H^+ を無視しうる条件を考えてみよう。一応，a が b の 100 倍より大きい（$a > 100b$）ならば $a+b \fallingdotseq a$ としてよいであろう。この条件を満たす a の範囲を $(a+b) \times b = 10^{-14}$ より求めてみる。

$$10^{-14} = (a+b) \times b < \left(a + \frac{a}{100}\right) \times \frac{a}{100} = \frac{1.01}{100} \times a^2 \quad \therefore \quad \sqrt{\frac{10^{-12}}{1.01}} \fallingdotseq \underline{10^{-6} < a}$$

すなわち，酸の出す H^+ の濃度 $[H^+]_{HA} = a$ が 10^{-6} より大きければ，水の出す H^+ は全体の中で無視できるのである。

$$\left(\begin{array}{l} \text{なお，この条件は，次のようにしても出せる。}a > 10^{-6} \text{なら} a+b > 10^{-6}\text{。よって，} \\ (a+b) \times b = 10^{-14} \text{より，} b < 10^{-8} \text{となる。つまり，} a > 10^{-6} \text{なら} b < 10^{-8} \text{となるから，} \\ a+b \fallingdotseq a \text{ が成り立つ。} \end{array}\right)$$

　水の電離による H^+ や OH^- が無視できるかどうかによって，計算の仕方が変わってくる。したがって

　　$\boxed{a > 10^{-6} \text{なら} H_2O \text{の電離による} H^+ \text{の量を無視できる}}$

ことは，非常に重要な check point になるので，しっかりと押さえておこう。

(2)−1 強酸の水溶液

強酸であるから，C mol/L の HA はすべて電離したと考えてよい。したがって，$a = C$ となるから，$a > 10^{-6}$ は $C > 10^{-6}$ と同じになる。C はもちろんわかっている値であるから，水の電離が無視できるかどうかは，酸の濃度 C を見ればわかる。

- $C > 10^{-6}$ のとき……$[H^+]_t \fallingdotseq \boxed{C}$
- C が 10^{-7} 付近のとき……このときは，a と b が同程度である。関係式を使って解く。

$$\left.\begin{array}{l} [H^+]_t \times [OH^-]_t = K_w \\ [H^+]_t = a + b = C + b \\ [OH^-]_t = b \end{array}\right\} \Rightarrow \begin{array}{l} [H^+]_t = x \text{ とすると} \\ [OH^-]_t = x - C \end{array} \Rightarrow \begin{array}{l} K_w = x(x - C) \\ \therefore\ x^2 - Cx - K_w = 0 \\ \therefore\ x = \boxed{(C + \sqrt{C^2 + 4K_w})/2} \end{array}$$

- C が 10^{-9} などさらに小さいとき…このときは，$a = C \ll b$ となるため，$[H^+]_t \fallingdotseq b$
よって，$K_w = (a + b) \times b \fallingdotseq b^2$　∴ $b \fallingdotseq \sqrt{K_w}$ ⇒ $[H^+]_t \fallingdotseq \boxed{\sqrt{K_w}}$。つまり事実上の純水とみなしたらよいのである。

(2)−2 弱酸の水溶液

弱酸では，C mol/L の HA の一部が電離平衡で H^+ を放出している。だから，酸の電離定数を使わないと $[H^+]$ は求まらない。以下の関係式が成り立つ。

$$\underset{C-a}{HA} \rightleftarrows \underset{a}{H^+} + \underset{a}{A^-} \qquad K_a = \frac{[H^+]_t[A^-]_t}{[HA]_t} = \frac{(a+b) \times a}{C - a}$$

$$H_2O \rightleftarrows \underset{b}{H^+} + \underset{b}{OH^-} \qquad K_w = [H^+]_t[OH^-]_t = (a+b) \times b$$

この2つの式から a, b を求めればいいのであるが，少々面倒である。ここで，$a > 10^{-6}$ なら，$a + b \fallingdotseq a$ と近似できたことを思い出そう。ただし，a が 10^{-6} より大きいかどうかは，電離度が不明であるからわからない。そこで，**$a > 10^{-6}$ と仮定して近似計算し，あとで，この仮定が問題なかったかどうか check する**というふうに進めてみよう。この近似を使えば，$K_a = a^2/(C - a)$ となり，この二次方程式より a が求まる。しかし，HA が弱酸であるので，電離している量 a は，C に比べてかなり小さいはずである。そこで，さらに $C - a \fallingdotseq C$ と近似すると $K_a = a^2/C$ となり，これより，$a = \sqrt{CK_a}$ と求まる。

簡単な計算によって，$a/C < 0.05$ で計算誤差が 2.5 % より小さいことがわかり，これは通常の実験誤差内であるので，第2の仮定の check は，たいてい，$a/C < 0.05$ なら OK で行っている。この check にひっかかるときは，$K_a = a^2/(C-a)$ を解けばよい。

$$K_a = \frac{(a+b) \times a}{C-a} \overset{a>10^{-6} \text{の仮定}}{\fallingdotseq} \frac{a^2}{C-a} \overset{C \gg a \text{の仮定}}{\fallingdotseq} \frac{a^2}{C}$$

仮定の check
第1　$\sqrt{CK_a} > 10^{-6}$ なら OK
第2　$\dfrac{a}{C} < 0.05$ なら OK

$$a = \boxed{(-K_a + \sqrt{K_a^2 + 4CK_a})/2} \qquad a = \boxed{\sqrt{CK_a}}$$

(2)-3 強酸＋弱酸 の水溶液

$$\text{HAs} \longrightarrow \text{H}^+ + \text{As}^- \qquad \text{HAw} \rightleftarrows \text{H}^+ + \text{Aw}^- \qquad \text{H}_2\text{O} \rightleftarrows \text{H}^+ + \text{OH}^-$$
$$C^s-a \qquad a \quad a \qquad\qquad C^w-b \quad b \quad b \qquad\qquad\qquad c \quad c$$

（s：strong＝強　w：weak＝弱）

この水溶液で H^+ を出すのは，強酸(HAs)，弱酸(HAw)，H_2O，の3つである。

$$K_a = \frac{[\text{H}^+]_t[\text{Aw}^-]_t}{[\text{HAw}]_t} = \frac{(a+b+c) \times b}{C^w - b} \quad \cdots\cdots ①$$

$$K_w = [\text{H}^+]_t[\text{OH}^-]_t = (a+b+c) \times c \quad \cdots\cdots ②$$

$$[\text{H}^+]_t = a+b+c$$

（ただし，HAs は強酸であるから，完全に電離している。よって，$a = C^s$）

さて，このような式から，$[\text{H}^+]_t$ を一般式で求めようとするとやはり複雑な方程式を解かなくてはならない。そこで，今までの結果をもう一度ふり返りながら a, b, c の大小関係を考えてみることにする。

(i) 純水なら $[\text{H}^+]_t = 10^{-7}$

(ii) 0.1 mol/L CH_3COOH なら $K_a \fallingdotseq 10^{-5}$ であるから $[\text{H}^+]_t \fallingdotseq \sqrt{0.1 \times 10^{-5}} = 10^{-3}$

(iii) 0.1 mol/L HCl なら $[\text{H}^+]_t = 0.1$

のようにして求めることができた。そこで，これらを単純に足し合わせると，

$$[\text{H}^+]_t = a + b + c = 10^{-1} + 10^{-3} + 10^{-7}$$

となり，これだけでも第1項に比べ第2項，第3項は無視できるほど小さいことがわかる。ところが，実際は，第1項つまり，強酸の出す H^+ が圧倒的に大きいため，弱酸や水の電離は，単独であるときに比べもっとおさえられている。具体的に計算してみよう。

まず，$[\text{H}^+]_t = a+b+c > a = 10^{-1}$ によって①より

$$b = K_a \times \frac{C^w - b}{a+b+c} < K_a \times \frac{C^w}{a+b+c} < 10^{-5} \times \frac{10^{-1}}{10^{-1}} = \underline{10^{-5}} < 10^{-3}$$

また，②より

$$c = \frac{K_w}{a+b+c} < \frac{10^{-14}}{10^{-1}} = \underline{10^{-13}} < 10^{-7}$$

である。このように，強酸＋弱酸 の水溶液では第2，第3項はたいてい第1項に比べて非常に小さくて無視できる。すなわち，弱酸や水の電離による H^+ は全体の中では無視でき，結局，**強酸の出す H^+ のみを考慮すればよい場合がほとんどである。**

(2)-4 弱酸＋弱酸 の水溶液

たとえば，CH_3COOH ($K_a = 2 \times 10^{-5}$) と ⌬-OH ($K_a = 10^{-10}$) の混合溶液の場合，電離定数が圧倒的に CH_3COOH の方が大きいので，たいてい CH_3COOH の電離による H^+ のみを考えれば全 H^+ の値はわかる。ただ，2つの酸の電離定数が同程度の場合，2つの酸による寄与が同程度であるから，それを考慮して計算しなくてはならない。

$$\text{HAw}_{\text{I}} \rightleftarrows \text{H}^+ + \text{Aw}_{\text{I}}^- \qquad \text{HAw}_{\text{II}} \rightleftarrows \text{H}^+ + \text{Aw}_{\text{II}}^- \qquad \text{H}_2\text{O} \rightleftarrows \text{H}^+ + \text{OH}^-$$
$$C^{\text{wI}} - a \quad\quad a \quad\quad a \qquad\qquad C^{\text{wII}} - b \quad\quad b \quad\quad b \qquad\qquad\qquad c \quad\quad c$$

$$\begin{cases} K_{\text{I}} = \dfrac{[\text{H}^+]_t[\text{Aw}_{\text{I}}^-]_t}{[\text{HAw}_{\text{I}}]_t} = \dfrac{(a+b+c) \times a}{C^{\text{wI}} - a} \\ K_{\text{II}} = \dfrac{[\text{H}^+]_t[\text{Aw}_{\text{II}}^-]_t}{[\text{HAw}_{\text{II}}]_t} = \dfrac{(a+b+c) \times b}{C^{\text{wII}} - b} \\ [\text{H}^+]_t = a + b + c \end{cases}$$

まず，$[\text{H}^+]_t > 10^{-6}$ であろうから，c は無視できる。

$$\Rightarrow \quad [\text{H}^+]_t = a + b$$

次に弱酸だから電離している部分は全体に比べ無視できる。

$$\Rightarrow \quad C^{\text{wI}} - a \fallingdotseq C^{\text{wI}}$$
$$C^{\text{wII}} - b \fallingdotseq C^{\text{wII}}$$

これらを上式へ代入して解く。

$$\left.\begin{array}{l} K_{\text{I}} = \dfrac{[\text{H}^+]_t \times a}{C^{\text{wI}}} \\ K_{\text{II}} = \dfrac{[\text{H}^+]_t \times b}{C^{\text{wII}}} \\ [\text{H}^+]_t = a + b \end{array}\right\} \longrightarrow \begin{array}{l} K_{\text{I}} \times C^{\text{wI}} + K_{\text{II}} \times C^{\text{wII}} \\ = [\text{H}^+]_t(a+b) = [\text{H}^+]_t^2 \\ \therefore \quad [\text{H}^+]_t = \boxed{\sqrt{K_{\text{I}} \cdot C^{\text{wI}} + K_{\text{II}} \cdot C^{\text{wII}}}} \end{array}$$

(2)−5　2価の弱酸の水溶液

$$\text{H}_2\text{A} \rightleftarrows \text{H}^+ + \text{HA}^- \qquad \text{HA}^- \rightleftarrows \text{H}^+ + \text{A}^{2-} \qquad \text{H}_2\text{O} \rightleftarrows \text{H}^+ + \text{OH}^-$$
$$C - a \quad\quad a \quad\quad a \qquad\qquad a - b \quad\quad b \quad\quad b \qquad\qquad\qquad c \quad\quad c$$

$$\begin{cases} K_1 = \dfrac{[\text{H}^+]_t[\text{HA}^-]_t}{[\text{H}_2\text{A}]_t} = \dfrac{(a+b+c) \times (a-b)}{C - a} \\ K_2 = \dfrac{[\text{H}^+]_t[\text{A}^{2-}]_t}{[\text{HA}^-]_t} = \dfrac{(a+b+c) \times b}{a - b} \\ [\text{H}^+]_t = a + b + c \end{cases}$$

	K_1	K_2
$\text{H}_2\text{O} + \text{CO}_2$	$10^{-6.3}$	$10^{-10.3}$
H_2S	10^{-7}	10^{-13}

右上表のようにたいていの2価の弱酸では，$K_1 \gg K_2$ であることより，第2電離による H^+ は第1電離による H^+ に抑えられて無視できるほど小さくなる。よって，$a \gg b$。もちろん水の電離による H^+ もたいてい無視できる。よって，

$$\left.\begin{array}{l} [\text{H}^+]_t = a + b + c \fallingdotseq a \\ [\text{HA}^-] = a - b \fallingdotseq a \\ [\text{A}^{2-}] = b \end{array}\right\} \Rightarrow \begin{array}{l} K_1 \fallingdotseq \dfrac{a^2}{C - a} \xrightarrow{C \gg a} a = \boxed{\sqrt{CK_1}} \\ K_2 \fallingdotseq b \end{array}$$

つまり，K_1 を持つ1価の弱酸と同じように扱えば $[\text{H}^+]_t$ を求めることができる。

なお，H_2SO_4 は第1電離は完全としてよいが，第2電離（$K_2 = 10^{-2}$）はそうではない。$C = 0.1\,\text{mol/L}$ の H_2SO_4 の第2電離による H^+ は次のようにして求まる。

$$\begin{array}{l} \text{H}_2\text{SO}_4 \longrightarrow \text{H}^+ + \text{HSO}_4^- \\ 0.1 - 0.1 \quad\quad 0.1 \quad\quad 0.1 \\ \\ \text{HSO}_4^- \rightleftarrows \text{H}^+ + \text{SO}_4^{2-} \\ 0.1 - b \quad\quad b \quad\quad b \end{array} \right\} \begin{array}{l} K_2 = \dfrac{[\text{H}^+]_t[\text{SO}_4^{2-}]_t}{[\text{HSO}_4^-]_t} = \dfrac{(0.1 + b) \times b}{0.1 - b} \\ (10^{-2}) \\ \\ \Rightarrow b^2 + 0.11\,b - 10^{-3} = 0 \quad b = \boxed{8.4 \times 10^{-3}}\,\text{mol/L} \end{array}$$

(3) 酸と塩基の混合溶液

酸と塩基の水溶液を混ぜたあとの $[\text{H}^+]$ を求めるには次の点に留意する必要がある。

(i) 混合によって，どちらの液からみても薄まった点

$$\begin{cases} 1\text{価の酸} & C_a^0\,\text{mol/L} & V_a\,\text{mL} \\ 1\text{価の塩基} & C_b^0\,\text{mol/L} & V_b\,\text{mL} \end{cases} \longrightarrow \begin{cases} C_a\,\text{mol/L} & (V_a+V_b)\,\text{mL} \\ C_b\,\text{mol/L} & (V_a+V_b)\,\text{mL} \end{cases}$$

それぞれ，$V_a/(V_a+V_b)$ 倍，$V_b/(V_a+V_b)$ 倍に薄まるので

$$C_a = C_a^0 \times \frac{V_a}{V_a+V_b}, \quad C_b = C_b^0 \times \frac{V_b}{V_a+V_b}$$

となる（あるいは，酸の mmol$=C_a^0 \times V_a = C_a \times (V_a+V_b)$ より上式を求めてもよい）。

(ii) 中和が起こるので酸塩基の過不足関係で場合分けが必要な点

これは，(i)の結果を使えば，次のように表せる。

酸残る：$C_a > C_b$　　中和点：$C_a = C_b$　　塩基残る：$C_a < C_b$

(iii) $[\text{H}^+]$，$[\text{OH}^-]$ を求めるのだから，酸，塩基の強，弱で場合分けが必要な点

強＋強，弱＋強，弱＋弱　の3つに分けられる。

(3)-1 強酸＋強塩基

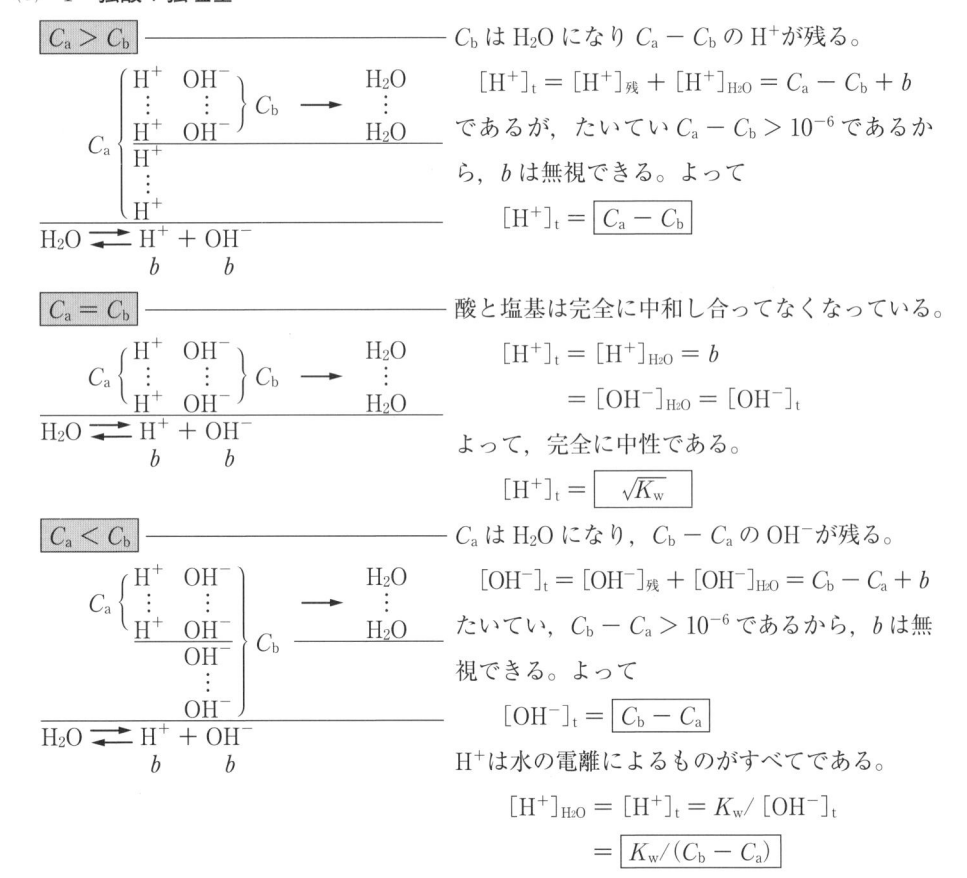

$\boxed{C_a > C_b}$ ── C_b は H_2O になり $C_a - C_b$ の H^+ が残る。

$$C_a \begin{cases} \text{H}^+ & \text{OH}^- \\ \vdots & \vdots \\ \text{H}^+ & \text{OH}^- \\ \text{H}^+ \\ \vdots \\ \text{H}^+ \end{cases} C_b \longrightarrow \begin{matrix} \text{H}_2\text{O} \\ \vdots \\ \text{H}_2\text{O} \end{matrix}$$

$\text{H}_2\text{O} \rightleftarrows \text{H}^+ + \text{OH}^-$
　　　　　　　b　　b

$[\text{H}^+]_t = [\text{H}^+]_{残} + [\text{H}^+]_{\text{H}_2\text{O}} = C_a - C_b + b$

であるが，たいてい $C_a - C_b > 10^{-6}$ であるから，b は無視できる。よって

$$[\text{H}^+]_t = \boxed{C_a - C_b}$$

$\boxed{C_a = C_b}$ ── 酸と塩基は完全に中和し合ってなくなっている。

$$C_a \begin{cases} \text{H}^+ & \text{OH}^- \\ \vdots & \vdots \\ \text{H}^+ & \text{OH}^- \end{cases} C_b \longrightarrow \begin{matrix} \text{H}_2\text{O} \\ \vdots \\ \text{H}_2\text{O} \end{matrix}$$

$\text{H}_2\text{O} \rightleftarrows \text{H}^+ + \text{OH}^-$
　　　　　　　b　　b

$[\text{H}^+]_t = [\text{H}^+]_{\text{H}_2\text{O}} = b$
$\qquad = [\text{OH}^-]_{\text{H}_2\text{O}} = [\text{OH}^-]_t$

よって，完全に中性である。

$$[\text{H}^+]_t = \boxed{\sqrt{K_w}}$$

$\boxed{C_a < C_b}$ ── C_a は H_2O になり，$C_b - C_a$ の OH^- が残る。

$$C_a \begin{cases} \text{H}^+ & \text{OH}^- \\ \vdots & \vdots \\ \text{H}^+ & \text{OH}^- \\ & \text{OH}^- \\ & \vdots \\ & \text{OH}^- \end{cases} C_b \longrightarrow \begin{matrix} \text{H}_2\text{O} \\ \vdots \\ \text{H}_2\text{O} \end{matrix}$$

$\text{H}_2\text{O} \rightleftarrows \text{H}^+ + \text{OH}^-$
　　　　　　　b　　b

$[\text{OH}^-]_t = [\text{OH}^-]_{残} + [\text{OH}^-]_{\text{H}_2\text{O}} = C_b - C_a + b$

たいてい，$C_b - C_a > 10^{-6}$ であるから，b は無視できる。よって

$$[\text{OH}^-]_t = \boxed{C_b - C_a}$$

H^+ は水の電離によるものがすべてである。

$[\text{H}^+]_{\text{H}_2\text{O}} = [\text{H}^+]_t = K_w/[\text{OH}^-]_t$
$\qquad\qquad = \boxed{K_w/(C_b - C_a)}$

(3)-2 **弱酸＋強塩基**（強酸＋弱塩基は $[H^+] \rightleftarrows [OH^-]$ と入れ替えればよい）

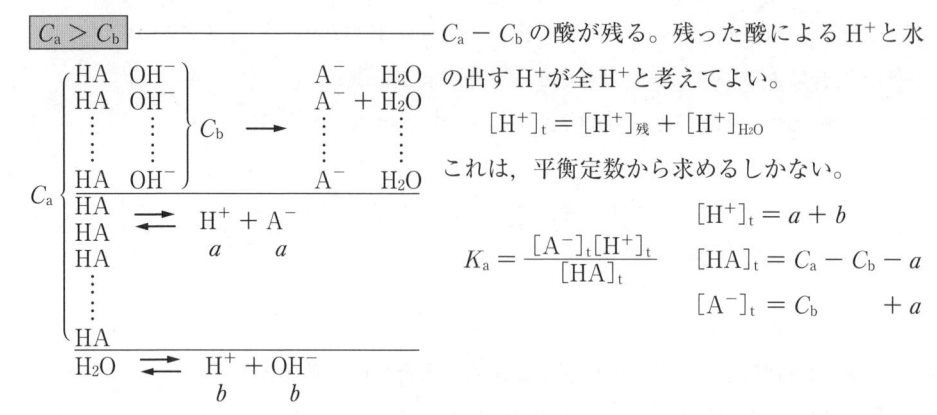

$\boxed{C_a > C_b}$ ──────────── $C_a - C_b$ の酸が残る。残った酸による H^+ と水の出す H^+ が全 H^+ と考えてよい。

$$C_a \begin{cases} \begin{matrix} HA & OH^- \\ HA & OH^- \\ \vdots & \vdots \\ HA & OH^- \end{matrix} \Bigg\} C_b \longrightarrow \begin{matrix} A^- & H_2O \\ A^- & + H_2O \\ \vdots & \vdots \\ A^- & H_2O \end{matrix} \\ \begin{matrix} HA \\ HA \\ \vdots \\ HA \end{matrix} \rightleftarrows \underset{a}{H^+} + \underset{a}{A^-} \\ H_2O \rightleftarrows \underset{b}{H^+} + \underset{b}{OH^-} \end{cases}$$

$[H^+]_t = [H^+]_{残} + [H^+]_{H_2O}$

これは，平衡定数から求めるしかない。

$K_a = \dfrac{[A^-]_t[H^+]_t}{[HA]_t}$

$[H^+]_t = a + b$
$[HA]_t = C_a - C_b - a$
$[A^-]_t = C_b + a$

ところで，$(C_a - C_b)$ mol/L の弱酸のみの水溶液でも，電離している量 a は全体の酸の中では無視できるほど小さかったのであるが，この液では中和によって生じた A^- が大量に存在するため，この電離はもっと抑えられている。そこで，$C_a - C_b \gg a$，$C_b \gg a$ が成り立つ。よって，この場合，以下の式から，簡単に $[H^+]_t$ を求めることができる。

$$K_a \fallingdotseq \dfrac{C_b}{C_a - C_b} \times [H^+]_t \Rightarrow [H^+]_t \fallingdotseq \boxed{\dfrac{C_a - C_b}{C_b} \times K_a} = \boxed{\dfrac{残っている量}{中和された量} \times K_a}$$

$\boxed{C_a = C_b}$ ──────────── 完全に中和されるから，酸も塩基も残らない。そうすると，$[HA] = 0$ となるが，これはありえない。$K_a = [H^+][A^-]/[HA]$ はいかなる条件下でも成り立つのであるから，$[HA] = 0$ となることは絶対ありえないからである。したがって，

$$C_a \begin{cases} \begin{matrix} HA & OH^- \\ \vdots & \vdots \\ HA & OH^- \end{matrix} \Bigg\} C_b \longrightarrow \begin{matrix} A^- & H_2O \\ \vdots & + & \vdots \\ A^- & H_2O \end{matrix} \\ H_2O \rightleftarrows \underset{b}{H^+} + \underset{b}{OH^-} \end{cases}$$

$\underset{C_b - a}{A^-} + H_2O \rightleftarrows \underset{a}{HA} + \underset{a}{OH^-}$

$A^- + H_2O \rightleftarrows HA + OH^-$ で示される平衡もこの場合考えなくてはならない。この平衡は，$NH_3 + H_2O \rightleftarrows NH_4^+ + OH^-$ の平衡と似ており，結局，これは，弱塩基 A^- の水溶液とみなすことができる。よって，$a = \sqrt{C_b \cdot K_b}$。平衡定数 K_b は次式より求まる。

$$K_a = \dfrac{[A^-][H^+]}{[HA]}, \quad K_b = \dfrac{[HA][OH^-]}{[A^-]} \quad \therefore \quad K_a \cdot K_b = [H^+][OH^-] = K_w$$

よって，$[OH^-] = \boxed{\sqrt{C_b \cdot (K_w/K_a)}}$

$\boxed{C_a < C_b}$ ──────────── $C_b - C_a$ の強塩基が残っている。このとき

$$C_a \begin{cases} \begin{matrix} HA & OH^- \\ \vdots & \vdots \\ HA & OH^- \\ & OH^- \\ & \vdots \\ & OH^- \end{matrix} \Bigg\} C_b \longrightarrow \begin{matrix} A^- & H_2O \\ \vdots & + & \vdots \\ A^- & H_2O \end{matrix} \\ H_2O \rightleftarrows \underset{b}{H^+} + \underset{b}{OH^-} \end{cases}$$

$[OH^-]_t = [OH^-]_{残} + [OH^-]_{A^-} + [OH^-]_{H_2O}$

となるが，残っている強塩基の OH^- が多いため，第2項，第3項は無視できる。すなわち，たいてい次のようになる。

$[OH^-]_t \fallingdotseq [OH^-]_{残} = \boxed{C_b - C_a}$

$\therefore [H^+]_t = K_w/[OH^-]_t \fallingdotseq \boxed{K_w/(C_b - C_a)}$

(3)-3 弱酸＋弱塩基

弱酸＋弱塩基でも中和反応は事実上完全に起こる。ただし，残っているのが弱酸または弱塩基であるので，必ず平衡定数を使わないと $[H^+]$ を求めることはできない。

$\boxed{C_a > C_b}$ ── $C_a - C_b$ の弱酸が残る。

$$K_a = \frac{[A^-][H^+]_t}{[HA]} \fallingdotseq \frac{C_b}{C_a - C_b} \times [H^+]_t \Rightarrow [H^+]_t = \boxed{\frac{C_a - C_b}{C_b} \times K_a}$$

$\boxed{C_a = C_b}$ ── 中性付近の値になるのであるが，このときの $[H^+]_t$ を求めるのは，少しややこしい近似計算が必要だし，また，ここまで入試で要求されることもほぼないので，近似解の結果だけ与えておく。 $[H^+] = \sqrt{\frac{K_a}{K_b} \times K_w}$

$\boxed{C_a < C_b}$ ── $C_b - C_a$ の弱塩基が残る。塩基が NH_3 とすると，

$$K_b = \frac{[NH_4^+][OH^-]}{[NH_3]} \fallingdotseq \frac{C_a}{C_b - C_a} \times [OH^-]_t \Rightarrow [OH^-]_t = \boxed{\frac{C_b - C_a}{C_a} \times K_b}$$

以上の結果をまとめると次表のようになる。

酸または塩基が残るとき		
	$C_a > C_b$	$C_a < C_b$
① 残っているのが強のとき，単なる差	$[H^+] = C_a - C_b$	$[OH^-] = C_b - C_a$
② 残っているのが弱のとき，平衡定数を使う	$K_a = \frac{C_b}{C_a - C_b} \times [H^+]$	$K_b = \frac{C_a}{C_b - C_a} \times [OH^-]$
中和点のとき ($C_a = C_b = C_s$)		
① 強＋強 ……中性	$[H^+] = \sqrt{K_w}$	
② 弱酸＋強塩基 ……弱塩基 A^- の水溶液とみなす	$[OH^-] = \sqrt{C_s \times \frac{K_w}{K_a}}$	
②′ 強酸＋弱塩基 ……弱酸 BH^+ の水溶液とみなす	$[H^+] = \sqrt{C_s \times \frac{K_w}{K_b}}$	
③ 弱＋弱	$[H^+] = \sqrt{\frac{K_a}{K_b} \times K_w}$	

③ 塩の水溶液の液性

酸と塩基の中和によって生じたのが塩であったのであるから，塩の水溶液は結局酸と塩基の中和点 ($C_a = C_b$) の水溶液と同じである。したがって，塩の水溶液の $[H^+]$，$[OH^-]$ の求め方は，すでに，酸と塩基の混合溶液の $[H^+]$ の $C_a = C_b$ の所で扱った。ただ，このような正確な $[H^+]$，$[OH^-]$ を求めるのではなく，塩の液性が，酸性，中性，塩基性のどれであるのかのみを問題にすることも多いので，ここでは，このことについて考えてみよう。

まず最初に確認しておきたいことは，結局，$[H^+]$ が 10^{-7} に比べて，大，等，小のいずれかを問うているのであるから，塩を構成したもとの酸，塩基の強弱がどうであったのかが問題になるということである。そこで例として，強酸＋強塩基：NaCl，弱酸＋強塩基：CH_3COONa，強酸＋弱塩基：NH_4Cl の水溶液を考えてみよう。

NaCl aq	CH_3COONa aq	NH_4Cl aq
$K_a = \dfrac{[Cl^-][H^+]}{[HCl]} = \infty$ （事実上）	$K_a = \dfrac{[CH_3COO^-][H^+]}{[CH_3COOH]} = 2 \times 10^{-5}$	$K_a = \dfrac{[Cl^-][H^+]}{[HCl]} = \infty$ （事実上）
$K_b = \dfrac{[Na^+][OH^-]}{[NaOH]} = \infty$ （事実上）	$K_b = \dfrac{[Na^+][OH^-]}{[NaOH]} = \infty$ （事実上）	$K_b = \dfrac{[NH_4^+][OH^-]}{[NH_3]} = 2 \times 10^{-5}$
⇩	⇩	⇩
K_a，K_b は事実上∞であるから，$[HCl] = 0$，$[NaOH] = 0$ としてよい。よって ・$Cl^- + H_2O \rightarrow HCl + OH^-$ ・$Na^+ + H_2O \rightarrow NaOH + H^+$ の反応は起こっていない。したがって液は<u>中性</u>。	$K_a = 2 \times 10^{-5}$ であるから，$[CH_3COOH] \neq 0$ CH_3COO^- に H^+ を与えることができるのは，この液では H_2O しかない。よって， $CH_3COO^- + H_2O$ 　　　　$\rightarrow CH_3COOH + OH^-$ の反応が起こったことになる。この結果，液は<u>塩基性</u>となる。	$K_b = 2 \times 10^{-5}$ であるから，$[NH_3] \neq 0$ NH_3 ができるためには，何かに H^+ を与える必要があるが，これはこの液では H_2O しかない。よって， $NH_4^+ + H_2O \rightarrow NH_3 + H_3O^+$ の反応が起こったことになる。この結果，液は<u>酸性</u>となる。

このように，弱酸由来の陰イオン，弱塩基由来の陽イオンは中和点では，H_2O と反応して，もとの弱酸，あるいは弱塩基に少しだけであるが戻るため，液は中性にはならないのである。以上を化学反応式にすると，以下のようになる。

$NaCl + H_2O \longrightarrow NaOH + HCl$　　　　全く起こらない ⇨ 中性

$CH_3COONa + H_2O \longrightarrow NaOH + CH_3COOH$　　少しだけ起こる ⇨ 塩基性

$NH_4Cl + H_2O \longrightarrow NH_3 + H_2O + HCl$　　少しだけ起こる ⇨ 酸性

結局，上の３つの反応の中で２番目と３番目の反応では塩が水と反応して，酸と塩基にもどる反応が起こったのであるから，これを**塩の加水分解反応**ということがある。

さて，以上の結果からわかるように，塩の液性の判定は以下のようにしてできる。

強酸＋強塩基による塩……加水分解せず　中性

弱酸＋強塩基による塩……加水分解して　塩基性

強酸＋弱塩基による塩……加水分解して　酸性示す

ただし，$NaHSO_4$，$NaHCO_3$，NaH_2PO_4，Na_2HPO_4 などの酸性塩の水溶液では H_nX^{m-} イオンがさらに電離する反応と，H_2O と反応してもとの酸へ戻る反応の２つの反応が起こり得るため，２つの反応の電離の起こりやすさ，つまり電離定数の大小から酸塩基性を判断するしかない。

例1. $NaHCO_3$ の水溶液

$$HCO_3^- + H_2O \rightleftarrows H_3O^+ + CO_3^{2-} \quad K_a = 10^{-10.3}$$
$$HCO_3^- + H_2O \rightleftarrows H_2CO_3 + OH^- \quad K_b = 10^{-7.7}$$

⇨ $K_a < K_b$ だから塩基性

例2. その他

	$NaHSO_4$	$NaHSO_3$	NaH_2PO_4	Na_2HPO_4
K_a	10^{-2}	$10^{-7.2}$	$10^{-7.2}$	$10^{-12.4}$
	∨	∨	∨	∧
K_b	10^{-24}(事実上ゼロ)	$10^{-12.2}$	$10^{-11.9}$	$10^{-6.8}$
液性	酸性	酸性	酸性	塩基性

注) 多くの金属イオン（Cu^{2+}，Fe^{3+}，Al^{3+}，……）の溶液が酸性であることの理由として，それらがもともと弱塩基である水酸化物中にあったからだと考えて，以下のように NH_4^+ と同様の説明をすることが多い。

$$\underset{強酸}{NH_4Cl = HCl} + \underset{弱塩基}{NH_3} \qquad NH_4^+ + H_2O \longrightarrow NH_3 + H_3O^+$$
$$CuSO_4 = H_2SO_4 + Cu(OH)_2 \qquad Cu^{2+} + 2H_2O \longrightarrow Cu(OH)^+ + H_3O^+$$

しかし，これらの金属イオンは，水中では，$[Cu(H_2O)_4]^{2+}$，$[Fe(H_2O)_6]^{3+}$，$[Al(H_2O)_6]^{3+}$ などの H_2O を配位子とする錯イオンとして存在しているので（☞ 上.p.156），この錯イオンをもとに，これらの液が酸性を示す理由を考えた方が正確である。陽イオンに配位している H_2O の電子は全体的に陽イオン側に移動しているため，その水素は配位していない H_2O の水素より，$\delta+$ の度合が大きくなっている。

その結果，配位していない H_2O（つまり通常の水分子）に比べて，配位している H_2O は H^+ を放出しやすくなっている。そこで

$$\left([Cu(H_2O)_4]^{2+} + H_2O \rightleftarrows [Cu(OH)(H_2O)_3]^+ + H_3O^+ \right)$$

のような反応を起こして，酸性を示すのである。K^+，Na^+，Ba^{2+} などは水和錯イオンを事実上つくっていないので酸性を示すことはない。

5 中和滴定

中和反応での酸 H_nA と塩基 $M(OH)_m$ のモル関係が $m:n$ であることは，化学式を見ればすぐにわかる。そこで，中和反応を利用することによって酸や塩基の濃度を決定することができる。今，

$$H_nA \qquad x\,\text{mol/L} \qquad V_a\,\text{mL}$$
$$M(OH)_m \qquad y\,\text{mol/L} \qquad V_b\,\text{mL}$$

で中和が完了したとすると，次の関係が得られる。

$$\underbrace{x}_{\frac{\text{mol}}{\text{L}}} \times \underbrace{V_a}_{\text{mL}} \Big|_{\text{m mol}\,(H_nA)} = \underbrace{y}_{\frac{\text{mol}}{\text{L}}} \times \underbrace{V_b}_{\text{mL}} \Big|_{\text{m mol}\,(M(OH)_m)} \times \frac{m}{n} \ \Rightarrow\ x \times V_a = y \times V_b \times \frac{m}{n}$$

または

$$\underbrace{x \times V_a \times n}_{\text{m mol}\,(H^+)} = \underbrace{y \times V_b \times m}_{\text{m mol}\,(OH^-)}$$

この式の中で，m, n はわかっている。そこで，たとえば x が未知の場合，残る y, V_a, V_b がわかっていないと x を求めることができない。この残りの量をどのようにして知るかということでいくつかの問題が生じることになる。

(i) V_a, V_b の一方は任意に決められる。通常は，体積のはっきりした器具＝**ホールピペット**を使って一方の液を取り出す。こうして，V_a または V_b をまず決める。

(ii) 他方の体積は測定で決めるしかない。そこで，滴下した体積が読み取れる器具（**ビュレット**）に液を入れ，ゆっくりと滴下して，反応の完了点での体積を読み取る。こうして，残る V_b または V_a を決める。

(iii) ただ，いつ反応が完了したのかは，反応溶液を見つめていてもわからない。そこで，

いつ反応が完了したのかをどのようにして知るのか

が問題になる。

(iv) y は，たとえば「NaOH の濃度は 0.10 mol/L であった」と与えてしまえば，代入すべき一つの数値にすぎない。ところがその NaOH の濃度はどうして決めたのかと考え始めると，次々と前にさかのぼらなくてはならなくなる。結局，

初めは，どんな物質を選び，また，どのようにして濃度を決めるのか

が問題になる。

(v) いくつかの酸の混合溶液や H_3PO_4 のような何段階もの中和が可能な物質の溶液の滴定では，**データの解析の仕方**が問われる。

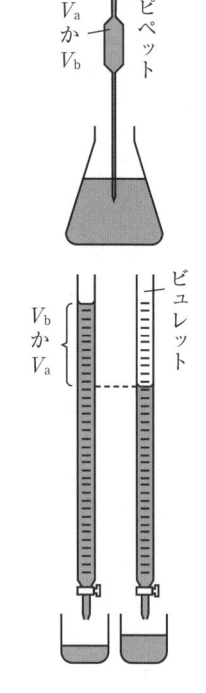

① 中和点の決定方法

0.1 mol/L の酸 HA の 10 mL を 0.1 mol/L の NaOH で滴定するときを考えてみる。NaOH の水溶液の滴下とともに pH がどう変化するかは，前節の 4 での計算方法で求めることができる。酸として，強酸，弱酸（$K_a = 10^{-3}$, 10^{-5}, 10^{-7}）の計 4 つについて計算し，それをグラフに表すと，次のようになる。

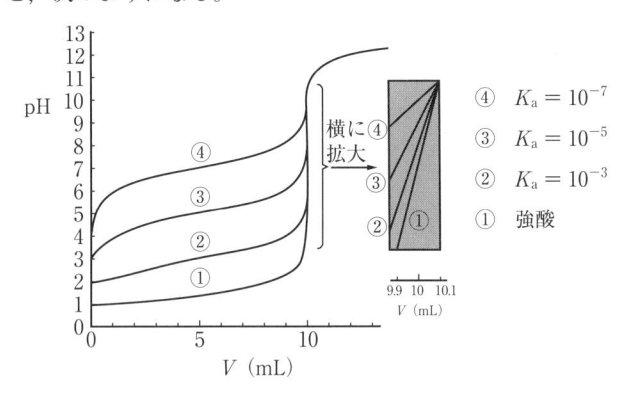

中和点前後の pH

		1 % 前（9.9 mL）	中和点	1 % 後（10.1 mL）
強酸		3.3	7	10.7
弱酸	$K_a = 10^{-3}$	5	7.85	10.7
	$K_a = 10^{-5}$	7	8.85	10.7
	$K_a = 10^{-7}$	9	9.85	10.7

いずれも，中和点付近で pH が大きく変化することがわかる。したがって，中和点を知るには，pH メーターを使って滴定とともに溶液の pH を測定して滴定曲線を書き，その曲線上で急激に pH が変化する点を読み取ればよい。

ところが，pH メーターは高校生の実験装置としては高価であり，また取り扱いもていねいでなくてはならないので，高校の化学実験などで使われることはほとんどない。たいてい，この急激な pH 変化とともに変色する物質を少量加えておいて，変色が起こったときをもって中和点と判定する。このときに加えておく物質は反応の完了点を指示してくれる試薬なので**指示薬**（indicator）と呼ばれる。各滴定において何を指示薬として使うことができるかは，酸，塩基の強弱と指示薬の変色域とで決まる。

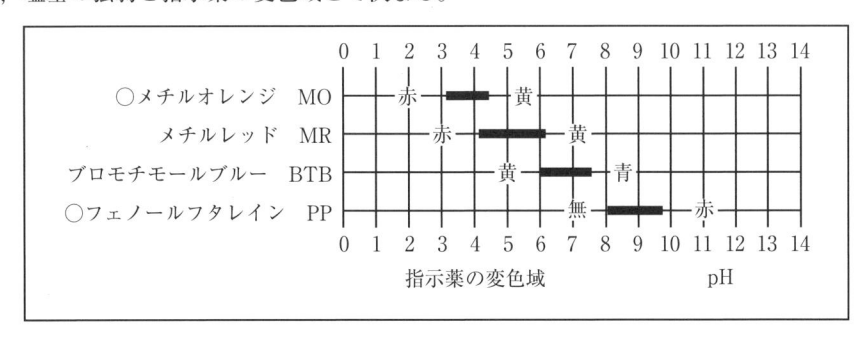

HCl＋NaOH のような 強酸＋強塩基 の滴定では，中和点が pH ＝ 7 であるが，中和点付近での pH の変化幅が極めて大きいので，変色域が pH ＝ 3 ～ 11 の中に入っている物質ならすべて指示薬として使える。ところが CH₃COOH＋NaOH では，中和点が pH ≒ 9 であると同時に，この点付近での pH の変化幅が小さくなっているので，この付近に変色域を持つ物質しか指示薬として使えない。指示薬としての使用の可否はほぼ次表のようになる。

酸・塩基の強弱		pH		指示薬としての使用の可否			
酸	塩基	中和点	変化幅	MO	MR	BTB	PP
強	強	pH＝7	大	○	○	○	○
弱	強	pH＞7	小	×	×	×	○
強	弱	pH＜7	小	○	○	×	×

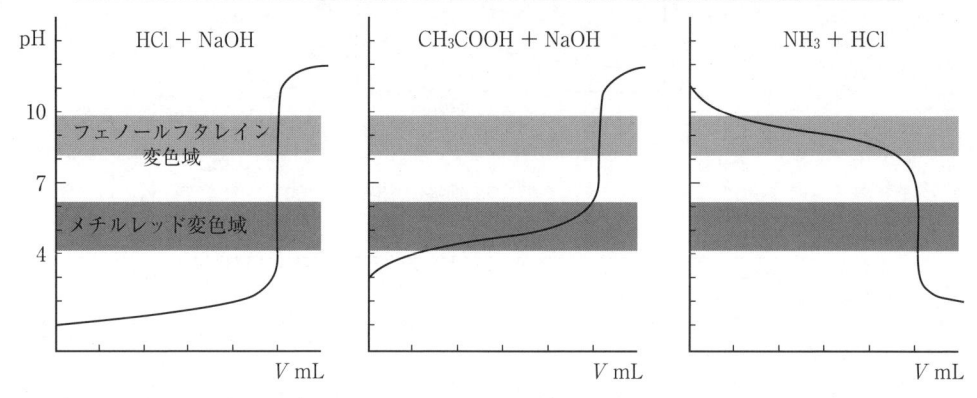

注1） 中和の指示薬になりうるのは HX と X⁻ で色が異なる物質である。これは，水中で電離平衡を形成している。

$$HX \rightleftarrows H^+ + X^- \qquad K = \frac{[H^+][X^-]}{[HX]}$$

ただ，中和滴定の溶液中に入れておいても，この物質は少量しか入れてないので中和点の位置には影響しない。そして，滴定の進行とともに溶液の [H⁺] が変化すると，HX ⇄ H⁺ ＋ X⁻ の平衡が移動し，酸性の強いときは溶液は HX の色，塩基性の強いときは X⁻ の色を呈することになる。さらに詳しくみると，だいたい一方が他方に対し 10 倍以上あると溶液の色はその多い方の色になる。そこで，たいてい次式が成り立つ。

$$\frac{[X^-]}{[HX]} = \frac{K}{[H^+]} > 10 \iff pH > pK + 1 \cdots\cdots X^- \text{の色}$$

$$\frac{[HX]}{[X^-]} = \frac{[H^+]}{K} > 10 \iff pH < pK - 1 \cdots\cdots HX \text{の色}$$

そこで，変色域はたいてい $pK + 1 > pH > pK - 1$ であり，pH でほぼ 2 の幅になる。また，変色域のまん中の pH は HX の電離定数 K による（ほぼ $pK = -\log K$ の値である）。

注2） 中和反応とともに，溶液中のイオンの数や種類が変化する。中和点を境にこの変化の仕方が異なる。これは電気伝導度（導電率）に反映されるから，その変化からも中和点がわかる。

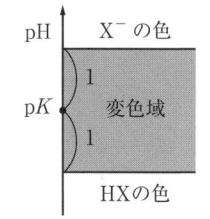

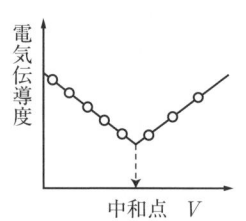

注3） ビュレット，ピペットは滴定する溶液の体積を測定する器具であるから，純水でぬれていてはいけない。ただし，測定する溶液でぬれていることは構わないのであるから，この液で何回か洗ったあとなら，ぬれたまま使ってよい。一方，三角フラスコやビーカーはこの逆である。すなわち，純水なら中和反応と無関係だから，容器の中に入っていてもよいが，滴定する液が少しでも入っていてはいけない。（☞下.p.240）

② **標準溶液**

中和滴定するためには，酸または塩基の中の何か1つの物質の正確な濃度がわかっていなければならない。NaOHは潮解性で，水蒸気を吸収し，またCO$_2$と反応していて，試薬の質量から正確な量を決定することはできない。HClは，気体であるので質量が測定しにくく，かつ水に完全には溶けない。基準になる溶液（標準溶液）の物質として，空気中の何にも侵されにくく，かつ質量を測定しそれを溶かすだけで濃度が決定できる物質を選ぶ必要がある。結晶シュウ酸（(COOH)$_2$・2H$_2$O）はこの条件を満たす物質であるので，この物質を使って標準溶液を調製することが多い。

たとえば，標準溶液として0.100 mol/Lのシュウ酸溶液250 mLを調製するときを考えよう。まず，必要な(COOH)$_2$・2H$_2$O（式量126）の質量を計算で求める。

$$0.100 \underset{\text{mol/L}}{} \times 0.250 \underset{\text{L}}{} \times 126.0 \underset{\substack{\text{(COOH)}_2\text{のmol}\\=\text{(COOH)}_2\cdot 2\text{H}_2\text{Oのmol}}}{} \underset{\text{(COOH)}_2\cdot 2\text{H}_2\text{Oのg}}{} = 3.15 \text{ g}$$

結晶シュウ酸3.15 gを化学天秤で測ってビーカーに入れ，少し純水を加えて完全に溶かす。それを250 mLのメスフラスコに入れ，ビーカー内を純水で洗い，その洗液もメスフラスコに入れ，最後に標線まで純水を加えて250 mLにすればよい。

③ **複雑な中和滴定の解析**

滴定される液が，2つ以上の酸や多価の酸からできているとき，滴定とともにいくつかの反応が起こる。もし，

$$\text{HCl} \quad + \quad \text{HBr}$$
$$\underset{(K_a = 10^{-3.8})}{\text{HCOOH}} \quad + \quad \underset{(K_a = 10^{-4.8})}{\text{CH}_3\text{COOH}}$$

のように同程度に電離しやすい酸の混合物なら，2つの中和反応は同時に進行するであろう。一方，

$$\text{HCl} \quad + \quad \underset{(K_a = 10^{-7.5})}{\text{HClO}}$$
$$\underset{(K_a = 10^{-2.2})}{\text{H}_3\text{PO}_4} \quad + \quad \underset{(K_a = 10^{-7.2})}{\text{H}_2\text{PO}_4^-}$$

のように酸の電離のしやすさ（K_a）が圧倒的に違う酸の混合物のときはまず電離の起こりやすい方の酸が事実上優先的に中和を受けて，それが終わってから残りの酸が中和されるようになるであろう。以下で，高校化学で頻出の系で，このことを具体的にみてみよう。

例1．（HCl ＋ NH₄Cl）の NaOH による滴定
　　　　　x mol　y mol

HCl は H₂O の中で，HCl ＋ H₂O → H₃O⁺ ＋ Cl⁻ の反応を起こしてすでに H₃O⁺ となっている。そこで，このときに起こりうる反応は

$H_3O^+ + OH^- \longrightarrow H_2O + H_2O$ …①

$NH_4^+ + OH^- \longrightarrow NH_3 + H_2O$ …②

の2つである。H₃O⁺ の K_a は $10^{1.7}$ で NH₄⁺ の $K_a = 10^{-9.3}$ より圧倒的に大きい。よって，①の反応が②より優先的に起こる。純粋な NH₄⁺ の水溶液は微酸性であるので，②の反応は pH＝5～6 付近から始まる。そこで，①の反応の終点は，メチルオレンジで判定できる。

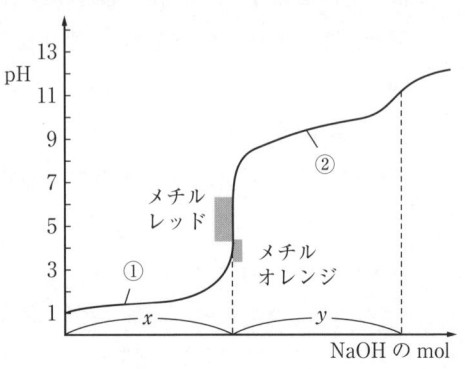

例2．（Na₂CO₃ ＋ NaHCO₃）の HCl による滴定
　　　　　x mol　y mol

起こりうる反応は次の2つである。

$CO_3^{2-} + H_3O^+ \longrightarrow HCO_3^- + H_2O$ …①

$HCO_3^- + H_3O^+ \longrightarrow H_2CO_3 + H_2O$ …②

CO₃²⁻，HCO₃⁻ の塩基としての電離定数 K_b は，順に $10^{-3.7}$，$10^{-7.7}$ である。

$10^{-3.7} \gg 10^{-7.7}$ であるから，①が終わってから②が始まると一応考えてよい。①が完了すると，HCO₃⁻ が x mol 増えるから，②の反応には，合計 $(x+y)$ mol の HCl が使われる。

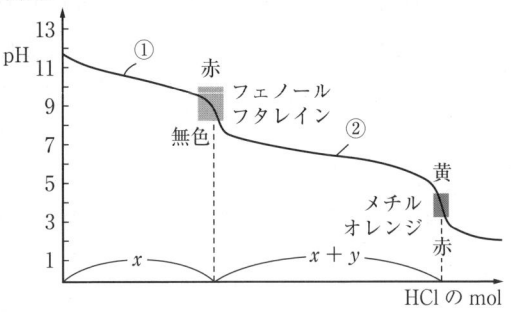

例3．（NaOH ＋ Na₂CO₃）の HCl による滴定
　　　　　x mol　y mol

起こりうる反応は，例2に次の反応が加わる。

$OH^- + H_3O^+ \longrightarrow H_2O + H_2O$ …③

OH⁻ の K_b は，$10^{1.7}$ であるから，③＞①＞②の順に反応が起こると考えてよい。ただ，①の反応は pH が12ぐらいから始まるため，③の反応が90％ぐらい終わったところで，①の反応も少し起こり始める。そこで，③の反応が事実上終了したとみなせるのは，①の反応が3～4割起こった点である。すなわち③の反応は①の反応が進行しているときいつの間にかひっそりと終わってしまう。そこで，③の反応のみが単独で終了した点は存在しない。結局，③と①の合わさった反応の終了点と，②の終了点よりデータを解析する。

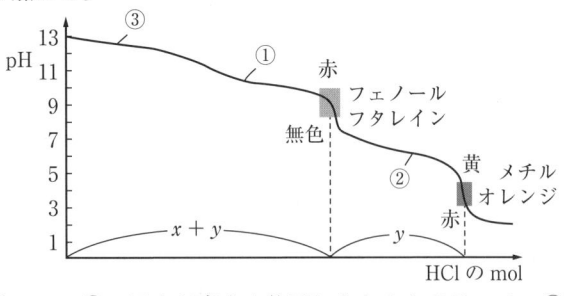

2. 酸化還元反応

1 酸化・還元の定義

① 燃焼の本質をめぐって——酸素の発見まで

　燃焼というのは人類にとって身近でまた見てはっきりわかる物質の劇的な変化である。文明も火を使って発展してきた。ただ，物が燃えるときいったい何が起こっているのかについての人類の認識はなかなか進まなかった。それはなぜであろうか。たとえば，木の燃焼は，私たちの今の知識からすると，

$$木(C,\ H,\ O,\ \cdots,\ K,\ \cdots) + O_2 \longrightarrow CO_2 + H_2O + \cdots + 灰(K_2CO_3\cdots) + 熱$$

と表すことができるであろう。ところが，空気中に O_2，CO_2 が存在するというが，よく考えてみると人類の誰もこれらを直接見た人はいない。また，木や灰を構成する元素は，木や灰を見つめていてもわかるはずがない。さらに，熱とは何なのかだってわかりはしないのである。結局，私たちが直接的に知覚できるのは，木，灰，炎であり，木の燃焼とは

$$木 \longrightarrow 灰 + 炎$$

と書くのが，経験的には"正しく"現象をとらえていることになるのである。この経験的認識から人類は出発したということをまず確認しよう。

　さて，物が別の物に変わるということは，物に何かが起こったからであるが，単純にはバラバラになった（分解した）か，何か別のものがくっついた（化合した）かどちらかであろう。空気の中身が"見えない"ときは，木の燃焼では，木が分解し，炎に関係する何かが出ていったと考えるのが，まずは自然であろう。1700年の初めには，燃えるものには"燃素"（フロギストン）が含まれており，燃焼は，この"燃素"が出て行く変化であるという説が出された。燃素説によると，金属の合成は次のように説明される。木を燃やさずに加熱すると木炭ができる。燃やしていないので木炭には"燃素"がいっぱい残っている。鉱石（灰）に木炭を加えて加熱すると金属ができるのは，木炭中の"燃素"が鉱石に注ぎ込まれたからである。このようにうまく説明できるため，この説による燃焼の説明は広く支持を得て，その後"燃素"探しが始まった。ただ，今から考えると，この説には致命的な欠点があった。すなわち，"燃素"が正の質量を持っているなら，質量は 木＞灰，金属＞鉱石 となるはずであるが後者は事実と全く逆であり，事実は 金属＜鉱石 である。ところが，当時の人々は反応の際質量が保存されるとは考えていなかったので，この致命的な欠点に気づけなかった。

　1700年代の後半には，石灰などに"固定化される空気"（現在でいう CO_2），生物が"窒息する空気"（N_2），"水の素"（H_2）などの気体が次々と分離されて発見されていった。こうした中で，ラボアジェは，見えない物質（気体）も含めて化学変化を考えなくてはならないと考えた。そして，反応をすべて密閉容器の中で行い，反応前後での質量変化を正確に測定した。この実験結果をもとに，燃焼とは，空気中に含まれる"ある気体"が可燃性物質と

化合することであると提唱した。この"ある気体"は水銀のある化合物を加熱したときに出る気体であり，これは酸の素になると考えたので，その気体を酸素と名づけた。

　　　　　燃焼とは物質が酸素と化合することすなわち酸化である。
　　　　　酸化物から酸素が抜ける反応が還元である。

ここで，初めて"酸化"という言葉が人類の歴史に登場した。

② 結合の本質をめぐって

　塩素が単離され，多くの物質が塩素中でも燃焼することがわかると，燃焼＝酸化 という考え方に限界があることがわかったが，まだこの頃発見されている元素や反応の数も少なかったので，それほど問題にならなかった。それよりも，1800年頃から，化学には大きな変化が起こってきた。まず，原子説が出され，物質の変化は原子の離合集散であるという考え方が広まった。また，電池が発明されて多くの物質が電気分解で合成されるようになっただけでなく，物質と電気との関係が意識されるようになった。この流れの中で，原子と原子が結合するのは，原子には電気的陽性なものと陰性なものがあり，これらが互いに引き合うからだという説が出され，これをもとに多くの化学現象が説明された。

　1860年に初めて信頼できる原子量の値が出されると，物質を構成する元素の原子数比が正確に決まり，これらをもとに，原子価が決定された。さらに，原子には電気的に陽性状態や陰性状態があることも考慮して，正負の符号つきで原子価が考えられるようにもなった。たとえば，Na_2O，$NaCl$ などの化学式より $Na = +1$，$O = -2$，$Cl = -1$ が出され，H_2S，H_2SO_4 から，$S = -2$，$S = +6$ が出された。ただ，S のように原子価が変化することの理由は不明であった。

　1900年ごろに，ついに e^- の発見，原子の内部構造の確定等が進み，結合は原子核のまわりを運動する e^- を媒介にして起こるから，反応を理解するには e^- の動きに注目することが大切であるという考え方が支配的になってきた。そして，イオンが電子の出入りで生じることがわかると，たとえば，MgO，$MgCl_2$ はイオン Mg^{2+}，O^{2-}，Cl^- からなる物質であり，これらが Mg と O_2，Mg と Cl_2 で生じる反応は e^- が移動するという点に本質があることがわかった。

$$2\,Mg + O_2 \longrightarrow 2\,MgO = (Mg^{2+}O^{2-})$$
$$Mg + Cl_2 \longrightarrow MgCl_2 = (Mg^{2+}(Cl^-)_2)$$

原子の移動に注目して名づける限り，酸化反応，塩化反応，フッ化反応……と反応名は多数必要になる。ところが，電子の動きに注目すると，すべての反応を，e^- が移動するか否かで二分することができる。明らかに，後者で反応を分類した方が，より本質的である。そこで，この立場で反応を分類していくことになっていったのである。ただ，e^- を与える＝electronate，e^- を奪う＝de-electronate のように新しい用語を使おうという提案がされたが，これが採用されることはなく，e^- を与える＝reduce＝還元する，e^- を奪う＝oxidize＝酸化する，のように，結局古くから使われていた原子の移動にもとづく用語で流用されたため，特に教育の分野で混乱が生じた。

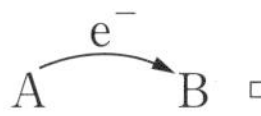

A $\xrightarrow{e^-}$ B　⇨　A reduces B.　　reduce＝還元する（他動詞）
　　　　　　　　　B oxidizes A.　　oxidize＝酸化する（他動詞）

現在では，酸化，還元の定義として，基本的に e^- の移動による定義を使っていることを確認しておこう。実際，e^- の移動の立場からすれば酸化と還元は同時に起こるのだからこそ，電子移動反応を酸化還元反応と呼ぶのである。**酸化還元反応という用語を使いながら，原子の移動による古い定義を使って反応を説明するのは，明らかに矛盾した行為である。**

③　**電子移動の度合をめぐって——酸化数の導入**

さて，②ですべての反応は e^- が移動したかどうかで二分できるといった。ところが，本当は，e^- の移動の成否の判定はそう単純ではない。たとえば，

$$2H_2 + O_2 \longrightarrow 2H_2O$$

の反応で，もしHからOへ e^- が渡されたのなら H_2O は H^+ と O^{2-} によるイオン性物質となるはずだが，現実はそうではない。Hは $\delta+$ でOが $\delta-$ になっていることから，e^- の移動はチョットだけ起こったとならいえる。では，この反応は"チョットだけ酸化反応"とでも呼ぶのだろうか。

私たちは，今，化合物中の各原子のイオン性が完全か不完全かを問題にしているのではなく，反応が起こった際，電子がどう動くのかを問題にしていることを再確認しよう。どんな結合でも，2つの原子軌道が重なり合って分子軌道ができ，その中を2つの電子が運動することから始まった（☞上.p.37）。そして，反応は結合の切断と生成である。結合が切れるとき，結合の主役を演じていた2つの電子はどちらかの原子に付かなくてはならず，どっちつかずのあいまいな態度は許されない。したがって，この結合の切断時における e^- の引き裂かれ方を調べれば，反応時において結局 e^- がどう動くのかをとらえることができるであろう。切れ方は次の3通りしかない。もちろん結合を切るのだから，どれもエネルギーが必要であり吸熱反応である。だから，エネルギーの最も少ない切れ方が起こると考えてよい。A，Bのイオン化エネルギーを I_A, I_B，電子親和力を F_A, F_B とすると，左下のようなエネルギー図が得られる。そして，イオン化エネルギーは電子親和力よりも大きい（☞上.p.31）。したがって

$$I_A - F_B > 0, \quad I_B - F_A > 0$$

であり，均等に切れた状態が最もエネルギー的に安定であることがわかる。ただし，反応が水中で起こるとき，イオンは強く H_2O と引き合って大量の水和熱を放出して安定になる。その結果，むしろ，イオンに

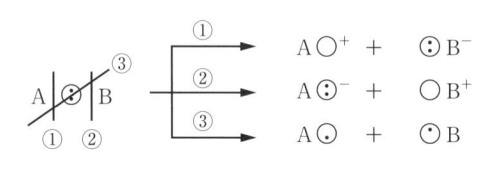

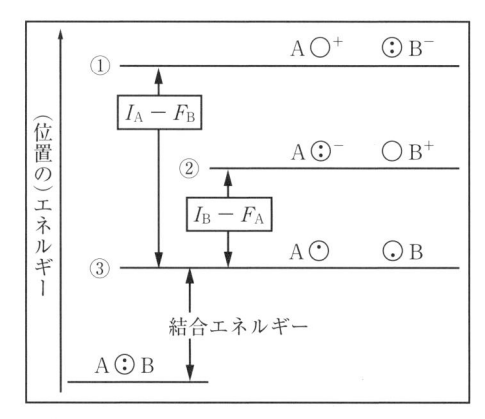

開裂するような切れ方が起こる。この水和による安定化の度合は，$A^- + B^+$ でも，$A^+ + B^-$ でもそんなに違わないであろうから，結局，図のように $A^- + B^+$ が $A^+ + B^-$ より安定のとき，すなわち

$$I_A - F_B > I_B - F_A \implies I_A + F_A > I_B + F_B$$

であるとき，$A^- + B^+$ となる切れ方が起こると判定できる。$I_A + F_A$ はマリケンの定義によると電気陰性度（X_A）に比例する量であった（☞上. p.41）。よって，この不等式は $X_A > X_B$ と書き換えることができる。以上をまとめよう。

気相，無極性溶媒中		$A⊙ + ⊙B$
水など極性溶媒中	$X_A > X_B$	$A⊙^- + ○B^+$
	$X_A < X_B$	$A○^+ + ⊙B^-$

結局，A⊙B 結合が切れるとき，電気陰性度の大きい方が電子を2つ，悪くて1つ持っていくのであり，電気陰性度の大きい方が e^- を失うことは基本的にはないのである。私たちがよく見かける反応で，この原則を破ったものはほとんど見つからない。

$$H(⊙)OH \longrightarrow H^+ + (⊙)OH^- \qquad H(⊙)Cl \longrightarrow H^+ + (⊙)Cl^-$$

たとえば H_2O において，H が共有結合のために差し出した1つの e^- は，反応が起こり H と O が"さよなら"をするときは，酸素と行動をともにするのである。このような事実からすると，H_2O 分子中で H は H^+ となっているわけではないが，自分のものといえる e^- を所有しておらず，その点で，すでに +1 の状態と言い切ることもできるのである。だから，H⊙H という，お互いが1個ずつ持っていると確認し合える状態から，H(⊙)OH に移った際，H は事実上電子1個を失ったと"感じる"のである。

結合の形態がどうであろうと，結合を媒介している
電子の所有権は電気陰性度の大きい元素の方にある

と考えることは，ほとんどの反応において有効性を持つ。そこで，反応に関係する物質中の各元素のまわりにある電子の中で，所有権下にある電子数を上の原則で求め，これと単独原子のとき持っていた電子数から，余分の電荷数を決め，これを**酸化数**と呼ぶことにした。これさえ決めれば，反応において，

どの元素の所有する電子がどの元素の支配下に入ったか

をはっきりと知ることができる。そしてまた，電子の移動をこのような所有権下にあるとみなされる電子数の変化と考えれば，e^- の移動が完全か否かに悩まなくてよいようになる。

このようにして，**所有権下にある過剰電荷＝酸化数** を導入し，これの変化する反応が酸化還元反応であると定義することによって，非常に多くの反応を e^- が移動する反応の中に含めることに成功したのである。

2 酸化数の定め方

現在では，酸化数の変化する反応＝酸化還元反応　と定義されているから，物質中の各元素の酸化数を決められることがこの反応を理解するために不可欠である。ただ，この酸化数を決める際に使う原則は，次の簡単なものだけである。

結合を媒介する電子の所有権は電気陰性度の大きい原子にある

例

O_2	H_2O	H_2O_2	OF_2 ←電気陰性度
(電気陰性度 O)	(2.2 3.4)	(2.2 3.4)	(3.4 4.0)
余分 e^- 0個	余分 e^- 2個	余分 e^- 1個	不足 e^- 2個
⇩	⇩	⇩	⇩
0	-2	-1	$+2$ ←酸化数

CH_4 (2.6)	CH_3OH	CH_2O	$HCOOH$	CO_2
余分 e^- 4個	余分 e^- 2個	余分 e^- 0個	不足 e^- 2個	不足 e^- 4個
⇩	⇩	⇩	⇩	⇩
-4	-2	0	$+2$	$+4$

上例のように電子式を書き，上の原則で線引き（"国境"確定）をし，余分電荷を求めるというのが酸化数計算の基本である。ただ，電子式をいちいち書くのは面倒であるし，書きにくい物質もあるかもしれない。したがって，もう少し簡便な方法を考えてみよう。上の作業において，各元素のまわりの"国境"を確定し，余分（増分）の電荷を決めたのである。"国境"を確定するとき，一方の国の領土が x 増えれば，他方の領土は x だけ減少する。このとき，地上の全面積は不変で各国の領土の増分の和はゼロであろう。これと同様に，もし，H_2O，H_2SO_4 のようにもともと電気的に中性な分子の構成元素の酸化数を決めたとき，それらの総和は 0 になるはずである。また，OH^-，SO_4^{2-}，NH_4^+ などイオンであるときは，酸化数の和は，そのイオン価数になるであろう。

　　一つの物質の構成元素の酸化数の和は，その物質全体の電荷数に等しい。……㋑

さて，電気陰性度は，だいたい次のような大小関係にあることに注目すると，

$$\underbrace{\underset{4.0}{F} > \underset{3.4}{O} > \underset{3.2}{Cl} > \underset{3.0}{N,\ Br} > \cdots > \underset{2.6}{S} > \cdots}_{\text{多くの非金属元素}} > \underbrace{\underset{2.2}{H} > \underset{1.9}{Cu} > \cdots > \underset{0.9}{Na} > \cdots}_{\text{多くの金属元素}}$$

いくつかの元素の酸化数については，ほぼいくらであるかを決めることができる。電気陰性度の No.1 である F は，F と結合しているとき以外は，余分電子は必ず 1 個となるので酸化数は

-1 である。No.2 の O は，F と O 以外と結合しているときは余分電子は必ず2個となるので酸化数は -2 となる。残りの非金属は状況によってかなり変わる。非金属元素と金属元素の境界付近にある H は，NaH のように金属元素と結合するときは余分電子は1個で，非金属元素と結合するときは不足電子が1個となる。ただ，NaH のような化合物は酸化還元反応ではあまり出てこないので，たいてい H の酸化数は $+1$ とすることができる。金属元素間で合金をつくるときの変化を酸化還元反応の立場で考えることはまずない。そこで，金属元素はたいてい非金属元素と結合した状態のとき酸化数が問題になる。このとき，1族，2族なら，それぞれ $+1$，$+2$ で常に確定する。ただ遷移元素などは，状況によって変わる。

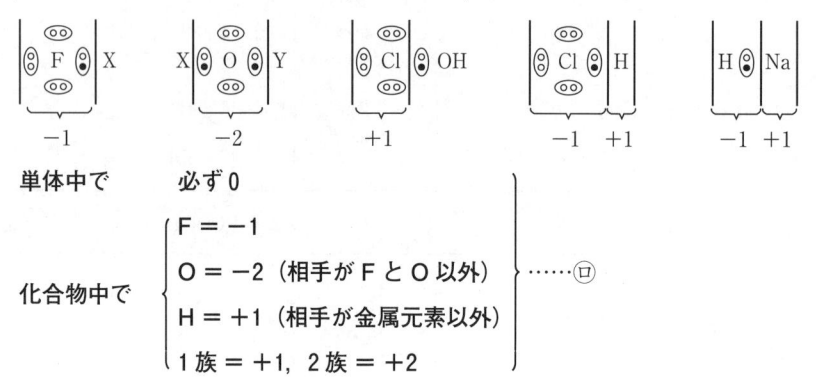

F−X	X−O−Y	Cl−OH	Cl−H	H−Na
-1	-2	$+1$	-1 $+1$	-1 $+1$

単体中で　必ず 0

化合物中で $\begin{cases} F = -1 \\ O = -2 \text{（相手が F と O 以外）} \\ H = +1 \text{（相手が金属元素以外）} \\ 1 \text{族} = +1, \ 2 \text{族} = +2 \end{cases}$ ……㊐

このように，酸化数でほぼ常に一定値と定めてよいのは㊐の程度である。そこで，㋑，㊐をもとに，未定の酸化数を代数的に決めることが多くの場合可能となる。

〔例題〕 次の下線を付した元素の酸化数を求めよ。

① $H_2\underline{S}$　② $H_2\underline{S}O_4$　③ $K\underline{Mn}O_4$　④ $\underline{Cr}_2O_7^{2-}$　⑤ $K_4[\underline{Fe}(CN)_6]$　⑥ $\underline{Pb}_3O_4$

(解)　① $H = +1$ より　　　　　　　　$(+1) \times 2 + x = 0$　　　　　　$x = \boxed{-2}$

　　② $H = +1, O = -2$ より　　　　$(+1) \times 2 + x + (-2) \times 4 = 0$　$x = \boxed{+6}$

　　③ $K = +1, O = -2$ より　　　　$(+1) + x + (-2) \times 4 = 0$　　　$x = \boxed{+7}$

　　④ $O = -2$ より　　　　　　　　$x \times 2 + (-2) \times 7 = -2$　　　$x = \boxed{+6}$

　　⑤ $K = +1, CN = -1$ より　　　$(+1) \times 4 + x + (-1) \times 6 = 0$　$x = \boxed{+2}$

　　⑥ Pb_3O_4 を構造未知のものとして扱えば，Pb の酸化数を x とすると

$$3x + (-2) \times 4 = 0 \quad \therefore \quad x = \boxed{+\frac{8}{3}}$$

　　　ただ，Pb が $+2$ と $+4$ をよくとることから $2\underline{Pb}O \cdot \underline{Pb}O_2$ とする，つまり，
　　　$_{+2}$　　$_{+4}$
　　　$Pb^{2+} : Pb^{4+} : O^{2-} = 2 : 1 : 4$ の化合物と考える方が適切であろう。

問　下線を付した元素の酸化数を求めよ。

① $\underline{Fe}SO_4$　② $\underline{Fe}_3O_4$　③ $K_2\underline{Cr}_2O_7$　④ $K_2\underline{Cr}O_4$

$\left(\text{(解)} \ ① \ +2 \quad ② \ +\frac{8}{3} \ \text{または} \ \underline{Fe}O \cdot \underline{Fe}_2O_3 \quad ③ \ +6 \quad ④ \ +6 \right)$
　　　　　　　　　　　　　　　　　　　　　　$_{+2}$　$_{+3}$

3 還元剤と酸化剤

① 定　義

物質Aから物質Bへe^-が移動するとき，英語では

$$A \xrightarrow{e^-} B \qquad A \text{ reduces } B. \qquad B \text{ oxidizes } A.$$

と表す。すなわち，酸化，還元をe^-の移動の立場から考える限り，常に「何から何へ」ということを前提にして動詞の意味内容が決まるから，「酸化する」「還元する」は他動詞として働くことに注意しよう。したがって，Aは reducing agent つまり（～を）還元（する）剤であり，Bは oxidizing agent つまり（～を）酸化（する）剤と呼ぶことができる。

例．
$$\underset{\text{還元剤}}{\text{Fe}} \xrightarrow{e^-} \underset{\text{酸化剤}}{\text{H}_2\text{SO}_4} \longrightarrow \text{FeSO}_4 + \text{H}_2$$

$$\text{Fe} + 2\text{H}^+ \longrightarrow \text{Fe}^{2+} + \text{H}_2$$

$$2\text{KI} + \text{Cl}_2 \longrightarrow \text{I}_2 + 2\text{KCl}$$

なお，上の反応で，H_2SO_4を酸化剤と考えてもさらにその中で実際に酸化作用を示す元素を含むイオンであるH^+を酸化剤と考えてもどちらでもよい。

② 酸化剤，還元剤の条件

Sを例にして考えよう。Sの原子の最外殻は右図1のように表せた。そしてこの原子が結合すると，右図2のように2個の電子が入り，最外殻に8個の電子が配置される。結合する相手の電気陰性度がBa，NaなどのようにSより小さければ，この外から提供された2個の電子の所有権はSにある。したがってSの最低の酸化数は-2となる。一方，結合する相手の電気陰性度がOのようにSより大きければ，この4つの電子対のすべての電子の所有権を失うことになる。その結果，Sはもともと6個の電子を有していたので，その酸化数は$+6$となる。このように，Sの酸化数は-2から$+6$の間の値をとることになる。同様にNは-3から$+5$の酸化数，Cは-4から$+4$の酸化数をとる。

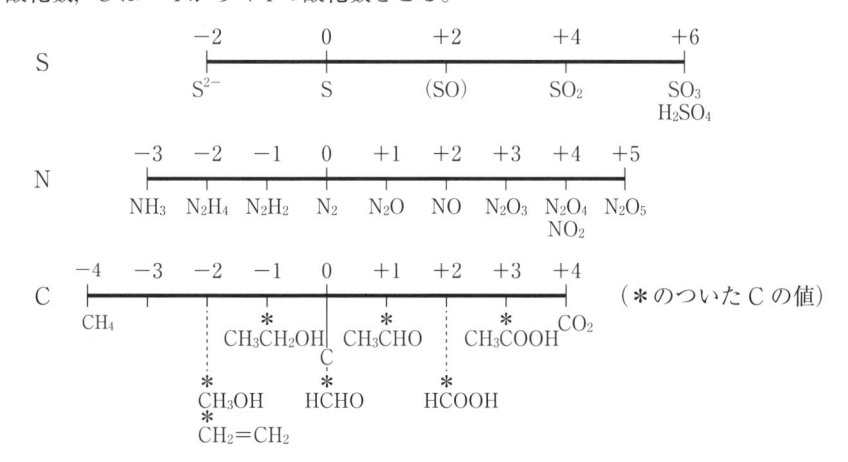

```
         -2      0      +2      +4      +6
S    ├───────┼───────┼───────┼───────┤
     S²⁻     S      (SO)    SO₂     SO₃
                                    H₂SO₄

     -3  -2  -1   0  +1  +2  +3  +4  +5
N    ├───┼───┼───┼───┼───┼───┼───┼───┤
     NH₃ N₂H₄ N₂H₂ N₂ N₂O NO  N₂O₃ N₂O₄ N₂O₅
                                   NO₂

     -4  -3  -2  -1   0  +1  +2  +3  +4
C    ├───┼───┼───┼───┼───┼───┼───┼───┤   （*のついたCの値）
     CH₄        *       *       *    CO₂
           CH₃CH₂OH  CH₃CHO   CH₃COOH
                  *
                  C
              *       *
           CH₃OH    HCHO    HCOOH
           *
           CH₂=CH₂
```

酸化還元反応では，最高酸化数の原子は自らの酸化数を下げることしかできない。ところで，化学反応では物質の持つ総電子の量は当然不変であるから，ある原子の酸化数が減少するときは必ず別の原子の酸化数が増加している。したがって，最高酸化数の原子は，酸化剤として働く以外の可能性はない。逆に最低酸化数原子は還元剤として働くことしかできない。その中間の酸化数の原子は，両方の可能性がある。

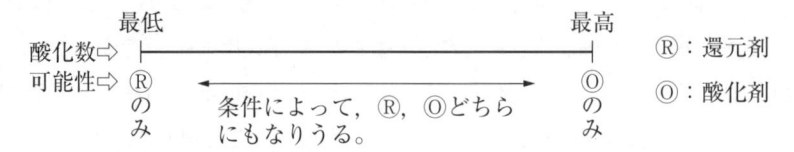

```
              最低                        最高
酸化数⇒        |―――――――――――――――|           Ⓡ：還元剤
可能性⇒        Ⓡ                         Ⓞ           Ⓞ：酸化剤
              の    条件によって，Ⓡ，Ⓞどちら    の
              み         にもなりうる。            み
```

このように，可能性という点から言えば，1つの原子に注目するとその物質は酸化数によって，酸化剤，還元剤，両者の可能性を持つもの，の3つのどれかに分類されることになる。ただ，可能性はあっても実際には反応が起こりにくい場合もあるわけだから注意を要する。たとえば，+7という最高酸化数のClを持ちながらClO_4^-は酸化還元反応を起こしにくい。また，+4の酸化数のMnを持つMnO_2はほとんど酸化剤として使われる。ここでは，積極的に他のものを酸化または還元するのによく利用される物質——強い酸化力または還元力のある物質——の条件とそれを満たす物質を以下に示しておこう。

	還元剤 ――e^-→ 酸化剤	
単体	・金属元素 　Na, Mg, Al, Zn, … ・非金属元素 　C（黒鉛，高温でのみ）	・非金属元素 　F_2, Cl_2, Br_2, I_2 　O_3, O_2 　S
化合物	多数の酸化数をとりうる元素を含むとき	
	相対的に低いとき	相対的に高いとき
化合物	・金属元素 　Cu^+, Fe^{2+} ・非金属元素 　$H_2\underline{S}$, $\underline{S}O_2$, $\underline{S}O_3^{2-}$ 　$\underline{S}_2O_3^{2-}$（$SO_3\underline{S}^{2-}$） 　$\underline{C}O$（高温でのみ） 　R$\underline{C}$HO 　$H_2\underline{C}_2O_4$, $\underline{C}_2O_4^{2-}$	・金属元素 　$\underline{Mn}O_4^-$, $\underline{Mn}O_2$, $\underline{Cr}_2O_7^{2-}$ ・非金属元素 　$\underline{N}O_3^-$（$H\underline{N}O_3$） 　$H_2\underline{S}O_4$（高温，濃） 　$H_2\underline{O}_2$
	イオン化傾向の小さな元素の単独イオン	
	陰イオン	陽イオン
	S^{2-}, I^-, H^-（強力）	Ag^+, Cu^{2+}, H^+

（右側注記）たいていH^+の存在下で反応したり，反応性が増す

4 酸化還元反応式

① 半反応式

酸化還元反応は，e^- の移動する＝酸化数の変化する反応 と定義した。したがって，e^- の流れが"見える"過程を通じて反応式を組み立てる方法を学ぶのが最も反応の理解を深めるのによく，かつ応用も効き，合理的でもある。そのためには，e^- が出る過程と入る過程に反応を分離する必要がある。たとえば，銅と希硝酸との反応式を

$$3\,Cu + 8\,HNO_3 \longrightarrow 3\,Cu(NO_3)_2 + 2\,NO + 4\,H_2O$$

と書いたのだけでは，e^- の流れは一見しただけではわからないが，これを

$$\underset{Cu}{\textcircled{R}} \longrightarrow e^- \longrightarrow \underset{HNO_3}{\textcircled{O}} \quad \Rightarrow \quad \begin{cases} \textcircled{R} & Cu \longrightarrow Cu^{2+} + 2\,e^- \\ \textcircled{O} & NO_3^- + 3\,e^- + 4\,H^+ \longrightarrow NO + 2\,H_2O \end{cases}$$

と e^- の出入りする過程を分離するとそれがよくわかる。ただ，$Cu \longrightarrow Cu^{2+} + 2\,e^-$ の反応式なら簡単に書けるが，$NO_3^- + 3\,e^- + 4\,H^+ \longrightarrow NO + 2\,H_2O$ を書くとなると，チョットしんどい気持ちになるのではなかろうか。そこで，このような式を一般に書き下すときに基礎になる考え方を探ってみよう。電子の移動は酸化数の変化でわかる。そこで，酸化数の立場から各元素の電荷を確定すると次のように表される。

$$\underset{+5}{N}\underset{-2}{O_3^-} + 3\,e^- + 4\underset{+1}{H^+} \longrightarrow \underset{+2}{N}\underset{-2}{O} + 2\underset{+1\ -2}{H_2O}$$

$$\text{酸化数で見たとき} \Rightarrow \begin{bmatrix} & O^{2-} \\ N^{5+} & O^{2-} \\ & O^{2-} \end{bmatrix} + \begin{bmatrix} e^- \\ e^- \\ e^- \end{bmatrix} + \begin{bmatrix} H^+ \\ H^+ \\ H^+ \\ H^+ \end{bmatrix} \longrightarrow [N^{2+}\ O^{2-}] + \begin{bmatrix} H^+ & O^{2-} \\ H^+ & \\ H^+ & O^{2-} \\ H^+ & \end{bmatrix}$$

これを見ると，この変化では2つの過程が含まれていることがわかる。

$$\begin{array}{l} N^{5+} + 3\,e^- + O^{2-} \longrightarrow NO \\ 2\,O^{2-} + 4\,H^+ \longrightarrow 2\,H_2O \end{array} \quad \Rightarrow \quad NO\underline{O_2^-} + 3\,e^- + \underline{4\,H^+} \longrightarrow NO + \underline{2\,H_2O}$$

前者の反応が e^- の入る反応であり，後者の反応は，以下のように表すとわかるように，

$$O^{2-} \xrightarrow{H^+} OH^- \xrightarrow{H^+} H_2O$$

中和反応とみなすことができる。半反応式では，**e^- の出入りする過程だけでなく，中和や酸や塩基としての電離とみなせる過程が含まれていることもある** ことに注意しよう。

以上を参考にして，"希硝酸が酸化剤として働くときの半反応式"を自力で書き下す方法を考えてみよう。

(i) HNO_3 が最終的に何になるかは，H^+ の濃度や反応相手の還元剤の強さによって違うので一般的には決まらない。Nについての酸化数直線上に重要なNの化合物を書き込んで，その数直線を見ながら，いろいろな状況での行き先を普段から確認しておく必要がある。

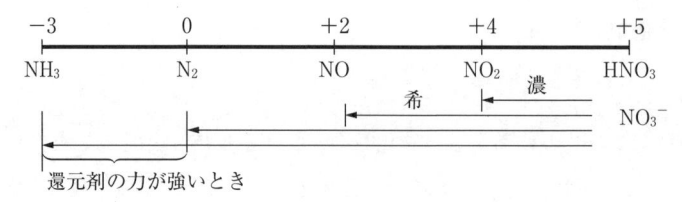

```
  −3        0        +2       +4       +5
  NH₃       N₂       NO       NO₂      HNO₃
                              ←希→ ←濃→
                                       NO₃⁻
  ←―――還元剤の力が強いとき―――→
```

この場合は還元力の弱い Cu や Ag が相手と考えて，行き先を NO とする。

(ii) NO₃⁻ ⟶ NO であることが決まると e⁻ の移動数が求まるのでそれを加える。

$$\underset{+5}{NO_3^-} + 3e^- \longrightarrow \underset{+2}{NO}$$

(iii) この式では，NO₃⁻ の中の 2 個の O が右辺で足りない。それを加えてみる。

$$NO_3^- + 3e^- \longrightarrow NO + 2\underset{-2}{O^{2-}}$$

ところが，この溶液は酸性だから，O²⁻ があれば必ず中和して H₂O になるはずである。よって，4H⁺ を両辺に加えて整理する。

$$NO_3^- + 3e^- + 4H^+ \longrightarrow NO + 2H_2O$$

以上をもとにまとめると一般に半反応式を書く方法は以下のようになる。

(i) 酸化数の変化する元素を含む物質の変化先は酸化数直線を利用して確認しておく。

(ii) 酸化数の変化量から移動する e⁻ 数を求めて加える。

(iii) この段階で原子数（主に $\underset{-2}{O}$, $\underset{+1}{H}$）が左右で違うときは，液性に注意して，H⁺，OH⁻，H₂O で左，右で同数にする。

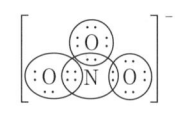

ところで，上の方法ではまず e⁻ を加えてから残りの原子数のバランスをとった。しかし，たとえば，NO₃⁻ の電子式を見ると N の酸化数が +5 だと言っても現実には N のまわりに 8 個の e⁻ があって，このままでは e⁻ が入る余地はない。だから，e⁻ が先に入るのではなく，先に O²⁻ が H⁺ と反応して抜き去られ，そのときにできた穴へ e⁻ が入っていくのである。

そこで，この中和反応に注目して O と H のバランスをとり，そのあと e⁻ を入れてもよい。

- NO₃⁻ は NO になった　　　　　　NO₃⁻ ⟶ NO

- NO₃⁻ の 2 個の $\underset{-2}{O}$ は 4H⁺ と反応して 2H₂O になった
  　⟶　NO₃⁻ + 4H⁺ ⟶ NO + 2H₂O

- 電子数は酸化数の変化量か左右の電荷数が同じことより 3e⁻ と決まる。
  　⟶　NO₃⁻ + 4H⁺ + 3e⁻ ⟶ NO + 2H₂O
  　　　(+5)　　　　　(−3) = (+2) ⇐酸化数
  　電荷⇨ (−1) (+4) (−3) = (0) (0)

このように中和や電離を先に考えた方が，MnO_2，MnO_4^-，$Cr_2O_7^{2-}$ などの酸化数の高い元素を含む物質が硫酸酸性で特に酸化力が強くなる理由もよくわかるであろう。

〔例題〕 次の酸化剤の半反応式を完成させよ。

① $HNO_3 \longrightarrow NO_2$ （濃硝酸）
② $O_3 \longrightarrow H_2O + O_2$ （酸性）
③ $H_2SO_4 \longrightarrow SO_2$ （熱濃硫酸）
④ $Cr_2O_7^{2-} \longrightarrow 2\,Cr^{3+}$ （硫酸酸性）
⑤ $MnO_4^- \longrightarrow Mn^{2+}$ （硫酸酸性）
⑥ $MnO_4^- \longrightarrow MnO_2$ （中性）
⑦ $MnO_2 \longrightarrow Mn^{2+}$ （酸性）
⑧ $Cl_2 \longrightarrow$
⑨ $H_2O_2 \longrightarrow 2\,H_2O$ （酸性）
⑩ $H_2O_2 \longrightarrow$ （中性）
⑪ $SO_2 \longrightarrow S$ （酸性）

(解) ① $HNO_3 + H^+ + e^- \longrightarrow NO_2 + H_2O$

　　　［NO_2 は水が十分に存在すると，水と反応して HNO_3，HNO_2，NO 等に変化する。しかし濃硝酸では，HNO_3 が分解しない限界量の H_2O（30%）しかない。そこで，NO_2 はこれ以上反応せずに気体となって出て行くものと考えられる。］

② $O_3 + 2\,H^+ + 2\,e^- \longrightarrow O_2 + H_2O$
③ $H_2SO_4 + 2\,H^+ + 2\,e^- \longrightarrow SO_2 + 2\,H_2O$
④ $Cr_2O_7^{2-} + 14\,H^+ + 6\,e^- \longrightarrow 2\,Cr^{3+} + 7\,H_2O$
⑤ $MnO_4^- + 8\,H^+ + 5\,e^- \longrightarrow Mn^{2+} + 4\,H_2O$
⑥ $MnO_4^- + 4\underbrace{(H^+ + OH^-)}_{H_2O} + 3\,e^- \longrightarrow MnO_2 + 2\,H_2O + 4\,OH^-$

　　　∴ $MnO_4^- + 2\,H_2O + 3\,e^- \longrightarrow MnO_2 + 4\,OH^-$

　　　［中性だから H^+ が少なく O を取る力が弱いので2つしか O は取れないので MnO_2 となりこれが沈殿する。H^+ は H_2O から供給される。］

⑦ $MnO_2 + 4\,H^+ + 2\,e^- \longrightarrow Mn^{2+} + 2\,H_2O$
⑧ $Cl_2 + 2\,e^- \longrightarrow 2\,Cl^-$
⑨ $H_2O_2 + 2\,H^+ + 2\,e^- \longrightarrow 2\,H_2O$
⑩ $H_2O_2 + 2\underbrace{(H^+ + OH^-)}_{H_2O} + 2\,e^- \longrightarrow 2\,H_2O + 2\,OH^-$ ⇐ （H^+ は H_2O から供給される。）

　　　∴ $H_2O_2 + 2\,e^- \longrightarrow 2\,OH^-$

⑪ $SO_2 + 4\,H^+ + 4\,e^- \longrightarrow S + 2\,H_2O$

〔例題〕 次の還元剤の半反応式を完成させよ。

① $Na \longrightarrow Na^+$　　⑤ $S^{2-} \longrightarrow S$　　⑨ $H_2O_2 \longrightarrow O_2$
② $H_2 \longrightarrow 2H^+$　　⑥ $H_2S \longrightarrow S$　　⑩ $2S_2O_3^{2-} \longrightarrow S_4O_6^{2-}$
③ $Fe^{2+} \longrightarrow Fe^{3+}$　　⑦ $C_2O_4^{2-} \longrightarrow 2CO_2$　　⑪ $SO_2 \longrightarrow SO_4^{2-}$
④ $2I^- \longrightarrow I_2$　　⑧ $H_2C_2O_4 \longrightarrow 2CO_2$　　⑫ $SO_3^{2-} \longrightarrow SO_4^{2-}$

〔解〕 還元剤の半反応式で複雑なものはあまりない。たとえば $Cu \longrightarrow Cu^{2+}$ の反応で「酸化数が 0 から +2 になったから $2e^-$ 出る」と考えなくても，$2e^-$ 出るのは電荷バランスよりすぐにわかるであろう。①〜⑤はそのようにしてすぐに式を完成させることができる。

① $Na \longrightarrow Na^+ + e^-$　② $H_2 \longrightarrow 2H^+ + 2e^-$　③ $Fe^{2+} \longrightarrow Fe^{3+} + e^-$
④ $2I^- \longrightarrow I_2 + 2e^-$　⑤ $S^{2-} \longrightarrow S + 2e^-$

さて，⑤と⑥の関係，⑦と⑧の関係は単に酸の電離する前か後かの違いである。よって，⑥はまず H_2S が電離して $2H^+$ と S^{2-} になり，この S^{2-} が e^- を出したと考えると，酸化数を意識しなくても，さっと流れるように反応式を書くことができる。

⑥ $H_2S(\longrightarrow 2H^+ + S^{2-}) \longrightarrow 2H^+ + S + 2e^-$
⑦ $C_2O_4^{2-} \longrightarrow 2CO_2 + 2e^-$
⑧ $H_2C_2O_4(\longrightarrow 2H^+ + C_2O_4^{2-}) \longrightarrow 2H^+ + 2CO_2 + 2e^-$

H_2O_2 は通常酸と言わない。しかし，H_2O_2 中の H の酸化数は +1 であって e^- を出すことはない。だとすれば，H_2O_2 から O_2 が出るとき，$\underset{+1}{H}$ は H^+ として出て行く，つまり，酸として電離すると考えることができる。そこで，⑥，⑧と同様にして⑨の式も書ける。

⑨ $H_2O_2(\longrightarrow 2H^+ + O_2^{2-}) \longrightarrow 2H^+ + O_2 + 2e^-$
⑩ $2S_2O_3^{2-} \longrightarrow S_4O_6^{2-} + 2e^-$

⑩の反応も，左右の電荷数のバランスから 2 個 e^- が出たと考えた方が，酸化数から電子数を計算するより早い。一方，どこから e^- が出てくるのか知っておいた方がイメージがわくので，電子式で反応を示しておこう。

⑪ $\underset{+4}{SO_2} \longrightarrow \underset{+6}{SO_4^{2-}} + 2e^-$　　⑫ $SO_3^{2-} \longrightarrow SO_4^{2-} + 2e^-$
　$SO_2 + 2O^{2-} \longrightarrow SO_4^{2-} + 2e^-$　　$SO_3^{2-} + O^{2-} \longrightarrow SO_4^{2-} + 2e^-$
　　↓ $+4H^+$　　　　　　　　　　　　　　　　↓ $+2H^+$
　$SO_2 + 2H_2O \longrightarrow SO_4^{2-} + 2e^- + 4H^+$　　$SO_3^{2-} + H_2O \longrightarrow SO_4^{2-} + 2e^- + 2H^+$

SO_2 は SO_4^{2-} になりやすく還元性の気体である。ただ，もっと低い −2 の酸化数を持つ S に出合うと酸化剤として働く。　$2H_2S + SO_2 \longrightarrow 3S + 2H_2O$（$SO_2$ は酸化剤）

② **全反応式**

半反応式さえ書ければ、あとは2つの反応式からe⁻を消去すれば全反応式を得ることができる。まとめると次のようになる。

> （Ⅰ）　酸化剤が e⁻ を受け取るイオン反応式 ⎫
> 　　　還元剤が e⁻ を渡すイオン反応式　　　 ⎬ を書く。
> （Ⅱ）　還元剤が渡した e⁻ の数と酸化剤が受け取った e⁻ の数は等しいから、2つの式を何倍かして、e⁻ の係数を等しくして e⁻ を消去する。これで、イオン反応式の形で反応式ができあがる。
> （Ⅲ）　もし化学反応式の形にしたいのなら、各イオンの対になるイオンを両辺に加えて式を整理する。

例　H_2O_2 の水溶液に $KMnO_4$ の硫酸酸性水溶液を加えたときの反応式を書け。

（Ⅰ）　半反応式を書く。

- $MnO_4^- + 8H^+ + 5e^- \longrightarrow Mn^{2+} + 4H_2O$ ……①
- $H_2O_2 \longrightarrow O_2 + 2H^+ + 2e^-$ ……②

（Ⅱ）　①×2 ＋ ②×5 で e⁻ を消去し、整理する。

- $2MnO_4^- + \cancel{16}^{6}H^+ + 5H_2O_2 \longrightarrow 2Mn^{2+} + 8H_2O + 5O_2 + \cancel{10H^+}$
  ⇩
- $2MnO_4^- + 6H^+ + 5H_2O_2 \longrightarrow 2Mn^{2+} + 5O_2 + 8H_2O$

（Ⅲ）　$2MnO_4^-$, $6H^+$ の対イオンはそれぞれ $2K^+$, $3SO_4^{2-}$ であるから両辺に $2K^+$, $3SO_4^{2-}$ を加えて化学式にする。

- $2KMnO_4 + 5H_2O_2 + 3H_2SO_4 \longrightarrow K_2SO_4 + 2MnSO_4 + 5O_2 + 8H_2O$

〔**例題**〕　次の化学反応式を書け。

① 銅を熱濃硫酸に溶かす。
② 臭素の水溶液に二酸化硫黄を吹き込む。
③ $Na_2C_2O_4$ の水溶液に $KMnO_4$ の硫酸酸性溶液を加える。
④ 酸化マンガン（Ⅳ）（二酸化マンガン）に濃塩酸を加え加熱する。
⑤ 二酸化硫黄の水溶液に硫化水素を通す。
⑥ ヨウ素溶液にチオ硫酸ナトリウムを加える。

（**解**）
① $Cu + 2H_2SO_4 \longrightarrow CuSO_4 + SO_2 + 2H_2O$
② $SO_2 + 2H_2O + Br_2 \longrightarrow H_2SO_4 + 2HBr$
③ $2KMnO_4 + 5Na_2C_2O_4 + 8H_2SO_4 \longrightarrow 2MnSO_4 + 10CO_2 + K_2SO_4$
　　　　　　　　　　　　　　　　　　　　　　　　　　　$+ 5Na_2SO_4 + 8H_2O$
④ $MnO_2 + 4HCl \longrightarrow MnCl_2 + Cl_2 + 2H_2O$
⑤ $SO_2 + 2H_2S \longrightarrow 3S\downarrow + 2H_2O$　（生成する硫黄は S_8 で白濁する）
⑥ $I_2 + 2Na_2S_2O_3 \longrightarrow 2NaI + Na_2S_4O_6$

③ **酸化還元反応の見分け方**

酸化還元反応は e^- の移動する反応である。ところが，化学反応式の中には，この流れているはずの e^- は表示されてはいない。

中和反応　　　　NaOH ＋ HCl ⟶ NaCl ＋ H₂O　　　…a
沈殿反応　　　　NaCl ＋ AgNO₃ ⟶ AgCl ＋ NaNO₃　…b
錯イオン生成反応　AgCl ＋ 2 NH₃ ⟶ [Ag(NH₃)₂]Cl　　…c
酸化還元反応　　H₂O₂ ＋ 2 KI ⟶ 2 KOH ＋ I₂　　　…d

これは，a〜cの中和反応などでは化学式の中に反応に関係する目印になるもの（■■）が表示されているのと大きな違いである。では，酸化数を調べて，それから判定するしか酸化還元反応を見つける方法はないのであろうか。いや，かなり有効な見つけ方がある。まず，単体が左，右どちらかの辺にあれば必ず酸化還元反応である。なぜなら，単体が化学反応するということは同じ元素から別の元素と結合することであり，そして，異なる元素の電気陰性度の値は違うので，このとき酸化数は必ずゼロからノンゼロに変化するからである。

$$A \odot A \rightleftarrows A : B$$
$$0 \quad 0 \qquad \mp 0$$

dの反応では右辺にI₂があることから即座にこれを酸化還元反応と判断できるのである。一方，中和，沈殿，錯イオン生成反応はいずれも酸化還元反応とはならない。それは，以下のようにして切断，再結合が起こるため，e^- の所有権は移動しないからである。

中和反応　　　　　Na(●●OH ＋ H(●●Cl ⟶ Na(●●Cl ＋ H(●●OH

沈殿反応　　　　　Na(●●Cl ＋ Ag(●●ONO₂ ⟶ Ag(●●Cl ＋ Na(●●ONO₂

錯イオン生成反応　Ag(●●Cl ＋ 2(●●NH₃ ⟶ [H₃N●●)Ag(●●NH₃](●●Cl

〔例題〕　次の化学反応のうち酸化還元反応を含むものに○をつけよ。

① Zn ＋ H₂SO₄ ⟶ ZnSO₄ ＋ H₂
② ZnO ＋ H₂SO₄ ⟶ ZnSO₄ ＋ H₂O
③ Zn ＋ 2 H₂O ＋ 2 NaOH ⟶ Na₂[Zn(OH)₄] ＋ H₂
④ Zn(OH)₂ ＋ 2 NaOH ⟶ Na₂[Zn(OH)₄]
⑤ K₂Cr₂O₇ ＋ 7 H₂SO₄ ＋ 6 FeSO₄
　　　⟶ K₂SO₄ ＋ Cr₂(SO₄)₃ ＋ 3 Fe₂(SO₄)₃ ＋ 7 H₂O
⑥ K₂Cr₂O₇ ＋ 2 KOH ⟶ 2 K₂CrO₄ ＋ 2 H₂O

(解)　①，③は単体があるから○。②は（広義の）中和反応だから×，④は錯イオン生成反応だから×。⑤，⑥はいずれも H₂O が生じているから，中和反応的な反応が含まれている。このように見ただけでははっきりしない反応は，酸化数の変化しそうな元素に目をつけその変化を調べるとよい。⑤では Cr（+6→+3），Fe（+2→+3），よって○。⑥は Cr（+6→+6），あとの元素も K（+1），O（−2），H（+1）で不変，よって×。

5 酸化還元滴定

酸化還元反応を起こしやすい物質の濃度は，酸化還元反応を利用して求めることができる。中和滴定など他の滴定と同様な器具（ピペット，ビュレット等）を使って実験するのであるが，反応の完了点を知るための指示薬があまりないので反応試薬は限られている。

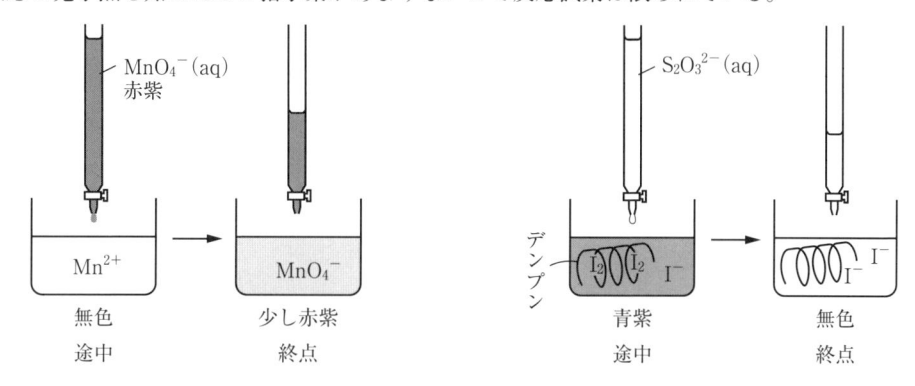

MnO_4^-(aq) 赤紫 ／ Mn^{2+} 無色 途中 → MnO_4^- 少し赤紫 終点

$S_2O_3^{2-}$(aq) ／ デンプン I_2 I^- 青紫 途中 → I^- 無色 終点

MnO_4^-（赤紫）$\longrightarrow$ Mn^{2+}（ほぼ無色），I_2 + デンプン（青紫）$\longrightarrow$ I^- + デンプン（無色）を利用して終点を知るのであるから，滴下する試薬はたいてい，$KMnO_4$ か $Na_2S_2O_3$ の水溶液である。

〔例題〕 0.10 mol/L の $H_2C_2O_4$ 水溶液の 10 mL に希硫酸を加えて温めながら，x mol/L の $KMnO_4$ 水溶液を滴下していったところ，5.0 mL 加えたところで $KMnO_4$ の赤紫色が消えなくなった。一方，y mol/L の H_2O_2 水溶液 10 mL に希硫酸を加えて，同じ $KMnO_4$ 水溶液を滴下していったところ，20 mL 加えたところで $KMnO_4$ の赤紫色が消えなくなった。x，y を求めよ。

（解） $KMnO_4$ は酸化剤としてのみ働くから，$H_2C_2O_4$，H_2O_2 が還元剤として働く。

Ⓡ $\begin{cases} H_2C_2O_4 \longrightarrow 2H^+ + 2CO_2 + 2e^- & \cdots\cdots① \\ H_2O_2 \longrightarrow 2H^+ + O_2 + 2e^- & \cdots\cdots② \end{cases}$

Ⓞ $MnO_4^- + 8H^+ + 5e^- \longrightarrow Mn^{2+} + 4H_2O$ $\cdots\cdots③$

①×5 + ③×2 より

$5H_2C_2O_4 + 2MnO_4^- + 6H^+ \longrightarrow 10CO_2 + 2Mn^{2+} + 8H_2O$ $\cdots\cdots④$

②×5 + ③×2 より

$5H_2O_2 + 2MnO_4^- + 6H^+ \longrightarrow 5O_2 + 2Mn^{2+} + 8H_2O$ $\cdots\cdots⑤$

どちらの式からも，物質量(mol)比は　Ⓡ：Ⓞ＝5：2　となるからこの物質量(mol)関係を使って式を立てればよい。ただ，この問では④，⑤式を求めよとは指定されてはいないのであるから，以下のように④，⑤を出さずに，出た e^- の mol ＝入った e^- の mol　の関係を使って①〜③より直接式を立てた方が早い。

$0.10 \times 10 \times 2 = x \times 5.0 \times 5$ ⇒ $x = \boxed{0.080}$

$y \times 10 \times 2 = x \times 20 \times 5$ ⇒ $y = \boxed{0.40}$

（Ⓡの $\frac{mol}{L}$，mL，Ⓡの m mol，出た e^- の m mol ＝ Ⓞの $\frac{mol}{L}$，mL，Ⓞの m mol，入った e^- の m mol）

3. 沈殿生成反応

1 どんなとき沈殿が生じるか

　この問はどんなとき塩は溶解するのかと表裏の関係にある問である。だから，析出する量と溶解する量が同じとき，つまり，溶解平衡の時に成り立つ関係式をもとにこれらが判定できるに違いない。塩の溶解平衡においては次式が成り立つ（☞上.p.96）。

$$M_mN_n(固) \rightleftarrows mM^{a+} + nN^{b-} \qquad K = [M^{a+}]^m[N^{b-}]^n \quad (ma = nb)$$

この K のことを溶解度積（solubility product）というので，これからは K_{sp} と表すことにしよう。今，$[M^{a+}]_0$〔mol/L〕の液 V_+〔mL〕と，$[N^{b-}]_0$〔mol/L〕の液 V_-〔mL〕を混合したとする。全体積が $(V_+ + V_-)$〔mL〕になるので，M^{a+}, N^{b-} の濃度は減少する。

$$[M^{a+}] = [M^{a+}]_0 \times \frac{V_+}{V_+ + V_-}$$

$$[N^{b-}] = [N^{b-}]_0 \times \frac{V_-}{V_+ + V_-}$$

さて，この濃度で上と同じ形の積をとったときの値を $\widetilde{K_{sp}}$ とすると，この値は平衡時における値 K_{sp} より，大，等，小のどれかである。$\widetilde{K_{sp}} > K_{sp}$ であるなら平衡時に比べてイオンが多すぎるのであるから，溶解平衡に至るまで余分な量が沈殿し，逆に $\widetilde{K_{sp}} < K_{sp}$ であるなら何ら沈殿は生じない。

$$\widetilde{K_{sp}} = [M^{a+}]^m[N^{b-}]^n \begin{cases} > K_{sp} \cdots 沈殿生じ，溶解平衡になる \\ = K_{sp} \cdots 沈殿生じない（飽和） \\ < K_{sp} \cdots 沈殿生じない \end{cases}$$

したがって，物質や条件が違うとき沈殿が生じたり溶解したりするのは，物質によって K_{sp} が違うことや，M^{a+}, N^{b-} の濃度が，$[H^+]$, $[NH_3]$ などで変化することによる。

2 なぜ K_{sp} や溶解度が塩によって違うか

　塩が水に溶解する反応は正確に書くと

$$M_mN_n(固) + aq = mM^{a+} aq + nN^{b-} aq + E 〔kJ〕$$

と表される。したがって，これは，2つの段階に分けて考えることができる。

　　（Ⅰ）イオンにバラける　　$M_mN_n(固) = mM^{a+}(気) + nN^{b-}(気) - E_Ⅰ$〔kJ〕

　　（Ⅱ）水と仲よくする　　$mM^{a+} + nN^{b-} + aq = mM^{a+}(aq) + nN^{b-}(aq) + E_Ⅱ$〔kJ〕

Ⅰでは陽イオンと陰イオンを互いに引き離すのだからエネルギーが必要であり，$E_Ⅰ$〔kJ/mol〕の吸熱となる。一方，Ⅱでは，イオンと水が引き合い安定になるのだから，$E_Ⅱ$〔kJ/mol〕の発熱となる。そこで，全体では $E = E_Ⅱ - E_Ⅰ$ のエネルギー変化がある。もちろん，まずは E 大 ⇔ 溶解度 大 と考えてよい。ところで，完全なイオン性結晶では，理論的には

$$E_\text{I} = k \times \frac{1}{r_+ + r_-} \qquad E_\text{I}：格子エネルギー \qquad r_+：陽イオン半径$$

$$\phantom{E_\text{I} = k \times \frac{1}{r_+ + r_-} \qquad E_\text{I}：格子エネルギー \qquad} r_-：陰イオン半径$$

$$E_\text{II} = k' \times \left(\frac{1}{r_+} + \frac{1}{r_-}\right) \qquad E_\text{II}：水和熱 \text{（この式は } a = b \text{ のとき）}$$

と表される。これらの式をもとに塩の溶解性について言えることを少し考えてみよう。

(1) イオン半径が違うほど溶けやすい。

イオン間の距離 $r_+ + r_- = l$ が一定の場合，E_I は不変である。一方，E_II は

$$\frac{1}{r_+} = \frac{1}{r_-} \ \Rightarrow \ r_+ = r_- = \frac{l}{2}$$

のとき最少になる。よって，イオン半径が違えば違うほど E_II は大きくなり，$E = E_\text{II} - E_\text{I}$ も大きくなって塩の溶解性が増すと考えられる。

　例　硫酸塩の溶解度は M^{2+} の半径が大きくなると減少する。（SO_4^{2-} は 2Å 程度）

```
 0.7    0.8    0.9    1.0    1.1    1.2    1.3    1.4  ⇐イオン半径(Å)
──┼──────┼──────┼──────┼──────┼──────┼──────┼──────┼──→
  ↑↑                  ↑             ↑  ↑             ↑      (1Å = 10⁻⁸ cm)
  Mg²⁺ Cu²⁺          Ca²⁺          Sr²⁺ Pb²⁺         Ba²⁺   (MSO₄ の)
  2〜3                10⁻²·⁵        10⁻³·² 10⁻⁴       10⁻⁵   ⇐ 溶解度 (mol/L)
```

(2) 共有結合性が増すと溶けにくくなる。

上の $E_\text{I} = k/(r_+ + r_-)$ の式は，結合のイオン性が 100% のときの式である。もし，結合の共有結合性が増し，たとえばイオン性 60% になったとしよう。これを完全にイオンとして引き離すには，まずイオン性 60% を 100% にするためのエネルギー（$E_\text{共有}$）が新たに必要になる。そして，これが E_I の中に加わってくる。

$$E_\text{I} = k \times \frac{1}{r_+ + r_-} + E_\text{共有}$$

その結果，$E_\text{共有}$ 増 ⇒ E_I 増 ⇒ $E = (E_\text{II} - E_\text{I})$ 減 ⇒ 溶解度 減 となる。

　例　銀塩の溶解度は電気陰性度の差が小さくなると減少する（Ag の電気陰性度は 1.9）

```
    2.5           3.0                          4.0   ⇐電気陰性度
──┼─────────────┼───┼────────────────────────┼──→
    ↑             ↑   ↑                        ↑
    I             Br  Cl                       F     (AgX の)
    10⁻⁸          10⁻⁶ 10⁻⁵                   約 10  ⇐ 溶解度 (mol/L)
```

(3) 弱酸由来の多価の陰イオンは溶けにくい。

$NaCl$(固)，CaF_2(固) の溶解熱 E はそれぞれ $-3.7\,\text{kJ/mol}$，$-6.3\,\text{kJ/mol}$ とほとんど違わない。ところが，100 g の水に，$NaCl$ は 36 g 溶けるのに，CaF_2 は 0.003 g しか溶けない。このことは，溶解によるエネルギー変化だけでは，塩の溶解度の大小を予想することはできないことを示している。塩が水に溶けたとき，イオンにとっては，固体の中で身動きできない状態から水中でかなり自由に動きまわれるようになったのだから，自由になったという点からは"うれしい"であろう。一方，水分子にとっては，やってきたイオンの"世話をする"ために常にイオンのまわりにいなくてはならず，自由を失ったという点で"不満"であろう。このことは，

非常に微妙な問題である。水分子にとってはイオンと仲よくできてエネルギー的には安定になれるので"うれしいことはうれしい"。そして引き合う度合が大きいほどエネルギー的には安定する。しかし，このとき一方で束縛は増えるのである。さて，弱酸由来の陰イオンは，もとの酸に戻るため H_2O に"おねだり"して H^+ を分けてもらっていた。そのため，その水溶液は塩基性になった。

$$CO_3^{2-} + H_2O \rightleftarrows HCO_3^- + OH^-$$

ところが，このような H^+ をもらえる幸運な"ヤツ"は全体の中ではほんの少数であり，残りのイオンはまわりの水を強く引きつけて H^+ をもらう機会を"うかがって"いる。そこで，H_2O は自由な動きを止められているわけだから，イオンの存在を"けむたがり"，イオンに水から去って行くように"すすめる"。弱酸由来の特に多価の陰イオンを含む塩の多くが水に溶けにくくなるのは，たぶんこのようなことが関係していると思われる。

$$CO_3^{2-}(aq) + Ca^{2+}(aq) \longrightarrow CaCO_3(固) + aq \quad (水の自由度増大)$$
$$2F^-(aq) + Ca^{2+}(aq) \longrightarrow CaF_2(固) + aq \quad (水の自由度増大)$$

以上のような考察からもわかるように，塩の溶解度は，イオン半径，結合の共有性の度合，イオンの水和による水分子の運動の自由度の減少などが一般には複雑にからみあって決まっている。したがって，一つの要因だけで溶解度の大小を予想することは，一般には困難である。

ただ，一般には，強酸由来の X^{n-}，形の悪い X^{n-} は溶けやすく，弱酸由来の多価の X^{n-} は沈殿しやすい。これらを，高校範囲でまとめたものを示しておく。

③ 沈殿する陽，陰イオンのペア

	分類	具体例	例外	
㊀溶グループ	強酸由来 X^{n-}	NO_3^-	なし	…(1)
		Cl^-(Br^-, I^- も)	Ag^+, Hg_2^{2+}, Pb^{2+} で沈	…(2)
		SO_4^{2-}	Pb^{2+}, Ca^{2+}, Sr^{2+}, Ba^{2+} で沈	…(3)
	形の悪い X^{n-}	CH_3COO^-, HCO_3^-, $H_2PO_4^-$	なし	…(4)
	ある陽イオン	Na^+, K^+, NH_4^+	なし	…(5)

	分類	具体例	例外		
			いつも溶	強酸性なら溶	
㊁沈グループ	弱酸由来の多価 X^{n-}	CO_3^{2-}, SO_3^{2-}, PO_4^{3-} $C_2O_4^{2-}$, CrO_4^{2-}	Na^+, K^+ NH_4^+	すべて	…(6)
	塩基由来の X^{n-}	OH^-, O^{2-}	イオン化列で $\leftarrow \cdots Na^+$	すべて	…(7)
		S^{2-}	イオン化列で $\leftarrow \cdots Al^{3+}$	イオン化列で $\leftarrow \cdots Ni^{2+}$	…(8)

注1．CH$_3$COO$^-$，HCO$_3^-$，H$_2$PO$_4^-$ など形の悪いイオンは，イオンの平均半径が大きくなるので，(1)イオン半径が違うほど溶けやすいこと（☞上.p.153）より，よく溶ける。

(例) (CH$_3$COO)$_2$Ca, Ca(HCO$_3$)$_2$, Ca(H$_2$PO$_4$)$_2$ は水溶性である。一方，CaCO$_3$, Ca$_3$(PO$_4$)$_2$ は水に難溶性である。

注2．金属元素の水酸化物や酸化物が水によく溶けると，溶液には OH$^-$ が満ちあふれるので，強塩基性となる。したがって，これらの溶解度の大小は塩基性の強弱と対応している。

注3．塩の溶解度は [H$^+$]，[NH$_3$]，温度などによって変化する。

例1．PbCl$_2$ は熱湯にはかなり溶ける（25℃→100℃で 1.1→3.3 g/dL）。

例2．AgCl は [NH$_3$] = 1 mol/L で錯イオン [Ag(NH$_3$)$_2$]$^+$ になって溶ける。

例3．CaCO$_3$, NiS は水に難溶であるが，CO$_3^{2-}$, S^{2-} は弱酸由来の陰イオンなので強酸性にすると，弱酸に戻るため，CaCO$_3$, NiS は強酸性なら溶解する。ただし，イオン化列で Sn より下位の金属元素の陽イオンの硫化物は，水に超難溶（K_{sp} が極めて小さい）であるので，強酸性にしても事実上溶解することはない。

〔例題〕次の塩で水に溶けやすいものは○，溶けにくいものは × をせよ。

① MnO$_2$　② KBr　③ Cu(NO$_3$)$_2$　④ BaSO$_4$　⑤ Ca$_3$(PO$_4$)$_2$
⑥ Ca(H$_2$PO$_4$)$_2$　⑦ CaF$_2$　⑧ MnCl$_2$　⑨ PbCrO$_4$　⑩ CaCO$_3$
⑪ PbCl$_2$　⑫ AgBr　⑬ (NH$_4$)$_2$SO$_4$　⑭ (CH$_3$COO)$_2$Pb
⑮ MgSO$_4$　⑯ CaCl$_2$　⑰ KMnO$_4$　⑱ Ca(HCO$_3$)$_2$

(解)
① O^{2-} ………(7)（前ページ表以下同）より ×　　② K$^+$ ……(5)より○
③ NO$_3^-$ ……(1)より○　④ SO$_4^{2-}$ ………(3)より ×　⑤ PO$_4^{3-}$……(6)より ×
⑥ H$_2$PO$_4^-$ ……(4)より○　⑦ これは覚えるしかない ×　⑧ Cl$^-$ ……(2)より○
⑨ CrO$_4^{2-}$ ……(6)より ×　⑩ CO$_3^{2-}$ ……(6)より ×　⑪ Cl$^-$ ……(2)より ×
⑫ Br$^-$ ……(2)より ×　⑬ SO$_4^{2-}$ ……(3)より○　あるいは NH$_4^+$…(5)より○
⑭ CH$_3$COO$^-$ …(4)より○　⑮ SO$_4^{2-}$ ……(3)より○　⑯ Cl$^-$ ……(2)より○
⑰ K$^+$ ……(5)より○　⑱ HCO$_3^-$ ………(4)より○

4　沈殿反応式の組み立て方

物質を陽イオンと陰イオンに分け，沈殿が起こるペアがあればイオンを交換すればよい。

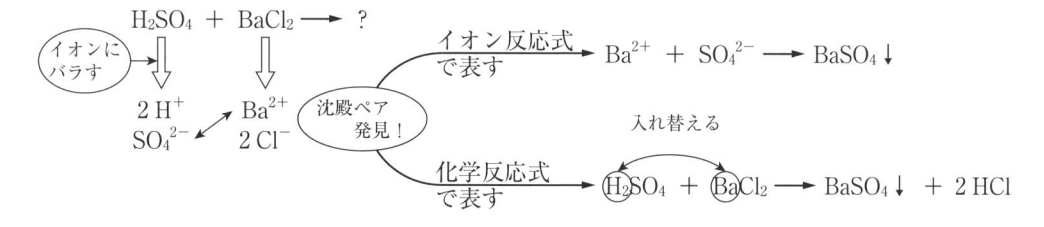

H$_2$SO$_4$ + BaCl$_2$ ⟶ ?

イオンにバラす ⟹ 2H$^+$，SO$_4^{2-}$ ／ Ba^{2+}，2Cl$^-$　沈殿ペア発見！

イオン反応式で表す：Ba^{2+} + SO$_4^{2-}$ ⟶ BaSO$_4$↓

化学反応式で表す：H$_2$SO$_4$ + BaCl$_2$ ⟶ BaSO$_4$↓ + 2HCl（入れ替える）

4. 錯イオン生成反応

1 錯イオンはどうしてできる

気体状の原子から電子を抜き去り陽イオンにするには，イオン化エネルギーという大きなエネルギーが必要であった。にもかかわらず，金属元素の原子は物質中ではたいてい陽イオンの形で存在している。このようなことが可能なのは，電子を出して不安定な陽イオンになっても，陽イオンのまわりに多くの電子またはイオンがあるので，それらと強く引き合って全体としてはエネルギー的に安定になれるからである。私たちは金属イオンを当たり前に存在するように Cu^{2+}, Na^+, …と書いているが，実際，これらのイオンは，単独では，数千度の高温状態でなければ存在できないのである。水中で Cu^{2+}, Na^+, …が存在するからには，金属単体中の自由電子やイオン性結晶中の陰イオンに見合う物質が金属イオンのまわりになければならない。

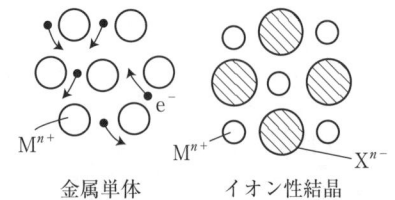

$CuCl_2$ が水に溶解したときを考えよう。Cu^{2+} と Cl^- が別れると，Cu^{2+} は極めて不安定な状態になる。まわりには H_2O しかないから H_2O の電子を引きつけようとするだろう。電子の所有権は酸素にあるが，この酸素の持つ電子を取ろうとするだろう。ところが電気陰性度からいって Cu が酸素の持つ電子を奪い去ることはできない。だとすれば，Cu^{2+} は結合に使われていない酸素の有する非共有電子対を貸してもらう以外に生きる道はなくなる。このようにして，Cu^{2+} が酸素の非共有電子対を引きつけた形の結合が Cu^{2+} と H_2O の O との間に生じる。このような，電子対を一方の原子から一方的に他方の原子に提供して生じる結合は一般に配位結合と呼ばれる。そこで，このときの H_2O のような作用をする物質を**配位子**と呼ぶ。

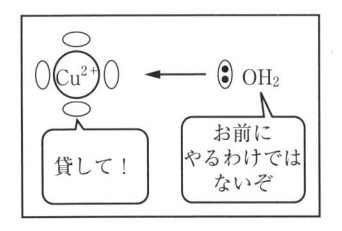

さて，提供された 2 個の e^- の中で，実際はその $\frac{1}{4}$ ぐらい（全部で $2 \times \frac{1}{4} = \frac{1}{2}$ 個分）の電荷しか M^{n+} に貸し与えられない。そこで，M^{n+} は 1 個の配位子だけでは足りないから，さらにいくつか配位子を集める。集められた配位子は，反発をできるだけ避けようとするから規則正しく配列する。

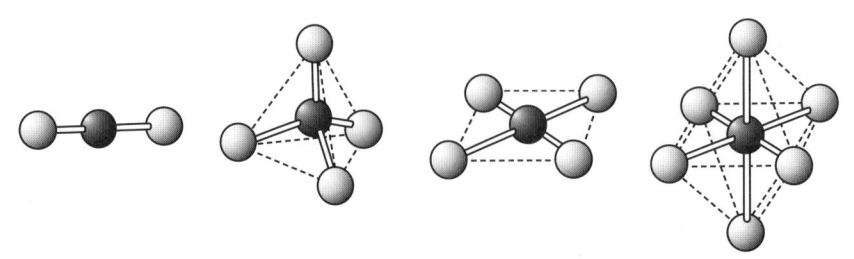

このようにしてできたのが錯イオンである。溶液中の金属イオンは基本的にはこのような錯イオンの形で存在し，これを行動単位としている。

ところで，電気陰性度の小さい金属（1族，2族など）のイオンのまわりにも常に配位子が存在する。たとえば Na^+ のまわりには4個の H_2O が存在する。しかし，Na は本来電子を引きつける力が弱いため，H_2O と安定な結合をつくらず，H_2O は激しく入れ替わっている。したがって，これらのイオンでは水和が起こっても錯イオンを形成しているとは言わないのが普通である。錯イオンをつくりやすいのは，主に電気陰性度が中程度の遷移元素の陽イオンであるのはこのような理由からである。

[参考]

なお，配位子はこのように互いに反発を避けて整然と配列して金属イオンの周辺に集まってくるのであるが，金属イオンの立場からすれば，その位置に配位子の非共有電子対を受け入れる空席，つまり空の軌道を用意していると言うこともできる。このような対称性を持った軌道は一般に軌道の混成によってしかできない。そこで，中心金属イオンの空軌道は次のように混成して配位子の非共有電子対を受け入れる場（軌道）を形成していると考えることがある。（☞ 上, p.65)

2配位——直 線 型——空の sp 　混成軌道——$[Ag(NH_3)_2]^+$
4配位——正四面体——空の sp^3 　混成軌道——$[Zn(NH_3)_4]^{2+}$
　　　　正 方 形——空の dsp^2 混成軌道——$[Cu(NH_3)_4]^{2+}$
6配位——正八面体——空の d^2sp^3 混成軌道——$[Fe(CN)_6]^{4-}$

例1． $[Zn(NH_3)_4]^{2+}$

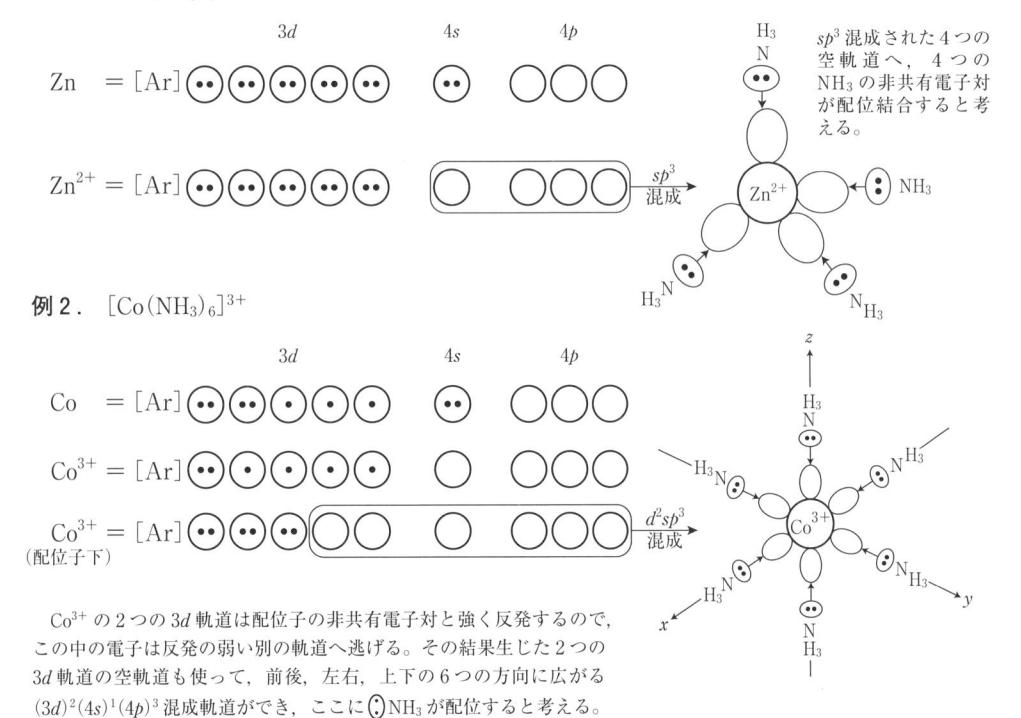

sp^3 混成された4つの空軌道へ，4つの NH_3 の非共有電子対が配位結合すると考える。

例2． $[Co(NH_3)_6]^{3+}$

Co^{3+} の2つの $3d$ 軌道は配位子の非共有電子対と強く反発するので，この中の電子は反発の弱い別の軌道へ逃げる。その結果生じた2つの $3d$ 軌道の空軌道も使って，前後，左右，上下の6つの方向に広がる $(3d)^2(4s)^1(4p)^3$ 混成軌道ができ，ここに (:)NH_3 が配位すると考える。

2 配位子の例

配位子になれる条件は、

- イ 提供性の強い非共有電子対を持ち、金属陽イオンの空軌道に配位結合ができること
- ロ 陰イオンであったり極性が大きかったりして、金属陽イオンと引力を及ぼしあって、配位結合を支えることができること

である。これらイ、ロの条件を満たす分子、イオンは非常にたくさんあり、したがって多数配位子が知られている。ここでは代表的なものを挙げておこう。

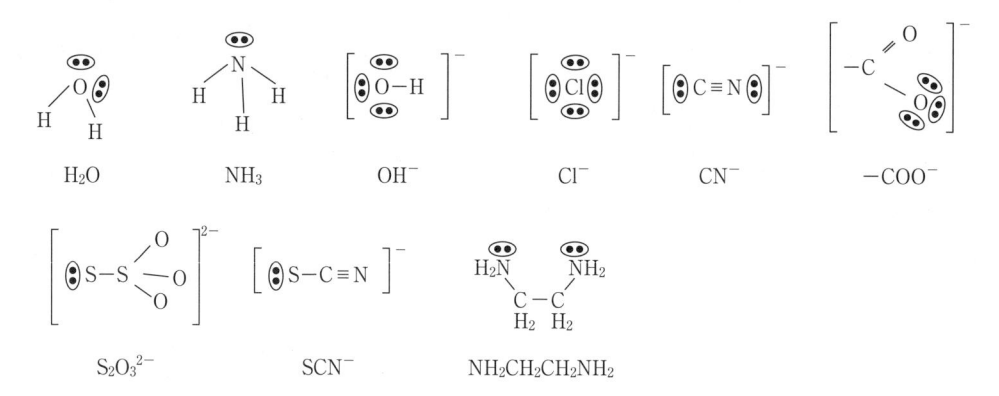

H_2O　　NH_3　　OH^-　　Cl^-　　CN^-　　$-COO^-$

$S_2O_3^{2-}$　　SCN^-　　$NH_2CH_2CH_2NH_2$

3 配位子の数と錯イオンの形

配位子の数が何によって決まるかを少し考えてみよう。

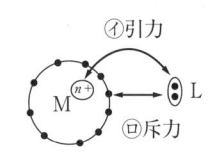

- イ 金属イオンの陽電荷が大きいほど電子に対する"飢"は大きいので、多くの配位子を引きつけることができる。
- ロ 配位子が金属イオンに近づいていったとき、金属イオンの最外殻にある d 軌道の電子が少ないほど配位子の電子対との反発が少なく、かつ空の d 軌道もあるので配位数を増やすことができる。

このイ、ロの兼ね合いで、だいたい配位数は次のようになる。

	M^{2+}, M^{3+}, d^7 以下	M^{2+}, d^9, d^8	M^+, d^{10}	M^{2+}, d^{10}
例	Co^{2+}, Co^{3+} Fe^{2+}, Fe^{3+} など	$d^9 - Cu^{2+}$ $d^8 - Ni^{2+}$ 注	Cu^+ Ag^+ Au^+	Zn^{2+} Cd^{2+} Hg^{2+}
配位数, 形	6配位　正八面体	4配位　正方形	2配位　直線	4配位　正四面体
錯イオン例	$[Fe(CN)_6]^{3-}$ $[Fe(CN)_6]^{4-}$ $[CoCl(NH_3)_5]^{2+}$	$[Cu(NH_3)_4]^{2+}$ $[Ni(CN)_4]^{2-}$	$[Ag(NH_3)_2]^+$ $[Ag(S_2O_3)_2]^{3-}$	$[Zn(NH_3)_4]^{2+}$ $[Zn(OH)_4]^{2-}$

注　NH_3 では $[Ni(NH_3)_6]^{2+}$ が生成しやすい。

4　代表的な配位子が配位する金属イオン

d ブロック元素の陽イオンは錯イオンをつくりやすい。しかし，周期表では5族から6族より右の金属イオンがほとんどである。安定な錯イオンをつくりやすい金属イオンは，この範囲の金属に限定してよい。そのような限定をまず念頭においた上で，次のような特徴がある。

① **CN^-** は，上の条件を満たす d ブロック元素のすべて陽イオンと結合する。

　例　$[Fe(CN)_6]^{4-} \xrightarrow{Cl_2} [Fe(CN)_6]^{3-}$，$[Zn(CN)_4]^{2-}$，$[Ag(CN)_2]^-$

② **NH_3 の濃水溶液**中で，NH_3 は，2価または1価の上の条件を満たす d ブロック元素の陽イオンと結合する。

　例　$[Cu(NH_3)_4]^{2+}$，$[Zn(NH_3)_4]^{2+}$，$[Ag(NH_3)_2]^+$

　なお3価の陽イオンは濃 NH_3 水でアンミン錯イオンを形成しない。水酸化物の難溶性が大きいためである。$[Cr(NH_3)_6]^{3+}$，$[Co(NH_3)_6]^{3+}$ などは，別の方法で合成する。

③ **濃 OH^-** は，いわゆる両性元素の陽イオンと結合する。

　例　$[Zn(OH)_4]^{2-}$，$[Sn(OH)_6]^{2-}$，$[Al(OH)_4]^-$（本当は $[Al(OH)_4(H_2O)_2]^-$），
　　　$[Cr(OH)_6]^{3-}$（$[Cr(OH)_4(H_2O)_2]^-$，$[Cr(OH)_4]^-$ と書くこともある），
　　　$[Pb(OH)_4]^{2-}$（本当はよくわかっていないが便宜的にこう書かれることがある）

　なお，NH_3 は弱塩基なので，その水溶液で高濃度の OH^- を実現することはできない。よって，NH_3 の濃厚溶液での OH^- では両性元素の陽イオンの OH^- による錯イオンを形成させることはできない。

④ **濃 Cl^-** は，周期表で6族付近から右のすべての金属イオンと4配位で結合する。

　例　$[AlCl_4]^-$，$[FeCl_4]^-$，$[CuCl_4]^{2-}$

　Cl^- の半径は中心陽イオンの半径の2倍はあることが多いので，Cl^- 間の反発がより強くなる6配位をとらず，陽イオンによらず4配位になると考えられている。この Cl^- の錯イオンは有機化学での試薬としてよく使われる（☞下.p.167）。

　　　$Cl_2 + FeCl_3 \longrightarrow Cl^+[FeCl_4]^-$，　$CH_3Cl + AlCl_3 \longrightarrow CH_3^+[AlCl_4]^-$

⑤ $S_2O_3^{2-}$ が Ag^+ と，SCN^- が Fe^{3+} と錯イオンをつくることは，Ag^+，Fe^{3+} の検出反応に使われている。

　例　$[Ag(S_2O_3)_2]^{3-}$（無），$[Fe(SCN)_6]^{3-}$（赤）

⑥ **EDTA** エチレンジアミン四酢酸（*Ethylene-Diamine-Tetra-Acetic acid*）は，pHによって6配位や4配位できる。そしてほとんどの金属イオンと1対1の錯塩をつくるので，金属イオンの定量によく使われる。

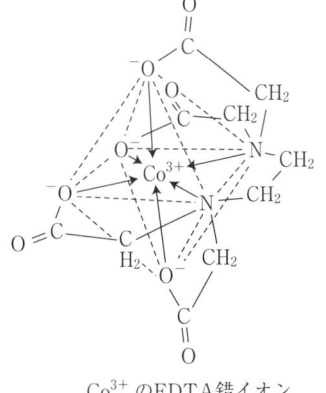

Co^{3+} のEDTA錯イオン

5 水溶液中での錯イオン生成反応の考え方

① 配位子交換反応としてのとらえ方

　金属イオンは，水中ではH_2Oが配位しているアクア錯イオンになっていると考えてよい。したがって，金属イオンの水溶液中での配位子(L)との反応は配位子がH_2OからLに交換する反応である。Lの濃度を上げると平衡が移動し，配位していたH_2OがLに置き換えられていく。ところで，Lが陰イオンのときは，H_2OとLがいくつか交換された中間の段階で電気的に中性になる場合がある。その物質が難溶性のイオン性結晶をつくりやすい場合は沈殿が生じることになる。

例1．Zn^{2+}を含む溶液へKCNを加える。

$[Zn(H_2O)_4]^{2+} + CN^- \rightleftarrows [Zn(CN)(H_2O)_3]^+ + H_2O$

$[Zn(CN)(H_2O)_3]^+ + CN^- \rightleftarrows [Zn(CN)_2(H_2O)_2] + H_2O \rightleftarrows Zn(CN)_2\downarrow + 3H_2O$
（沈殿が起こる）

$[Zn(CN)_2(H_2O)_2] + CN^- \rightleftarrows [Zn(CN)_3(H_2O)]^- + H_2O$

$[Zn(CN)_3(H_2O)]^- + CN^- \rightleftarrows [Zn(CN)_4]^{2-} + H_2O$

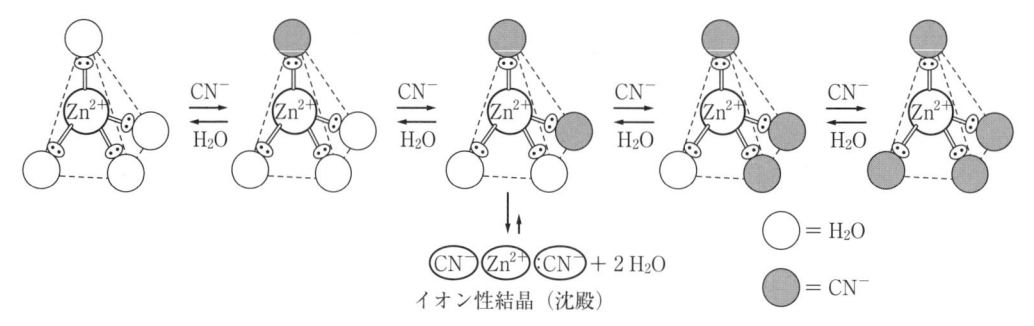

例2．Al^{3+}を含む溶液へOH^-を加える。

$[Al(H_2O)_6]^{3+} + OH^- \rightleftarrows [Al(OH)(H_2O)_5]^{2+} + H_2O$

$[Al(OH)(H_2O)_5]^{2+} + OH^- \rightleftarrows [Al(OH)_2(H_2O)_4]^+ + H_2O$

$[Al(OH)_2(H_2O)_4]^+ + OH^- \rightleftarrows [Al(OH)_3(H_2O)_3] + H_2O \rightleftarrows Al(OH)_3\downarrow + 4H_2O$

$[Al(OH)_3(H_2O)_3] + OH^- \rightleftarrows [Al(OH)_4(H_2O)_2]^- + H_2O$

　このように，水溶液中で錯イオンが形成される反応は一連の平衡反応で示される。一般に大量の配位子を加えると平衡が移動して，ほとんどすべて加えた配位子で置き換わった錯イオンが生成する。なお水溶液ではH_2Oが配位しているのが当然であるから，以下の例のようにH_2Oを省略して反応式を書くことも多い。

例　$Zn^{2+} + 2CN^- \longrightarrow Zn(CN)_2\downarrow$

　　$Zn(CN)_2 + 2CN^- \longrightarrow [Zn(CN)_4]^{2-}$

② 沈殿の錯イオン形成による溶解反応

沈殿というのは，難溶性の塩が沈んでいる状態と考えてよい。しかしどんな難溶性の塩でも，一部はイオンに解離して溶けており，たとえば $Cu(OH)_2$ は

$$Cu(OH)_2 \rightleftarrows Cu^{2+} + 2\,OH^-$$

のように解離していると書かれる。しかし，水溶液中である限り Cu^{2+} なるイオンは存在せず，$[Cu(H_2O)_4]^{2+}$ というアクア錯イオンの形になっているのだから，この反応は正しくは

$$Cu(OH)_2 + 4\,H_2O \rightleftarrows [Cu(H_2O)_4]^{2+} + 2\,OH^- \qquad \cdots\cdots ①$$

と書いた方がよいだろう。この液へ大量の NH_3 を加えると，H_2O と NH_3 の交換反応が起こる。

$$[Cu(H_2O)_4]^{2+} + 4\,NH_3 \rightleftarrows [Cu(NH_3)_4]^{2+} + 4\,H_2O \qquad \cdots\cdots ②$$

そうすると $[Cu(H_2O)_4]^{2+}$ が減少するから①の平衡は右へ移動し，結局 $Cu(OH)_2$ の沈殿が溶けることになる。全体の反応は①＋②より

$$Cu(OH)_2 + 4\,NH_3 \longrightarrow [Cu(NH_3)_4]^{2+} + 2\,OH^-$$

例1． $AgCl$ の沈殿へ NH_3 を加える。

$$AgCl + 2\,H_2O \rightleftarrows [Ag(H_2O)_2]^+ + Cl^-$$
$$+)\ [Ag(H_2O)_2]^+ + 2\,NH_3 \rightleftarrows [Ag(NH_3)_2]^+ + 2\,H_2O$$
$$\overline{AgCl + 2\,NH_3 \longrightarrow [Ag(NH_3)_2]^+ + Cl^-}$$

例2． Ag_2O の沈殿へ NH_3 を加える。

$$Ag_2O + 4\,H_2O \rightleftarrows 2[Ag(H_2O)_2]^+ + O^{2-}$$
$$O^{2-} + H_2O \longrightarrow OH^- + OH^- \text{（水中では }O^{2-}\text{ は }H_2O\text{ から }H^+\text{ を奪う）}$$
$$+)\ 2[Ag(H_2O)_2]^+ + 4\,NH_3 \rightleftarrows 2[Ag(NH_3)_2]^+ + 4\,H_2O$$
$$\overline{Ag_2O + H_2O + 4\,NH_3 \longrightarrow 2[Ag(NH_3)_2]^+ + 2\,OH^-}$$

③ NH_3 を加える反応

NH_3 を加えると，NH_3 は

$$NH_3 + H_2O \rightleftarrows NH_4^+ + OH^-$$

という反応を起こすので，NH_3 だけでなく，OH^- も増加する。そのため，金属イオンのまわりに H_2O が占めていた位置へ OH^- と NH_3 が競争的に配位しようとする。ところが OH^- は陰イオンであるから，クーロン力でも陽イオンに接近することができるので，まずは軍配は OH^- に上がる。$[Cu(H_2O)_4]^{2+}$ の場合，次のようになる。OH^- が2個配位したところで $Cu(OH)_2$ という沈殿が生じてしまうため，この反応は

$$2\,NH_3 + 2\,H_2O \longrightarrow 2\,NH_4^+ + 2\,OH^-$$
$$+)\ [Cu(H_2O)_4]^{2+} + 2\,OH^- \longrightarrow [Cu(OH)_2(H_2O)_2] + 2\,H_2O \longrightarrow Cu(OH)_2 + 4\,H_2O$$
$$\overline{[Cu(H_2O)_4]^{2+} + 2\,NH_3 \longrightarrow Cu(OH)_2\downarrow + 2\,NH_4^+ + 2\,H_2O}$$

また，配位している H_2O を省略して次のように書くこともできる。

$$Cu^{2+} + 2\,H_2O + 2\,NH_3 \longrightarrow Cu(OH)_2\downarrow + 2\,NH_4^+$$

さらにNH_3を加えると，OH^-とNH_3が一層増加するが，OH^-の増加はNH_3が弱塩基であるので鈍ってくる。またOH^-はそれ以上銅イオンに配位できない。そこで今度はNH_3の方に軍配が上がり，$Cu(OH)_2$が溶けて$[Cu(NH_3)_4]^{2+}$が形成される。

$$Cu(OH)_2 + 4NH_3 \longrightarrow [Cu(NH_3)_4]^{2+} + 2OH^-$$

では，両性元素の陽イオンの場合はどうなるであろうか。両性の水酸化物は高濃度のOH^-の条件でOH^-とさらに結合し，錯イオンとなって溶解する。ところがNH_3は弱塩基であるので高濃度（0.1 mol/L 以上）のOH^-をつくることはできない。だから，NH_3を加えてOH^-を増やしても両性元素の陽イオンをOH^-の錯イオンとして溶かすことはできない。

例　$Al(OH)_3 \xrightarrow{NH_3}$ 何も起こらない
　　$Pb(OH)_2 \longrightarrow$ 何も起こらない
　　$Sn(OH)_2 \longrightarrow$ 何も起こらない

ところが両性元素の陽イオンの中でも，Zn^{2+}は2価のdブロック元素の陽イオンであるから，NH_3と錯イオンをつくることができる。そのため，両性元素の水酸化物の中で$Zn(OH)_2$のみは，高濃度のNH_3の水溶液にも溶ける。

$$Zn(OH)_2 + 4NH_3 \longrightarrow [Zn(NH_3)_4]^{2+} + 2OH^-$$

6　錯化合物の色の原因

遷移元素の陽イオンは，d軌道にいくつか電子を持っている。また，5つのd軌道の中で空になっている軌道もある。この金属イオンのまわりに数個の配位子が結合してくると，配位子の電子軌道や静電場によってd軌道が影響を受けるようになる。5つのd軌道は，もともと同じレベルのエネルギーを持っている。配位子が接近すると，静電反発のため，d軌道はエネルギー的に不安定になるが，その中でも相対的に安定なものと不安定なものに二分される。そして電子はできるだけエネルギー的に安定な方に移動する。

この2つのレベルのエネルギー差をEとすると，$E = h\nu$になる光がこの錯化合物にあたるとこの光を吸収し，

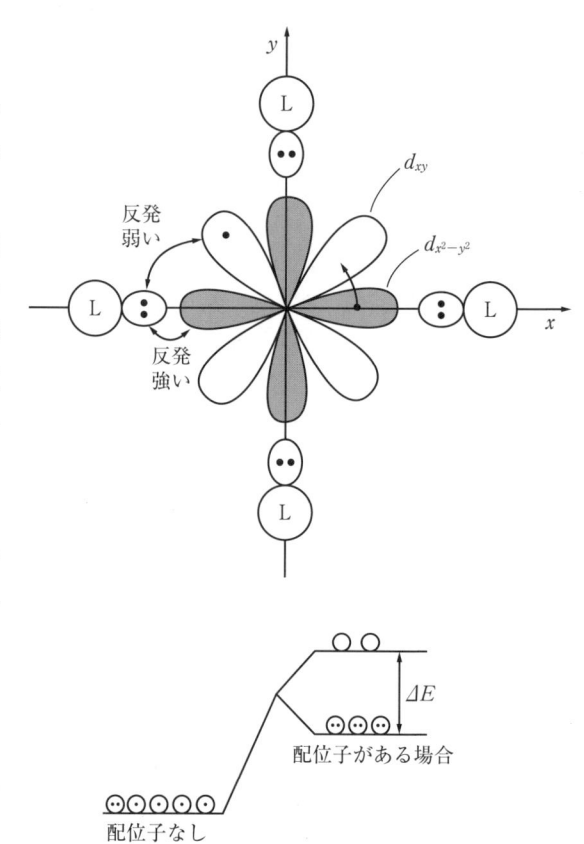

下のレベルの電子が上のレベルへ励起される。

ところでこの $\Delta E = h\nu$ に相当する光は，一般に可視光である。白色光を錯イオンに照射すると，吸収された波長の光のみの少ない光が私たちの目に入ってくる。こうして，私たちの目は，吸収された光の色と反対の色（補色）を感じるようになる。

なお，励起された電子は再び低いレベルへ落ちるが，このときのエネルギーは，水などがまわりで接触しているため，一般に分子や原子の回転運動のエネルギーなどに使われ，発光スペクトルをつくらない。

さて，もし d 軌道に電子が全くなかったら，当然励起される電子がないのだからこのようなことは起こらない。したがって d 軌道に電子を持っていない Na^+，K^+，Ca^{2+} などのアルカリ金属やアルカリ土類金属，さらに Al^{3+} などは無色のイオンである。

逆に，d 軌道に10個の電子が詰まっている場合は，満員なので電子の励起が起こりえない。つまり ΔE の光を当てても電子は励起されない。そのため，（11族）$^+$…Ag^+，Cu^+，Au^+，（12族）$^{2+}$…Zn^{2+}，Cd^{2+}，Hg^{2+} などのアクア錯イオン，アンミン錯イオンはすべて無色である。

① 重要な有色錯イオンの色

$[Cr(H_2O)_6]^{3+}$……緑	$[Fe(H_2O)_6]^{2+}$…淡緑	$[Mn(H_2O)_6]^{2+}$…淡ピンク
$[CrO_4]^{2-}$　……黄	$[Fe(H_2O)_6]^{3+}$…黄褐	$[MnO_4]^-$　………赤紫
$[Cr_2O_7]^{2-}$　……橙	$[Fe(CN)_6]^{4-}$……淡黄	$[Cu(H_2O)_4]^{2+}$……青
（O^{2-}を配位子と考えたとき）	$[Fe(CN)_6]^{3-}$……淡赤	$[Cu(NH_3)_4]^{2+}$……濃青

② **結晶の色**（☞上.p.55）

イオン結晶においても，陽イオンのまわりに何配位かで規則的に陰イオンが存在しているので，陽イオンの最外殻にある d 軌道のエネルギーを陰イオンが分裂させる。したがって錯イオンと同じような原理で，遷移元素の陽イオンを含むイオン結晶には有色のものが多く，d^0，d^{10} の金属イオンを含むイオン結晶には無色のものが多い。ただし，O^{2-}，S^{2-}，I^- などのイオン結晶の場合，陰イオン中の電子が光を吸収して，中心の陽イオンへ移動することがあり，その結果，色を有することもある。以下に，重要な結晶(沈殿)の色を示す。

AgCl ……白	FeO ……黒	$Al(OH)_3$ ……白	Cu_2O ……赤
AgBr ……淡黄	Fe_3O_4 ……黒	$Cr(OH)_3$ ……緑	CuO ……黒
AgI ……黄	Fe_2O_3 ……赤褐	$Fe(OH)_3$ ……赤褐	$Cu(OH)_2$ ……青白
Ag_2O ……褐		$Fe(OH)_2$ ……緑白	
Pb<u>CrO_4</u> ……黄 　　黄			
Ag_2<u>CrO_4</u>……赤褐 　　　黄			

硫化物塩（次のイオン以外の硫化物の色はすべて黒）

<u>うす紅</u>のウーマンが<u>2寸</u> <u>カット</u>の<u>白い</u>ジェントルマンに<u>ひそ</u> <u>かに</u> <u>様子</u> 聞いてみた。
　　　Mn^{2+}　Sn^{2+}　褐　　白　Zn^{2+}　　　　　As^{3+} Cd^{2+} Sn^{4+} 黄

第7章 無機化学反応の系統的理解のために

0. 無機化学反応の学習の仕方

　私たちの世界には無機物質は数十万種類存在するから，これらの間で起こる化学反応はそれこそ無限と言ってよいほど多くある。系統的に学ぶ方法はあるのだろうか。

　ある元素の単体Xがあったとしよう。それが地上に放置されたら，強烈な酸化剤であるO_2に酸化されて酸化物(X, O)になるであろう。地下深い所に置かれたら，地下にはO_2はなく還元的な環境にあるので，非金属元素なら水素化合物(X, H)になるであろう。事実，硫黄は地上では最終的にはSO_4^{2-}となり，一方，地下ではH_2Sとなって火山ガスとして噴出する。ただ，私たちは地上にあり，酸化物(X, O)を見ることが多い。この酸化物は，たいてい水と反応して水酸化物(X, OH)となる。水酸化物の多くは，H^+ or OH^-を放出して酸or塩基となり，結局，これらは水中で中和し合って塩と水になる，すなわち海に戻る。各元素は，結局，私たちの地球の地上においては，1. X → 2. (X, O) → 3. (X, OH) → 4. 塩　という流れの場に置かれているのである。したがって，各物質の反応性を考えるとき，その物質はこの1.～4.のどの位置にあるかを確認することが決定的に重要である。そこで，まず**第一に，このブロック内とブロック間で起こる基本的な反応を確認する**ことから始めよう。

	金属元素単体 Na, K, Ca, Fe, …	非金属元素単体 O_2, Cl_2, I_2, …
1. 単体 (X) 地上…O_2　H_2…地下 2. 酸化物 (X, O)　水素化合物 (X, H) 　↓ H_2O 3. 水酸化物 (X, OH) 　↓ 中和 4. 塩 と水	酸性物質 CO_2, SO_2, … HCl, H_2S, … HNO_3, H_2SO_4 H_3PO_4, …	塩基性物質 Na_2O, CaO, … NH_3 NaOH, $Ca(OH)_2$, … $Fe(OH)_3$
	NaCl, Na_2SO_4, … H_2O	

　さて，HClは，上記の分類法に基づくと酸に分類され，塩基たとえばNaOHと

$$\text{NaOH} + \text{HCl} \longrightarrow \text{NaCl} + \text{H}_2\text{O} \qquad \cdots\cdots ①$$

のような中和反応を起こす。しかし，HCl はさらに

$$AgNO_3 + HCl \longrightarrow AgCl\downarrow + HNO_3 \qquad \cdots\cdots ②$$
$$CuSO_4 + 4\,HCl \longrightarrow H_2[CuCl_4] + H_2SO_4 \qquad \cdots\cdots ③$$
$$H_2O_2 + 2\,HCl \longrightarrow 2\,H_2O + Cl_2 \qquad \cdots\cdots ④$$

などの反応も起こす。②，③，④の反応は上で述べた物質の基本的分類をもとにして分類されたブロック間の一般的な反応ではない。②は**沈殿生成反応**，③は**錯イオン生成反応**，④は**酸化還元反応**という立場から考えるとよくわかる反応である。そして，これらはすでに第6章で詳しく述べたものである。実は，この①〜④の4つの基本反応だけで高校の無機反応のほぼ80％が含まれている。やはり，**これら①〜④の基本反応をしっかり学び，さらにこれらをすばやく見分けられることが重要である**。これを第二の方針としよう。ただこの7章では，第6章との重複をさけて基本反応の書き方を整理するにとどめることにする。

化学反応の中には，反応が進む理由を知ることによってよく理解できるものがある。熱や触媒による分解反応，平衡移動の反応などはそうである。そこで**第三に，反応の進む理由をもとに反応を理解する方法を学習**しよう。

以上の3つの方針にもとづいてしっかり学習すれば，ほとんどの反応を違和感なく理解することができる。そこでこれらの応用という観点から，**第四に，①気体が生じる反応，②気体を検出する反応，③両性元素の酸・塩基との反応，④陽イオンを分けて検出する反応，⑤陰イオンを検出する反応** について学習することにしよう。

1. 無機物質の基本的分類に関係する反応

1 単体の反応

単体とは，単一の元素でできた物体である。したがって単体が反応するということは別の元素との間に化学結合をつくることに他ならない。一般に，異なる元素の電気陰性度は異なるため同種元素との結合から異種元素との結合へ移る過程で，酸化数は必ずゼロからノンゼロになる。つまり，**単体が関与する反応は必ず酸化還元反応になる**。

$$A:A \longrightarrow A:B$$
酸化数 ⇨ 　0　　0　　　≠0　≠0

したがって，**単体が反応するとき，その構成原子が電子を失う傾向を持っているのか，あるいは得る傾向を持っているのかを考えることがまず重要であり**，この点ですべての単体は，金属と非金属に大別される。さらに，**金属の単体の反応**は，それらが電子を失うときの**失いやすさの順序**に沿って整理される。一方，**非金属の単体の反応**は，それらが電子を得るときの**得やすさの順序**に沿って整理される。そこで，これらをまとめた表を使うと，単体の反応をよく理解することができる。

① 金属単体の反応性

カバーするか な マガアルマン あ てっこ に すんな ど すぎる 借 金
                                                    ↓ひ
                                                    H_2

	イオン化列	K Ba Sr Ca Na	Mg	Al	Mn	Zn	Fe	Co	Ni	Sn	Pb	Cu	Hg	Ag	Pt	Au
	電気陰性度	0.8 0.9 1.0 1.0 0.9	1.3	1.6	1.6	1.7	1.8	1.9	1.9	1.9	2.0	2.3	1.9	2.0	1.9	2.3	2.5

M↓M^{n+}	酸との反応	H^+で酸化され陽イオンとなる H^+はH_2となる										H^+より強い酸化力のある酸と反応 HNO_3, 熱濃H_2SO_4			王水
	水との反応	常温の水と反応	沸騰水	高温水蒸気で酸化される	平衡	酸化されない 逆に酸化物がH_2で還元される									何も起こらない
	O_2との反応	常温ですみやかに反応		常温では表面の酸化被膜で保護され反応は進まない 微粒子状や高温ではすみやかに反応								反応しにくい			何も起こらない
	電気分解で陽極に用いたとき		M → M^{n+} + ne^- が起こる											起こらない(OH^-, Cl^-が放電)	
M^{n+}↓M	水溶液の電気分解	析出せず代わりに水中のH^+が還元されH_2が発生					H_2と金属が析出					析出する			
	製 錬	融解塩電解		酸化物をC(コークス), COで還元する								酸化物は加熱で還元される			単体で産出

	イオン化列	K Ba Sr Ca Na	Mg	Al	Mn	Zn	Fe	Co	Ni	Sn	Pb	Cu	Hg	Ag	Pt	Au
右の化合物と水との関係 イオン化列にあわせて整理すると便利なこと	水酸化物	水に溶ける	どちらもその	水に溶けにくい								常温で水を出す			なし
		熱で変化しにくい		加熱すると酸化物と水になる											
	酸化物	水と反応し水酸化物となって溶ける		水と反応しにくく溶けにくい								なし			
	硫化物	水に溶ける		溶けないが, 強酸性にすると溶ける。								強酸性にしても溶けない			なし

㋑ **イオン化傾向とは何か，またどうしてできるか**

金属元素の単体が水中で電子を出して陽イオンになるときのなりやすさの順序がイオン化傾向である。これは次の反応の反応熱Qを大きい順に並べたものである。

$$M(単体) + aq = M^{n+}(aq) + ne^- + Q \text{ [kJ]}$$

ところで，この反応はさらに3つのステップに分けられる。

Step 1　$M(単体) = M(気体) - Q_1$ [kJ]　　　　　　　　　　　(Q_1：昇華熱)
Step 2　$M(気体) = M^{n+}(気体) + ne^- - Q_2$ [kJ]　　(Q_2：イオン化エネルギー)
Step 3　$M^{n+}(気体) + ne^- + aq = M^{n+}(aq) + ne^- + Q_3$ [kJ]　(Q_3：水和熱)

これより，$Q = -Q_1 - Q_2 + Q_3$となる。つまりイオン化傾向は，イオン化エネルギー（原子からの電子の出しにくさ）だけでなく昇華熱（金属結合の切りにくさ），水和熱（金属イオンの水和されやすさ）にも影響される。

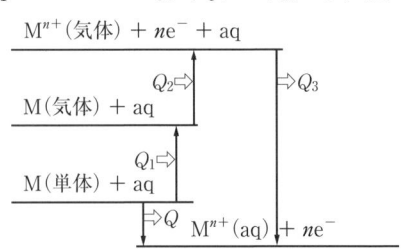

詳しく調べると，たとえばZn＞Cuは主に昇華熱の差（Cuの方が金属結合が強い）で，Fe＞Cuはイオン化エネルギーの差で，Zn＞Agは水和熱の差と昇華熱の差で決まっている。このように，金属の序列がどのような要因で決まるのかを簡単に予想することはできそうにない。ここでは，序列があるということを前提にしてそれを使いこなせるようにしよう。

ロ　金属単体と他の金属元素の陽イオンとの反応

●金属元素は単体中では酸化数がゼロ，化合物中では酸化数が正で存在している。したがって金属元素 M_1 と M_2 の間の反応は，

　　① 金属単体＋金属単体
　　② 金属陽イオン＋金属陽イオン
　　③ 金属単体＋金属陽イオン

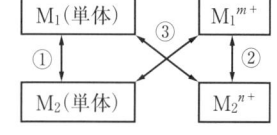

の3つの場合が考えられる。①の反応は Zn ＋ Cu ⟶ 合金（黄銅，真鍮）のような合金をつくる反応であり，どちらも自由電子を出し合って合金を形成しているのでイオン化列は問題にならない。②は Zn^{2+} ＋ Cu^{2+} ⟶ のように普通は何も起こらない。結局，問題になるのは③（金属単体と他の金属元素の陽イオンとの反応）の場合である。たとえば左下図でどんな反応が起こるのかを判断するとき，イオン化列が使われるのである。

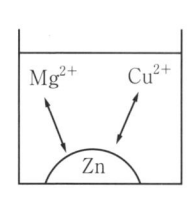

・Mg^{2+} ＋ Zn ⟶̸ Mg ＋ Zn^{2+}
　　　　　　　⇑
　　　　　Zn＜Mg

・Cu^{2+} ＋ Zn ⟶ Cu ＋ Zn^{2+}
　　　　　　　⇑
　　　　　Zn＞Cu

例 1. $2Ag^+$ ＋ Cu ⟶ Ag ＋ Cu^{2+}
　　2. Cu^{2+} ＋ Pb ⟶ Cu ＋ Pb^{2+}
　　3. Fe^{2+} ＋ Pb ⟶̸ Fe ＋ Pb^{2+}

●M^{n+} が O^{2-} で囲まれている状態は，M^{n+} が OH_2（H_2O）に囲まれている状態にある程度似ている。そこで水溶液中の反応ではなく金属と金属酸化物とが融解状態で反応するかどうかも，この序列でほぼ予想できる。

例 1. Cr_2O_3 ＋ 2Al ⟶ 2Cr ＋ Al_2O_3
　　2. MnO_2 ＋ 2Mg ⟶ Mn ＋ 2MgO
　　3. Fe_2O_3 ＋ 2Al ⟶ 2Fe ＋ Al_2O_3

この反応はテルミット法（ゴールドシュミット法）として，工業的にCr, Mnを得るために使われている。

このようにイオン化傾向の表は，**金属単体と他の金属元素の陽イオンとが酸化還元反応を起こすのかどうかの判断を与える**ことに注意しよう。

㋩ 金属単体と酸との反応

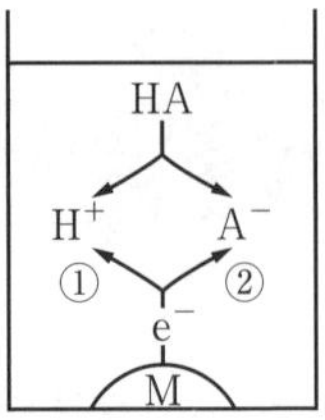

酸を HA とするとき，その水溶液には H^+ と A^- が存在している。この中へ金属の単体を入れたとき，金属単体 M が e^- を渡す反応が起こるとすれば，次の①，②の場合が考えられる。

$$① \overset{e^-}{\frown}\ M + H^+,\quad ② \overset{e^-}{\frown}\ M + A^-$$

A^- が Cl^-，SO_4^{2-}，CH_3COO^- などのとき，これらは酸化性を持っていないので②の反応は起こらず，①の反応のみ起こる可能性がある。

●HCl，希 H_2SO_4 との反応

$M > H_2$ の金属単体と反応して H_2 を発生する。

例 1. $Fe + 2H^+ \longrightarrow Fe^{2+} + H_2$

2. $Cu + 2H^+ \not\longrightarrow Cu^{2+} + H_2$

3. $Pb + 2H^+ \longrightarrow Pb^{2+} + H_2$

の反応は起こる。しかし，生じた Pb^{2+} は Cl^- または SO_4^{2-} と結合し，水に不溶性の $PbCl_2$，$PbSO_4$ となって Pb の表面に付着する。その結果，H^+ は Pb と接触できなくなるので，反応はすぐにストップしてしまう。

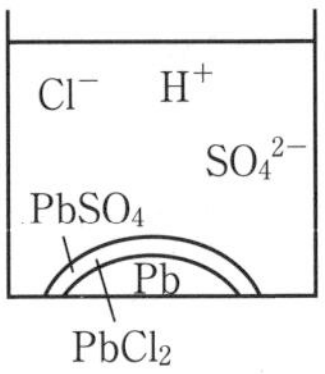

●希 HNO_3 との反応

NO_3^- は H^+ の存在下で H^+ より強い酸化力を持っている。したがって，M ≧ Ag の金属で，②の反応が主に起こる。ただし，$M > H_2$ の金属では，①の反応も起こるため H_2 もいくらか発生し，さらに，NO の還元が進んで N_2，NH_4^+ が生成することもある。

例 1. $3Cu + 2NO_3^- + 8H^+ \longrightarrow 3Cu^{2+} + 2NO + 4H_2O$

$\left(3Cu + 8HNO_3 \longrightarrow 3Cu(NO_3)_2 + 2NO + 4H_2O\right)$

2. $Zn \xrightarrow{HNO_3} Zn^{2+},\ NO,\ H_2,\ N_2,\ NH_4^+$

●濃 HNO_3，熱濃 H_2SO_4 との反応

希 HNO_3 と同様に，H^+ より強い酸化力があるため，M ≧ Ag の金属で主に②の反応が起こる。ただし，3価陽イオンをつくる金属（Cr，Al，Fe，Co，Ni）だけは，H_2O の少ない状況下で酸化されると，緻密な構造をもっているために酸に対して中和されにくい酸化被膜（M_2O_3）ができる。その結果，反応がストップする。このような本来反応すべき金属が反応しなくなる状態を**不動態**という。

例 1. $Cu + \underset{(濃)}{2H_2SO_4} \xrightarrow{熱} CuSO_4 + SO_2 + 2H_2O$

2. $Ag + \underset{(濃)}{2HNO_3} \longrightarrow AgNO_3 + NO_2 + H_2O$

3. $Al + \underset{(濃)}{HNO_3} \not\longrightarrow$

(三) **金属単体と水との反応**

- 純水中に存在するイオンは，$H_2O \rightleftarrows H^+ + OH^-$ で生じた少量の H^+ と OH^- である。金属の単体を純水に入れると，$M > H_2$ の金属は基本的にはこの H^+ と反応して，H_2 を発生させるはずである。しかし，たとえば Zn を入れ，

$$Zn + 2\underbrace{(H^+ + OH^-)}_{H_2O} \longrightarrow Zn(OH)_2 + H_2$$

の反応が少し起こると，Zn の表面には水に不溶性の $Zn(OH)_2$ が生じる。その結果，反応はすぐにストップしてしまう。したがって，金属水酸化物が水によく溶けるもの──強塩基をつくる金属元素の単体──のみが水とよく反応して H_2 を発生するのである。

例 1. $2Na + 2H_2O \longrightarrow 2NaOH + H_2\uparrow$
2. $Ca + 2H_2O \longrightarrow Ca(OH)_2 + H_2\uparrow$
3. $2Na + 2C_2H_5OH \longrightarrow 2C_2H_5ONa + H_2\uparrow$
(C_2H_5OH はわずかに H^+ を出している。☞下.p.152)

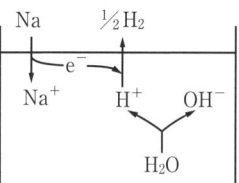

- イオン化傾向が中程度のもの（Mg〜Fe）は，高温という激しい条件の水＝水蒸気によって酸化される。高温になると，O−H 結合が激しく振動し，また金属結合がゆるむので自由電子の動きも活発になり，金属から H_2O 分子中の水素の原子核へ向けて電子が移動しやすくなるためと考えられる。反応の結果生成した金属の水酸化物は，高温では不安定であるので水を放出して酸化物の形となる。この反応はイオン化列の Fe まで起こり，Fe では逆反応があるため平衡状態になる。

$$\begin{array}{r} Zn + 2H_2O \longrightarrow Zn(OH)_2 + H_2 \\ +)\ Zn(OH)_2 \longrightarrow ZnO + H_2O \\ \hline Zn + H_2O \longrightarrow ZnO + H_2 \end{array}$$

例 1. $2Al + 3H_2O \longrightarrow Al_2O_3 + 3H_2\uparrow$
2. $3Fe + 4H_2O \rightleftarrows \underset{\uparrow}{Fe_3O_4} + 4H_2\uparrow$
　　　　　　　　　　　　　(Fe^{2+} と Fe^{3+} と O^{2-} が $1:2:4$ の化合物)
　　　平衡に注意

なお，Mg は冷水とは反応しないが沸騰水となら反応することができる。

$$Mg + 2H_2O\ (\text{boiled}) \longrightarrow Mg(OH)_2 + H_2\uparrow$$

- Ni 以下の金属は水で酸化されない。逆に酸化物が高温の H_2 で還元される。

例 1. $NiO + H_2 \rightleftarrows Ni + H_2O$
2. $CuO + H_2 \rightleftarrows Cu + H_2O$ （水の組成分析(定比例の法則)の実験で過去に用いられた反応）

ホ　**金属単体と O_2 との反応**

O_2 は強力な酸化剤であるので，極めて還元力の弱い Pt, Au 以外の金属とはすぐに反応して，酸化物にしてしまう。ただし，この反応では生成物である酸化物が金属の表面に付着する。そして，多くの金属酸化物はイオン性物質であり融点も高く丈夫である。このため，この酸化被膜が金属と O_2 との接触を断ち，反応は途中でストップする。したがって，被膜がはがれやすいとか，湿気を吸って溶解しやすいとか，反応熱（イオン化列に対応）が大きいため反応熱で被膜がすぐに高温になり被膜内での熱運動が激しくなって O_2 が浸透しやすくなる，というようなときでないと反応は内部まで進まない。イオン化列で Na までがこれに相当し，これらは空気中で内部まで酸化が進行するので，一般に石油（灯油）中に保存されている。それ以外の金属は，熱を加えて融解状態にするか，小さな粒にして表面積を大きくするか，食塩水でサビさせるかすると反応をすみやかに内部まで進行させることができるようになる。

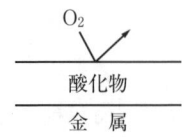

ヘ　**金属陽イオンの単体への還元**

金属の中で，Au, Pt 以外は自然界ではほとんど単体として存在していない。これら金属は一般に，酸化物，塩化物，硫化物，硫酸塩，炭酸塩，ケイ酸塩などの形で存在している。このような化合物の中の金属元素は陽イオンとして存在しているから，これらから金属単体を得るためには，陽イオンに電子を与えること（つまり還元すること）が必要である。そのための還元剤として，よりイオン化傾向の大きな金属の単体を使うことができるが，そのイオン化傾向の大きな金属の単体はどのようにして得るかという問題が残る。結局，最も確実な方法は，単純に e^- を与えることのできる方法，つまり電気分解法であり，この方法なら必ず金属イオンを還元することができる。ただ，電気は高価であり，工業的には，この方法はできるだけ避けたい。古くから，炭が還元剤として広く使われてきた。現在でも Zn〜Cu は，酸化物をコークス（石炭を熱したとき残る固形物。黒鉛の微粒子の集まり）や CO で還元して得られている。炭素の電気陰性度は 2.6 で金属元素に比べて大きい。この炭素が金属イオンへ電子を与えるのは一見奇妙であろう。ここで注意すべきことは，炭素の電気陰性度 2.6 は σ 結合に関しての値である。コークスや CO では，π 結合などで，不安定で動きやすい電子を持っている。これらの電子は，電気陰性度 2.6 から期待されるよりもっと出ていきやすいと考えてよい。事実，黒鉛は自由電子を持ち電気を流すので，乾電池の電極にも使われている。

イオン化傾向のさらに大きい K〜Al は，そのイオンが炭素では還元されないから電気分解で得るしかない。ただ，水溶液の電解では，金属は析出せず，代わりに H_2 が発生する。そこで，その酸化物や塩化物を高温で融解しその状態で電気分解して得られている。

（☞下.p.82）

② 非金属元素の単体の反応性

	(陰)イオン化列	F_2	(O_2)	Cl_2	Br_2	I_2	S_8
	元素の電気陰性度	4.0	3.4	3.2	3.0	2.7	2.6
X ↓ X^{m-}	金属との反応性	←―――――――――――――――――――――――					
	H_2O との反応	Oを酸化し (−2) O_2発生		Oを酸化できない (−2) 自己酸化還元反応する		水への溶解度小，かつ 反応もほとんどしない	
	H_2 との反応	暗所で爆発 的に反応	点火で爆発 的に反応	常温光で爆 発的に反応	高温光	高温平衡	高温平衡※
X^{m-} ↓ X	水溶液の電気分解	析出しない	析出する				
	工業的製法	KHF_2の 融解塩電解	空気の分留	電気分解	$Cl_2 + 2Br^- →$	単体で産出	石油の脱硫

注）他の非金属元素 B, C, Si, N, P は単独で陰イオンになることはまずないので，このイオン化列の中に入ってこない。これらの元素の反応性は，1つずつ学ぶしかない。

※ H_2S は通常 $FeS + 2HCl \longrightarrow FeCl_2 + H_2S\uparrow$ の反応で得る。

㋑ 非金属元素の単体の他の非金属元素の陰イオンとの反応

(陰)イオン化列は，非金属の単体が水中で電子を得て陰イオンになるときのなりやすさの順序である。したがって，非金属元素の単体と他の非金属元素の陰イオンとの反応が起こるかどうかの判断をするときに，このイオン化列が使われる。

- $2Br^- + \underline{Cl_2} \longrightarrow \underline{Br_2} + 2Cl^-$ 　　　・$2Br^- + \underline{I_2} \not\longrightarrow \underline{Br_2} + 2I^-$
　　　　　　↑　　　　　　　　　　　　　　　　　↑
　　　　$\boxed{Cl_2 > Br_2}$　　　　　　　　　　　$\boxed{I_2 < Br_2}$

㋺ 非金属元素の単体の水との反応

非金属元素の単体が水と反応して陰イオンになるためには，水から電子を吸引しなければならない。ところで，水中では，H_2O, H^+, OH^- が存在するが，この中でHの酸化数はすべて+1であり，Oのそれは−2である。よって，電子を出すことができるのは−2の酸化数を有する酸素である。したがって，非金属元素の単体と水との反応は，まず非金属元素の単体と O^{2-} との反応とみなすことができる。

- $2O^{2-} + 2F_2 \longrightarrow O_2 + 4F^-$
　　　　　　　↑
　　　　$\boxed{F_2 > O_2}$

$$\left(2H_2O + 2F_2 \longrightarrow O_2 + 4HF \right)$$

- $2O^{2-} + 2Cl_2 \not\longrightarrow O_2 + 4Cl^-$
　　　　　　↑
　　　$\boxed{Cl_2 < O_2}$

$$\left(2H_2O + Cl_2 \not\longrightarrow O_2 + 4HCl \right)$$

ところで，単体が他の元素と結合するときは必ず酸化還元反応になるから，酸化される元素と還元される元素がなければならない。Cl_2 は O^{2-} から電子をもらえないし，もちろん電気陰性度から考えても H^+ に電子を与えることはありえない。だとするならば，Cl_2

が水と反応するのに残された道はただ1つ，Cl_2 自らが

$$Cl(\overset{\bullet\bullet}{\bullet\bullet})Cl \longrightarrow Cl^+ + (\overset{\bullet\bullet}{\bullet\bullet})Cl^- \Leftrightarrow Cl^+ + Cl^-$$

のように反応して，酸化還元反応を起こすことである。(この場合，塩素原子の一方が酸化剤で他方が還元剤として働いている。) こうして生じた Cl^+ と Cl^- はそれぞれ，H_2O から生じた OH^- と H^+ と結合し，$Cl-O-H$ と HCl となる。
(HClO)

$$\left.\begin{array}{l} Cl_2 \longrightarrow Cl^+ + Cl^- \\ H_2O \longrightarrow H^+ + OH^- \end{array}\right\} \Rightarrow \underset{0}{Cl_2} + H_2O \longrightarrow \underset{-1}{HCl} + \underset{\underset{+1}{\parallel}{HClO}}{ClOH}$$

例 $Br_2 + H_2O \longrightarrow HBr + HBrO$

(ハ) 非金属元素の単体の生成

O_2，S_8 は天然で産出するので適当な方法で分離する。反応性が高い O_2 が自然界にこんなにたくさん存在できるのは，緑色植物が光合成で絶え間なく O_2 を放出しているからである。F_2 は最もイオン化傾向が大きいので，KHF_2 の融解塩電解によってのみ単体を得ることができる。Cl_2，Br_2，I_2 などは適当な酸化剤（MnO_2，$K_2Cr_2O_7$ など）を使うか，電気分解で陰イオンを酸化すれば得られる。

例 1. $MnO_2 + 4H^+ + 2e^- \longrightarrow Mn^{2+} + 2H_2O$
　　+) $\underline{\quad 2X^- \quad\quad\quad\quad \longrightarrow X_2 + 2e^- \quad}$
　　　$MnO_2 + 4H^+ + 2X^- \longrightarrow Mn^{2+} + 2H_2O + X_2$

または $MnO_2 + 4HX \longrightarrow MnX_2 + 2H_2O + X_2$　（X は Cl か Br）

2. $2Br^- + Cl_2 \longrightarrow Br_2 + 2Cl^-$

非金属元素の単体の構造（☞下，p.100〜113）

1	2	13	14	15	16	17	18
H_2*							He*
		B_{12}	C_∞* (ダイヤ，黒鉛)	N_2*	O_2* O_3*	F_2*	Ne*
			Si_∞ (ダイヤ型)	P_4* P_∞*	S_8*	Cl_2*	Ar*
				As_4 As_∞	Se_8 Se_∞	Br_2*	Kr
					Te_∞	I_2*	Xe
						At_2	Rn
				黄リン型	黒リン型	らせん型	*は重要な単体

注1) 太線より右は常温で気体，その他は Br_2 が液体である以外は固体である。

2) 赤リンは無定形である。高温・高圧の下で安定な結晶は黒リンであるが，高校では出てこない。

3) 無定形炭素は，黒鉛微粒子の集合体である。

4) ゴム状硫黄は $S-S$ 結合が長く連なった無定形物質である。

5) S_8 は重ね合わせ方によって，さらに斜方硫黄と単斜硫黄ができる。

2 酸性物質，塩基性物質

アレニウスの定義によると，水の中でH_2OよりH^+を出しやすい物質が酸，OH^-を出しやすい物質が塩基であり，これらが混合されたとき余分なH^+とOH^-からH_2Oが生じる反応が中和反応であった。したがって，元素Xの化合物が酸，または塩基と関係を持つには，H，Oの最低1つの元素を有していなくてはならない。

酸塩基と関係する物質＝(X, O, H) ⇨ 酸化物，水酸化物，水素化合物

① 水酸化物

㋑ 酸，塩基性の一般的傾向

構造中にO－H結合を持つものX－O－Hを水酸化物と一応呼んでおこう。水中では，結合の均等より不均等な（イオン状の）切れ方が，イオンと水とが引き合うために安定である。また切れる際，酸素の電気陰性度はXとHのいずれより大きいから酸素が共有電子対を持っていく。よって，以下の①，②で示される2つの切れ方が起こりうる。

$$X(\cdot\cdot O\cdot\cdot)H \begin{cases} \xrightarrow{①} X-O\!:\!^- + H^+ & \cdots\cdots 酸 \\ \xrightarrow{②} X^+ + \!:\!OH^- & \cdots\cdots 塩基 \end{cases}$$

その結果，水酸化物は切れる場所の違いによって酸になったり，塩基になったりする。

さて，イオンに解離するとき，(1)まず完全なイオン結合にし，次に(2)イオン間を引き離す という2つのステップに分けて考えることができる。(2)のステップは⊕と⊖の間を引き離すだけであるから，ここで必要なエネルギーは，たいていほぼ同じである。一方，(1)のステップでは，イオン結合性が大きいほど少ないエネルギーですむ。そこで，イオンに解離するときは，常識的な結論であるが，イオン性（極性）の大きい結合の方が切れやすい。そして，極性の大小は結合をつくっている元素の電気陰性度の差によって決まる。そこで，もしXがHより電気陰性度の小さい元素なら，X－O結合の方が切れやすいので塩基となる。このような元素は一般に金属元素である。したがって，**金属元素の水酸化物は一般に塩基となる**。一方，XがHより電気陰性度の大きい元素なら，O－H結合の方が切れやすいので酸となる。このような元素は一般に非金属元素である。したがって，**非金属元素の水酸化物は一般に酸である**。

例．酸 $\overset{3.2}{Cl}:\overset{3.4}{O}(\cdot\cdot):\overset{2.2}{H}$ 　　塩基 $\overset{0.9}{Na}(\cdot\cdot)\overset{3.4}{O}:\overset{2.2}{H}$ 　⇦電気陰性度

㋺ 結合酸素数と酸性度

ここでは，塩素のオキソ酸について考えてみよう。

$$\begin{array}{cccc}
HClO & HClO_2 & HClO_3 & HClO_4 \\
& & O & O \\
& & \uparrow & \uparrow \\
Cl-O-H & O\leftarrow Cl-O-H & O\leftarrow Cl-O-H & O\leftarrow Cl-O-H \\
& & & \downarrow \\
& & & O
\end{array}$$

$$\begin{bmatrix} :\!\ddot{O}\!: \\ :\!\ddot{O}\!:\!\ddot{C}l\!:\!\ddot{O}\!:\!H \\ :\!\ddot{O}\!: \end{bmatrix}$$

$HClO_4$の電子式

これらの酸では，Clに結合しているOの数が増えるにしたがって酸性が強くなる。HClOは弱酸だが，HClO$_4$は強酸である。なぜこのようになるのだろうか。

一般に，XOHが　XOH $\rightleftarrows$ XO$^-$＋H$^+$　のように電離するとき，XO$^-$がエネルギー的に安定であればあるほど平衡は右に傾くので，XOHの酸としての強さは強くなる。そしてXO$^-$の安定性は，このマイナス電荷が陰イオン全体に広がれば広がるほど大きい。上記の酸では，下図のようにマイナスは電気陰性度の大きい酸素の方に広がっているが，当然右へいくほどe$^-$が陰イオン全体に広がっているのでXO$^-$は安定になる。よってOが増すとともに酸性度が大きくなったのである。

次のような説明も可能である。Oの電気陰性度はClより大きいので，OがClに結合すると左図で①，②，③の共有電子対が全体として左へ移動し，Hのδ＋が増す。この効果はClに結合するOの数が多いほど大きい。Hのδ＋性が大きいほどXOHからH$^+$が出て行きやすいので，HClOよりHClO$_4$の方が強い酸性度を有する。

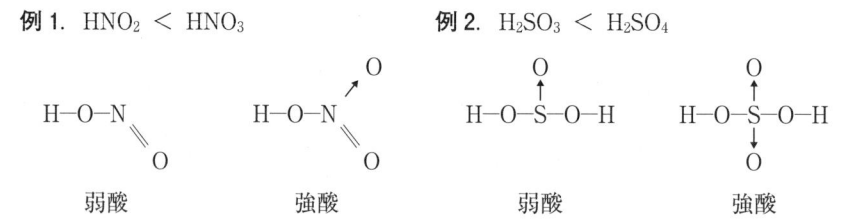

例1.　HNO$_2$　＜　HNO$_3$　　　　　　**例2.**　H$_2$SO$_3$　＜　H$_2$SO$_4$

弱酸　　　　強酸　　　　　　弱酸　　　　強酸

一方，遷移元素の中には低い酸化数（結合酸素原子の数が少ない場合に対応する）から，高い酸化数の水酸化物までつくるものがある。これらは，結合酸素原子の数が少ない場合は，そもそも金属元素の水酸化物であるから塩基であるが，多い場合は逆に酸になる。これも上と同じ理由である。

例1.　　　Cr(OH)$_2$　　＜　　Cr(OH)$_3$　　＜　　H$_2$CrO$_4$, H$_2$Cr$_2$O$_7$

塩基　　　　　　　両性　　　　　　　酸

例2.　　Mn(OH)$_2$　　＜　　HMnO$_4$

塩基　　　　　　酸

② 酸 化 物

酸化物はHを持っていないため，直接的には酸塩基と関係しない。しかし，ここで私たちが使っている酸塩基の分類は，基本的には水中における反応性に基づいている。つまりアレニウスの酸塩基の定義が土台になっている。だから，酸化物と酸塩基との関係を知るためには，酸化物が水とどう反応するかを知ることが必要になる。元素Aの酸化物は，

$$\text{㋑}\quad \overset{\delta+}{\sim\text{X}} = \overset{\delta-}{\text{O}} \qquad \overset{\delta+}{\sim\text{X}} - \overset{\delta-}{\text{O}} - \overset{\delta+}{\text{X}}\sim \qquad \text{㋺}\quad \overset{2+}{\sim\text{X}}\ \overset{2-}{\text{O}} \qquad \overset{+}{\sim\text{X}}\ \overset{2-}{\text{O}}\ \overset{+}{\text{X}}\sim$$

のように表せる。㋺のようなイオン結合の場合も極性が非常に大きい場合に含めると約束すれば，酸化物を㋑のように表すことができる。

さて，水は

$$\overset{\delta+}{\text{H}} - \overset{\delta-}{\text{O}} - \overset{\delta+}{\text{H}}$$

のように分極している。水とXの酸化物との反応は，当然電気的に陽性な部分と陰性な部分が接近して起こるはずであるが，もとの結合は酸素が電子対を持っていく形で切れることを考慮すると，このとき次のような結合の切断と生成が起こると考えられる。

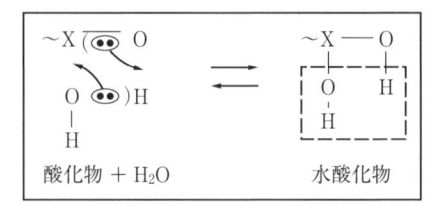

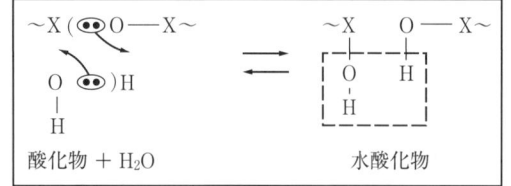

```
~X(••)O        ~X—O             ~X(••O—X~        ~X  O—X~
              ⇌  |  |                           ⇌  |  |
O(••)H             O  H              O(••)H          O  H
 |                 |                                |
 H                 H                                H
酸化物＋H₂O       水酸化物          酸化物＋H₂O       水酸化物
```

このように，酸化物は水を媒介として水酸化物と関係し，水酸化物は，①で述べたように酸塩基と関係している。そこで，一般に次のようにまとめられる。

金属元素の酸化物 $\underset{}{\overset{H_2O}{\rightleftharpoons}}$ 金属元素の水酸化物 ＝ 塩基 非金属元素の酸化物 $\underset{}{\overset{H_2O}{\rightleftharpoons}}$ 非金属元素の水酸化物 ＝ 酸	⇨ 金属元素の酸化物 ＝ 塩基性酸化物 非金属元素の酸化物 ＝ 酸性酸化物

ただし，①の㋺で述べたように酸素原子の結合数が多い遷移元素の酸化物，水酸化物は酸性物質に分類される。

 例 $Mn_2O_7 - HMnO_4 -$ 酸

このようにして，「酸化物＋水」は酸や塩基と関係する。したがって，酸化物を見ればすぐに対応する酸または塩基が思い出せるようにできなくてはならない。次とその次のページの表には，代表的で重要と思われる酸化物に対応する酸または塩基が記されている。暗記するという考えでなく，対応関係を理解する感じで学習してほしい。

(i) **塩基性酸化物と塩基**

塩基性酸化物がどの塩基に対応しているかは化学式を見ても，物質名を見てもすぐにわかる。

例　$CaO \Longleftrightarrow Ca(OH)_2$　　酸化カルシウム $\Longleftrightarrow$ 水酸化カルシウム

したがって，この対応関係で問題になるのは，どのような条件下で水を媒介として，右へ行ったり，左へ行ったりするかぐらいである。

元素	酸化数	酸化物		水酸化物	塩基性度
K	+1	K_2O		KOH	↑
Ba	+2	BaO	$+ \boxed{H_2O} \longrightarrow$	$Ba(OH)_2$	強
Ca	+2	CaO		$Ca(OH)_2$	↓
Na	+1	Na_2O		NaOH	
Mg	+2	MgO	$+ \boxed{H_2O} \rightleftarrows$ 熱	$Mg(OH)_2$	中
Al	+3	Al_2O_3		$Al(OH)_3$	
Zn	+2	ZnO		$Zn(OH)_2$	
Fe	+3	Fe_2O_3		$Fe(OH)_3$	
Fe	+2	FeO		$Fe(OH)_2$	
Ni	+2	NiO		$Ni(OH)_2$	水にほとんど溶けない
Sn	+4	SnO_2	$+ \boxed{H_2O} \rightleftarrows$ 熱	$Sn(OH)_4$	弱
Sn	+2	SnO		$Sn(OH)_2$	
Pb	+4	PbO_2		$Pb(OH)_4$	
Pb	+2	PbO		$Pb(OH)_2$	
Cu	+2	CuO		$Cu(OH)_2$	
Cu	+1	Cu_2O		CuOH	
Hg	+2	HgO	$+ \boxed{H_2O} \rightleftarrows$ 常温	$Hg(OH)_2$	
Hg	+1	Hg_2O		$Hg_2(OH)_2$	↓
Ag	+1	Ag_2O		AgOH	

(1) 酸化物は水中では水酸化物に変化する。ただ，その水酸化物が水に溶けにくいときは，酸化物の表面が不溶性の水酸化物で覆われるため反応はストップする。結局，**水酸化物がよく水に溶け，水中に OH^- が多く存在できるとき，つまり強塩基になるときだけ，酸化物はよく水酸化物に変化する** と考えることができる。そこで，MgO を境に水との反応性は異なることになる。

(2) 水酸化物は一般に加熱すると水をはき出しながら酸化物になる。ただ，1族の水酸化物は，通常の加熱条件下では分解しない。

(3) CuOH は水中でも少し加熱すると Cu_2O（赤）に変化する。この変化は，アルデヒドを検出する反応の1つであるフェーリング液を還元する反応で利用される。(☞下. p.164)

(4) AgOH は水中で，しかも常温でも Ag_2O になる。よって，Ag^+ に OH^- を加えたときに沈殿するのは AgOH でなく，Ag_2O である。

$$2\,AgNO_3 + 2\,NaOH \longrightarrow Ag_2O\downarrow + H_2O + 2\,NaNO_3$$
$$2\,AgNO_3 + 2\,NH_3 + H_2O \longrightarrow Ag_2O\downarrow + 2\,NH_4NO_3$$

(5) HgOH は Hg_2O になり，さらに Hg と HgO に分解する。

(ii) **酸性酸化物と酸**

酸性酸化物がどんな酸（−O−Hの構造をもつ酸を**オキソ酸**（酸素酸）という）に対応するかは，化学式の上からも，また物質名からも，一見してわかるものではない。

例　$\underset{\text{十酸化四リン}}{P_4O_{10}} \longleftrightarrow \underset{\text{オルトリン酸}}{H_3PO_4}$, $\underset{\text{メタリン酸}}{HPO_3}$　　$\underset{\text{二酸化窒素}}{NO_2} \longleftrightarrow \underset{\text{硝酸}}{HNO_3} + \underset{\text{亜硝酸}}{HNO_2}$

これらの関係がわかるためには，いろいろと工夫をしなくてはならないだろう。

族	元素	酸化数	酸化物	水酸化物	→ オキソ酸	名　称	酸性度
17	Cl	+7	Cl_2O_7	$ClO_3(OH)$	→ $HClO_4$	過塩素酸	強 ↑
		+5		$ClO_2(OH)$	→ $HClO_3$	塩素酸	
		+4	ClO_2				
		+3		$ClO(OH)$	→ $HClO_2$	亜塩素酸	
		+1	Cl_2O	$Cl(OH)$	→ $HClO$	次亜塩素酸	↓ 弱
16	S	+6	SO_3	$SO_2(OH)_2$	→ H_2SO_4	硫酸	強
		+4	SO_2	$SO(OH)_2$	→ H_2SO_3	亜硫酸	中
15	N	+5	N_2O_5	$NO_2(OH)$	→ HNO_3	硝酸	強
		+4	$N_2O_4(NO_2)$				
		+3	N_2O_3	$NO(OH)$	→ HNO_2	亜硝酸	弱
		+2	NO				
		+1	N_2O				
	P	+5	P_4O_{10}	$PO(OH)_3$	→ H_3PO_4	（オルト）リン酸	中
		+5	P_4O_{10}	$PO_2(OH)$	→ HPO_3	メタリン酸	中
14	C	+4	CO_2	$CO(OH)_2$	→ H_2CO_3	炭酸	弱
		+2	CO		→ $(HCOOH)$	ギ酸	弱
	Si	+4	SiO_2	$Si(OH)_4$	→ H_4SiO_4	オルトケイ酸	弱
		+4	SiO_2	$SiO(OH)_2$	→ H_2SiO_3	（メタ）ケイ酸	弱
13	B	+3	B_2O_3	$B(OH)_3$	→ H_3BO_3	ホウ酸	弱
7	Mn	+7	Mn_2O_7	$MnO_3(OH)$	→ $HMnO_4$	過マンガン酸	強
		+6	(MnO_3)	$MnO_2(OH)_2$	→ H_2MnO_4	マンガン酸	?
6	Cr	+6	CrO_3	$CrO_2(OH)_2$	→ H_2CrO_4	クロム酸	中
		+6	CrO_3	$Cr_2O_5(OH)_2$	→ $H_2Cr_2O_7$	二クロム酸	強

(1) 酸化物と酸の中で元素 X の酸化数はたいてい同じである。このことを利用して，対応関係を確認することができることが多い。

例　$\underset{+7}{\underline{Cl}_2O_7} \longleftrightarrow \underset{+7}{H\underline{Cl}O_4}$　　$\underset{+5}{\underline{N}_2O_5} \longleftrightarrow \underset{+5}{H\underline{N}O_3}$

(2) ところが，NO_2，ClO_2 などは対応する酸化数を持つ酸が存在しない。このようなときは H_2O と反応するとき，酸化数の違う2つの酸に分かれる。たとえば，NO_2 は

$$2\underset{+4}{\underline{N}O_2} + H_2O \longrightarrow \underset{+5}{H\underline{N}O_3} + \underset{+3}{H\underline{N}O_2} \quad \text{（低温で濃度が小さいとき）}$$

のように反応する。ただし，HNO_2 は酸性が強かったり温度が高かったりすると不安定になり，さらに HNO_3 と NO に分解する。HNO_3 の工業的製法ではこの反応が起こる。

$$3\underset{+4}{\underline{N}O_2} + H_2O \longrightarrow 2\underset{+5}{H\underline{N}O_3} + \underset{+2}{\underline{N}O} \quad \text{（高温，濃度が大きいとき）}$$

(3) 同じ元素のオキソ酸でも，酸化数の異なるものが存在することがある。どこかを基準にしたときの酸化数より大きいときには**過**，小さいときには順に**亜**，**次亜**をつけてこれらを区別する。

例．

```
      +1          +3          +5          +7    ⇐ 酸化数
      HClO       HClO₂       HClO₃       HClO₄
   次亜塩素酸    亜塩素酸     塩素酸      過塩素酸
```

(4) 同じ元素の酸化物でも，H_2O の付加数が違うオキソ酸ができることがある。

例．$P_4O_{10} \xrightarrow{H_2O}$ HO–P(=O)=O $\xrightarrow{H_2O}$ HO–P(=O)–OH(OH)

完全に付加が完了したものには**オルト**（正），1つ前の付加物には**メタ**（準）をつけて区別する。一般にどちらかが安定であるため，**安定な方には何もつけないで呼ぶことが多い**。たとえば，N の場合，H_3NO_4 より HNO_3 が安定であるため後者を硝酸，P の場合，逆に，H_3PO_4 は HPO_3 より安定であるため前者をリン酸とよく呼ぶ。一般に，第2周期の元素は酸素と二重結合をつくりやすいので，完全に H_2O の付加した化合物は安定でないことは知っておくと便利であろう。

例．$O=C=O \xrightleftharpoons{H_2O} O=C(OH)(OH) \xrightleftharpoons{H_2O} HO-C(OH)(OH)-OH$

CO_2 H_2CO_3（メタ）炭酸 H_4CO_4（オルト）炭酸

(5) 1分子中に –O–H 基を2個以上持つ酸には分子間で縮合した酸が考えられる。縮合分子数に対応して二リン酸，三リン酸，……，ポリリン酸などと名づける。

例．HO–Cr(=O)(=O)–OH + HO–Cr(=O)(=O)–OH → HO–Cr(=O)(=O)–O–Cr(=O)(=O)–OH

オルトケイ酸（$Si(OH)_4$）は非常に縮合しやすい。

H_4SiO_4 → … → H_2SiO_3

H_2SiO_3 はポリオルトケイ酸ということができるが，（メタ）ケイ酸と呼ぶことが多い。石英（SiO_2）は完全に縮合してしまった物質に対応し，これは水には溶けない。ただし，高温の NaOH とは徐々に反応して Na_2SiO_3 などとなる。

(6) CO は水に溶けず中性物質に分類される。しかし，高温高圧下では NaOH とは反応して HCOONa を生成させる。この点からは CO は HCOOH と対応していると考えられる。事実，HCOOH に濃硫酸を加えて加熱脱水すると，CO が発生する。

③ 水素化合物

水素化合物をXHで表してみると，水中で起こしうる反応は次の①～③の3つである。

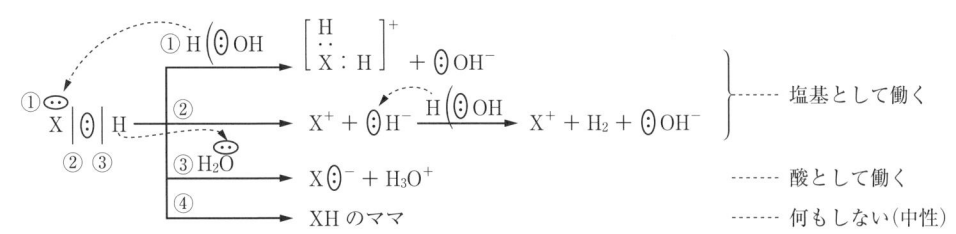

$$\begin{array}{l}
① \text{H}(\cdot\cdot)\text{OH} \longrightarrow \begin{bmatrix} \text{H} \\ \vdots \\ \text{X}:\text{H} \end{bmatrix}^+ + (\cdot\cdot)\text{OH}^- \\
② \longrightarrow \text{X}^+ + (\cdot\cdot)\text{H}^- \xrightarrow{\text{H}(\cdot\cdot)\text{OH}} \text{X}^+ + \text{H}_2 + (\cdot\cdot)\text{OH}^- \\
③ \text{H}_2\text{O} \longrightarrow \text{X}(\cdot\cdot)^- + \text{H}_3\text{O}^+ \\
④ \longrightarrow \text{XH のママ}
\end{array}$$

……塩基として働く
……酸として働く
……何もしない（中性）

X－H結合が切れるとき，電気陰性度がX＜Hなら②，X＞Hなら③の切れ方が起こる。②で切れたとき生じるH$^-$ はすぐにH$_2$Oと反応して，H$_2$とOH$^-$になる。たとえば，

$$\text{NaH} + \text{H}_2\text{O} \longrightarrow \text{NaOH} + \text{H}_2 \uparrow$$

のように反応し，NaOHが生じるので，そういう点から考えると，NaHは強塩基性である。①の反応は，一般には，非共有電子対を有する15族以上の水素化合物で起こるが，15族以外は事実上問題にならない。一方，これら①～③のどれもしないこともありうるわけで，多くの金属と14族の水素化合物は一般に酸塩基性という立場からすると中性である。

1	2	13	14	15	16	17	
LiH	BeH$_2$	B$_2$H$_6$	☆CH$_4$	☆NH$_3$	☆H$_2$O（中性）	☆HF（弱）	☆重要
☆NaH	MgH$_2$	AlH$_3$	SiH$_4$	PH$_3$	☆H$_2$S	☆HCl	
☆KH	CaH$_2$	Ga$_2$H$_6$	GeH$_4$	AsH$_3$	H$_2$Se	☆HBr	
RbH	SrH$_2$	InH$_3$	SnH$_4$	SbH$_3$	H$_2$Te	☆HI	
CsH	BaH$_2$	TlH$_3$	PbH$_4$	BiH$_3$	H$_2$Po	HAt	
強塩基性		中　性		弱塩基性	弱酸性	強酸性	
②		④		①	③		

③ 各物質間の基本的変換関係

以上をまとめると，物質の間には次のような関係がある。

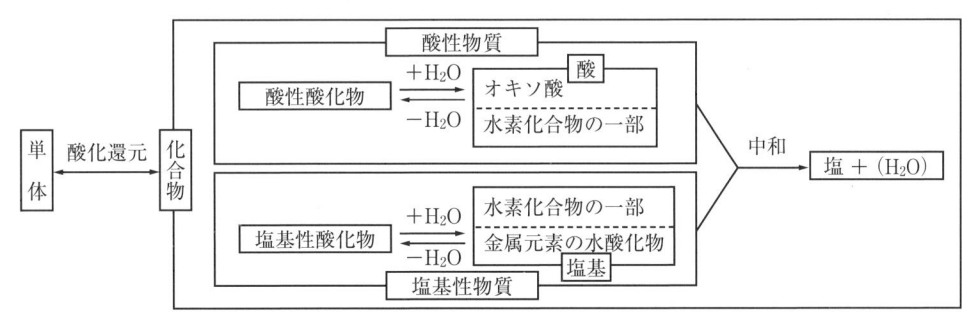

```
                    ┌─ 酸性物質 ─────────────┐
                    │    +H₂O  ┌─ オキソ酸 ─┐ 酸 │
         ┌ 酸性酸化物 ⇄ ────                    │
         │          −H₂O  └ 水素化合物の一部 ┘ │
単体 ─酸化還元─ 化合物                              ├ 中和 → 塩 +（H₂O）
         │          +H₂O  ┌ 水素化合物の一部 ┐ │
         └ 塩基性酸化物 ⇄                         │
                    −H₂O  └ 金属元素の水酸化物 ┘ 塩基│
                    └─ 塩基性物質 ───────────┘
```

これらの関係は，物質の変換関係を考える上で最も基本的で重要なものである。常にこの関係に立ち返って，物質間のつながりを確認しておくことが化学反応を学んでいくとき特に大切である。

2. 基本的な化学反応

ほとんどの化学反応は二物質間の反応であり，重要な化学反応はその型に名称がつけられている。中和反応，沈殿反応，錯イオン生成反応，酸化還元反応などである。高校の無機化学で出てくる反応の約80％の反応はこの4つの反応のどれかに分類される。このうち，前三者は反応によってどの元素の酸化数も変化しない反応であり，酸化還元反応のみが酸化数の変化する反応である。ある化学反応がどの型の反応かを判断するには，対応する要素（物質やイオン）を早く見分けることが必要である。

酸化数	反応名	対応する要素		参照頁
		電子(対)受容性物質	電子(対)供与性物質	
不変	中和反応	酸（性物質）	塩基（性物質）	113
	沈殿反応	陽イオン	陰イオン	152
	錯イオン生成反応	中心イオン（主に陽イオン）	配位子	156
変化	酸化還元反応	酸化剤	還元剤	137

つまり，二物質を見たとき，(酸，塩基)，沈殿を形成する（陽イオン，陰イオン），(中心イオン，配位子)，(酸化剤，還元剤) のペアになりうるかどうかを検討し，もしそのペアが見つかれば，これらの反応の基本型へ当てはめると反応式を書くことができるのである。

例1.　$SO_2 + Na_2O$

　　SO_2 が酸性物質，Na_2O が塩基性物質であり，この2つはペアを形成する。したがって，

　　　酸性物質 ＋ 塩基性物質 ⟶ 塩 ＋ (H_2O)

の基本型の中へ入れることができる。SO_2 の対応する酸は H_2SO_3 であったことを思い出せば，対応する塩は Na_2SO_3 になることがわかる。したがって反応式は，

　　　$SO_2 + Na_2O \longrightarrow Na_2SO_3$

とすることができる。

例2.　$HCl + AgNO_3 \longrightarrow$

　　この場合は，酸＋塩 であるから中和反応ではない。物質を陽イオンと陰イオンに分けてイオン交換すると (Ag^+, Cl^-) が沈殿を形成するペアであることがわかる。よって，

　　　$HCl + AgNO_3 \longrightarrow AgCl\downarrow + HNO_3$

例3.　$AgCl + NH_3 \longrightarrow$

　　この場合も 塩＋塩基 であるから中和反応ではない。NH_3 は陽イオンと陰イオンに分けられない。NH_3 が配位子として働くことに気づけば，$(Ag^+, 2NH_3)$ が錯イオンを形成するペアであることがわかる。よって，

　　　$AgCl + 2NH_3 \longrightarrow [Ag(NH_3)_2]^+ + Cl^-$　または　$[Ag(NH_3)_2]Cl$

このように，上記のペアの形成が可能かどうかを常に考えようとすることが重要である。

1 中和反応

前節の方法で定義された酸性物質と塩基性物質が反応し、塩を生じる反応を中和反応という。

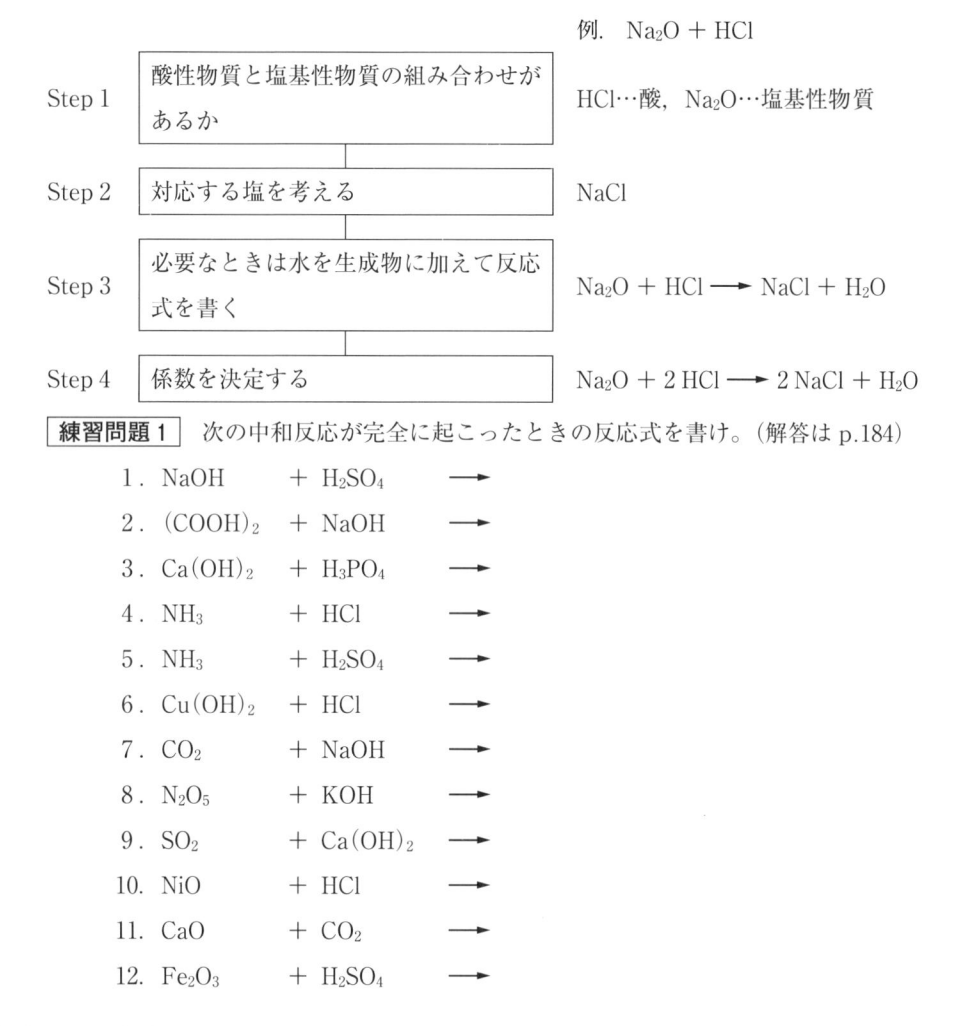

例. $Na_2O + HCl$

Step 1 　酸性物質と塩基性物質の組み合わせがあるか　　　　HCl…酸, Na_2O…塩基性物質

Step 2 　対応する塩を考える　　　　$NaCl$

Step 3 　必要なときは水を生成物に加えて反応式を書く　　　　$Na_2O + HCl \longrightarrow NaCl + H_2O$

Step 4 　係数を決定する　　　　$Na_2O + 2\,HCl \longrightarrow 2\,NaCl + H_2O$

練習問題 1　次の中和反応が完全に起こったときの反応式を書け。(解答は p.184)

1. $NaOH + H_2SO_4 \longrightarrow$
2. $(COOH)_2 + NaOH \longrightarrow$
3. $Ca(OH)_2 + H_3PO_4 \longrightarrow$
4. $NH_3 + HCl \longrightarrow$
5. $NH_3 + H_2SO_4 \longrightarrow$
6. $Cu(OH)_2 + HCl \longrightarrow$
7. $CO_2 + NaOH \longrightarrow$
8. $N_2O_5 + KOH \longrightarrow$
9. $SO_2 + Ca(OH)_2 \longrightarrow$
10. $NiO + HCl \longrightarrow$
11. $CaO + CO_2 \longrightarrow$
12. $Fe_2O_3 + H_2SO_4 \longrightarrow$

2 沈殿生成反応

沈殿の生成反応で重要なのは、物質をまず陽イオンと陰イオンに分けて、イオン交換し、沈殿を生成する陽イオンと陰イオンのペアを見つけることである。

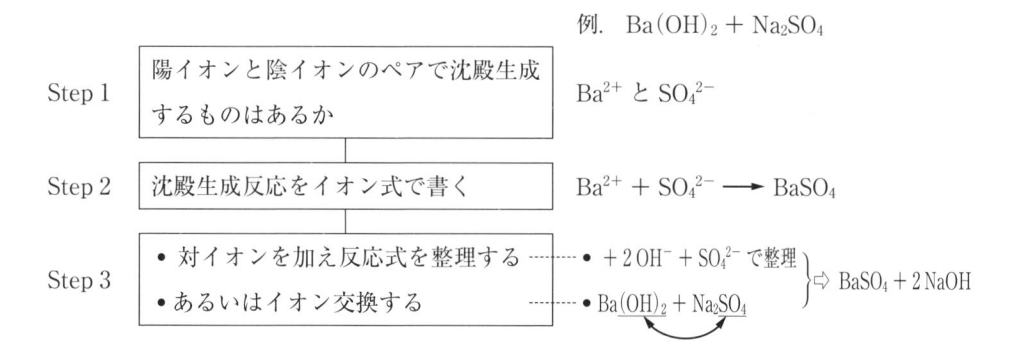

例. $Ba(OH)_2 + Na_2SO_4$

Step 1 　陽イオンと陰イオンのペアで沈殿生成するものはあるか　　　　Ba^{2+} と SO_4^{2-}

Step 2 　沈殿生成反応をイオン式で書く　　　　$Ba^{2+} + SO_4^{2-} \longrightarrow BaSO_4$

Step 3
- 対イオンを加え反応式を整理する　　　　・$+2\,OH^- + SO_4^{2-}$ で整理
- あるいはイオン交換する　　　　・$Ba(OH)_2 + Na_2SO_4$

　⇒ $BaSO_4 + 2\,NaOH$

練習問題2 次の反応式を完成させよ。反応が起こらなければ × とせよ。(解答は p.184)

1. $AgNO_3$ + HBr ⟶
2. $BaCl_2$ + H_2SO_4 ⟶
3. $AgNO_3$ + K_2CrO_4 ⟶
4. $CuSO_4$ + H_2S ⟶
5. $NaCl$ + KNO_3 ⟶
6. Na_2CO_3 + $Ca(OH)_2$ ⟶
7. $(CH_3COO)_2Pb$ + HCl ⟶
8. $AlCl_3$ + NH_3 + H_2O ⟶
9. $AgNO_3$ + NH_3 + H_2O ⟶
10. $Ca(OH)_2$ + CO_2 ⟶

3 錯イオン生成反応

錯イオン生成反応で重要なのは，まず金属イオンと配位子の組み合わせを見つけることである。

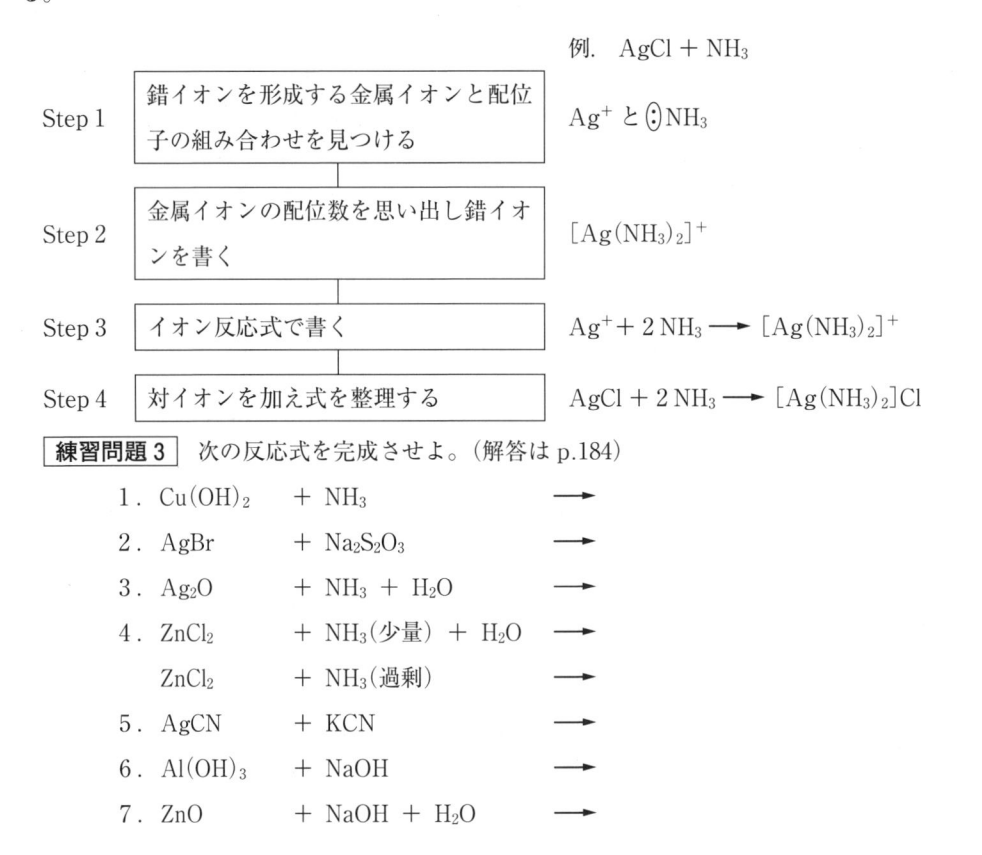

例. $AgCl + NH_3$

Step 1	錯イオンを形成する金属イオンと配位子の組み合わせを見つける	Ag^+ と :NH_3
Step 2	金属イオンの配位数を思い出し錯イオンを書く	$[Ag(NH_3)_2]^+$
Step 3	イオン反応式で書く	$Ag^+ + 2NH_3 \longrightarrow [Ag(NH_3)_2]^+$
Step 4	対イオンを加え式を整理する	$AgCl + 2NH_3 \longrightarrow [Ag(NH_3)_2]Cl$

練習問題3 次の反応式を完成させよ。(解答は p.184)

1. $Cu(OH)_2$ + NH_3 ⟶
2. $AgBr$ + $Na_2S_2O_3$ ⟶
3. Ag_2O + NH_3 + H_2O ⟶
4. $ZnCl_2$ + NH_3(少量) + H_2O ⟶
   $ZnCl_2$ + NH_3(過剰) ⟶
5. $AgCN$ + KCN ⟶
6. $Al(OH)_3$ + $NaOH$ ⟶
7. ZnO + $NaOH$ + H_2O ⟶

4 酸化還元反応

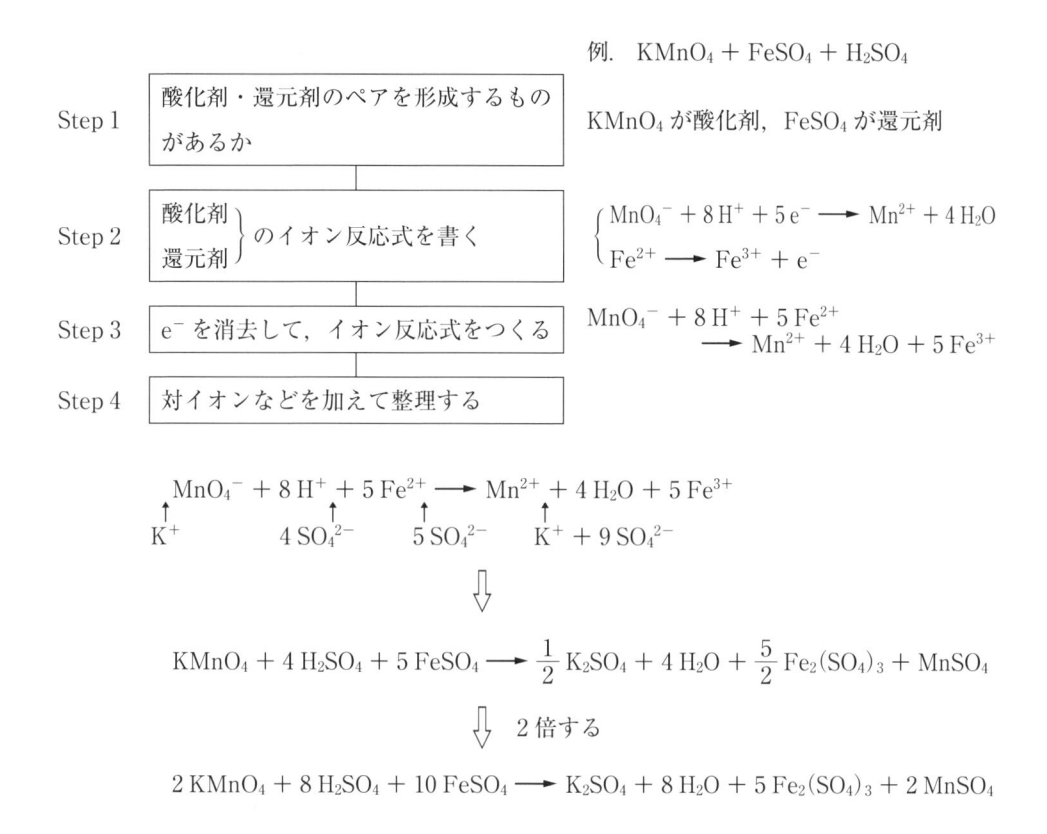

例. $KMnO_4 + FeSO_4 + H_2SO_4$

Step 1　酸化剤・還元剤のペアを形成するものがあるか

$KMnO_4$ が酸化剤，$FeSO_4$ が還元剤

Step 2　$\begin{Bmatrix} 酸化剤 \\ 還元剤 \end{Bmatrix}$ のイオン反応式を書く

$$\begin{cases} MnO_4^- + 8H^+ + 5e^- \longrightarrow Mn^{2+} + 4H_2O \\ Fe^{2+} \longrightarrow Fe^{3+} + e^- \end{cases}$$

Step 3　e^- を消去して，イオン反応式をつくる

$$MnO_4^- + 8H^+ + 5Fe^{2+} \longrightarrow Mn^{2+} + 4H_2O + 5Fe^{3+}$$

Step 4　対イオンなどを加えて整理する

$$\underset{K^+}{MnO_4^-} + \underset{4SO_4^{2-}}{8H^+} + \underset{5SO_4^{2-}}{5Fe^{2+}} \longrightarrow \underset{K^+ + 9SO_4^{2-}}{Mn^{2+}} + 4H_2O + 5Fe^{3+}$$

⇩

$$KMnO_4 + 4H_2SO_4 + 5FeSO_4 \longrightarrow \frac{1}{2}K_2SO_4 + 4H_2O + \frac{5}{2}Fe_2(SO_4)_3 + MnSO_4$$

⇩ 2倍する

$$2KMnO_4 + 8H_2SO_4 + 10FeSO_4 \longrightarrow K_2SO_4 + 8H_2O + 5Fe_2(SO_4)_3 + 2MnSO_4$$

練習問題 4　次の反応式を完成させよ。(解答は p.185)

1. $SO_2 + H_2S \longrightarrow$
2. $SO_2 + KMnO_4 + H_2O \longrightarrow$
3. $KMnO_4 + HCl \longrightarrow$
4. $KMnO_4 + H_2O_2 + H_2SO_4 \longrightarrow$
5. $KI + H_2O_2 \longrightarrow$
6. $I_2 + Na_2S_2O_3 \longrightarrow$
7. $K_2Cr_2O_7 + H_2C_2O_4 + H_2SO_4 \longrightarrow$
8. $Cl_2 + SO_2 + H_2O \longrightarrow$
9. $2HgCl_2 + SnCl_2 \longrightarrow$
10. $Hg_2Cl_2 + SnCl_2 \longrightarrow$
11. $[Cr(OH)_4]^- + H_2O_2 + OH^- \longrightarrow$

練習問題の解答

練習問題 1

1. $2\,NaOH + H_2SO_4 \longrightarrow Na_2SO_4 + 2\,H_2O$
2. $(COOH)_2 + 2\,NaOH \longrightarrow (COONa)_2 + 2\,H_2O$
3. $3\,Ca(OH)_2 + 2\,H_3PO_4 \longrightarrow Ca_3(PO_4)_2 + 6\,H_2O$
4. $NH_3 + HCl \longrightarrow NH_4Cl$
5. $2\,NH_3 + H_2SO_4 \longrightarrow (NH_4)_2SO_4$
6. $Cu(OH)_2 + 2\,HCl \longrightarrow CuCl_2 + 2\,H_2O$
7. $CO_2 + 2\,NaOH \longrightarrow Na_2CO_3 + H_2O$
8. $N_2O_5 + 2\,KOH \longrightarrow 2\,KNO_3 + H_2O$
9. $SO_2 + Ca(OH)_2 \longrightarrow CaSO_3 + H_2O$
10. $NiO + 2\,HCl \longrightarrow NiCl_2 + H_2O$
11. $CaO + CO_2 \longrightarrow CaCO_3$
12. $Fe_2O_3 + 3\,H_2SO_4 \longrightarrow Fe_2(SO_4)_3 + 3\,H_2O$

練習問題 2

1. $AgNO_3 + HBr \longrightarrow AgBr\downarrow + HNO_3$
2. $BaCl_2 + H_2SO_4 \longrightarrow BaSO_4\downarrow + 2\,HCl$
3. $2\,AgNO_3 + K_2CrO_4 \longrightarrow Ag_2CrO_4\downarrow + 2\,KNO_3$
4. $CuSO_4 + H_2S \longrightarrow CuS\downarrow + H_2SO_4$
5. ×
6. $Na_2CO_3 + Ca(OH)_2 \longrightarrow CaCO_3\downarrow + 2\,NaOH$
7. $(CH_3COO)_2Pb + 2\,HCl \longrightarrow PbCl_2\downarrow + 2\,CH_3COOH$
8. $AlCl_3 + 3\,NH_3 + 3\,H_2O \longrightarrow Al(OH)_3\downarrow + 3\,NH_4Cl$
9. $2\,AgNO_3 + 2\,NH_3 + H_2O \longrightarrow Ag_2O\downarrow + 2\,NH_4NO_3$
10. $Ca(OH)_2 + CO_2 \longrightarrow CaCO_3\downarrow + H_2O$

練習問題 3

1. $Cu(OH)_2 + 4\,NH_3 \longrightarrow [Cu(NH_3)_4](OH)_2$
2. $AgBr + 2\,Na_2S_2O_3 \longrightarrow Na_3[Ag(S_2O_3)_2] + NaBr$
3. $Ag_2O + 4\,NH_3 + H_2O \longrightarrow 2\,[Ag(NH_3)_2]OH$

   (まず $Ag_2O + H_2O \rightleftarrows 2\,Ag^+ + 2\,OH^-$ が起こると考えると書きやすい)

4. $ZnCl_2 + 2\,NH_3 + 2\,H_2O \longrightarrow Zn(OH)_2 + 2\,NH_4Cl$

   $ZnCl_2 + 4\,NH_3 \longrightarrow [Zn(NH_3)_4]Cl_2$

5. $AgCN + KCN \longrightarrow K[Ag(CN)_2]$
6. $Al(OH)_3 + NaOH \longrightarrow Na[Al(OH)_4]$
7. $ZnO + H_2O + 2\,NaOH \longrightarrow Na_2[Zn(OH)_4]$

練習問題 4

1. $\begin{cases} \text{Ⓡ} \quad H_2S \longrightarrow 2H^+ + S + 2e^- \\ \text{Ⓞ} \quad SO_2 + 4H^+ + 4e^- \longrightarrow S + 2H_2O \end{cases}$

   Ⓡ $\times 2 + $ Ⓞ $\Rightarrow \underline{2H_2S + SO_2 \longrightarrow 3S + 2H_2O}$

2. $\begin{cases} \text{Ⓡ} \quad SO_2 + 2H_2O \longrightarrow SO_4^{2-} + 2e^- + 4H^+ \\ \text{Ⓞ} \quad MnO_4^- + 8H^+ + 5e^- \longrightarrow Mn^{2+} + 4H_2O \end{cases}$

   Ⓡ $\times 5 + $ Ⓞ $\times 2 \Rightarrow 5SO_2 + 2MnO_4^- + 2H_2O \longrightarrow 5SO_4^{2-} + 2Mn^{2+} + 4H^+$
   $+ (2K^+) \quad \Rightarrow \underline{5SO_2 + 2KMnO_4 + 2H_2O \longrightarrow K_2SO_4 + 2MnSO_4 + 2H_2SO_4}$

3. $\begin{cases} \text{Ⓡ} \quad 2Cl^- \longrightarrow Cl_2 + 2e^- \\ \text{Ⓞ} \quad MnO_4^- + 8H^+ + 5e^- \longrightarrow Mn^{2+} + 4H_2O \end{cases}$

   Ⓡ $\times 5 + $ Ⓞ $\times 2 \Rightarrow 10Cl^- + 2MnO_4^- + 16H^+ \longrightarrow 5Cl_2 + 2Mn^{2+} + 8H_2O$
   $+ (2K^+ + 6Cl^-) \Rightarrow \underline{16HCl + 2KMnO_4 \longrightarrow 2KCl + 5Cl_2 + 2MnCl_2 + 8H_2O}$

4. $\begin{cases} \text{Ⓡ} \quad H_2O_2 \longrightarrow 2H^+ + O_2 + 2e^- \\ \text{Ⓞ} \quad MnO_4^- + 8H^+ + 5e^- \longrightarrow Mn^{2+} + 4H_2O \end{cases}$

   同様にして, $\underline{2KMnO_4 + 5H_2O_2 + 3H_2SO_4 \longrightarrow K_2SO_4 + 2MnSO_4 + 8H_2O + 5O_2}$

5. $\begin{cases} \text{Ⓡ} \quad 2I^- \longrightarrow I_2 + 2e^- \\ \text{Ⓞ} \quad H_2O_2 + 2e^- \longrightarrow 2OH^- \end{cases}$

   Ⓡ $+ $ Ⓞ $+ (2K^+) \Rightarrow \underline{2KI + H_2O_2 \longrightarrow 2KOH + I_2}$

6. $\begin{cases} \text{Ⓡ} \quad 2S_2O_3^{2-} \longrightarrow S_4O_6^{2-} + 2e^- \\ \text{Ⓞ} \quad I_2 + 2e^- \longrightarrow 2I^- \end{cases}$

   Ⓡ $+ $ Ⓞ $+ (4Na^+) \Rightarrow \underline{I_2 + 2Na_2S_2O_3 \longrightarrow 2NaI + Na_2S_4O_6}$

7. $\begin{cases} \text{Ⓡ} \quad H_2C_2O_4 \longrightarrow 2H^+ + 2CO_2 + 2e^- \\ \text{Ⓞ} \quad Cr_2O_7^{2-} + 14H^+ + 6e^- \longrightarrow 2Cr^{3+} + 7H_2O \end{cases}$

   Ⓡ $\times 3 + $ Ⓞ $+ (2K^+ + 4SO_4^{2-})$
   $\Rightarrow \underline{K_2Cr_2O_7 + 3H_2C_2O_4 + 4H_2SO_4 \longrightarrow K_2SO_4 + Cr_2(SO_4)_3 + 7H_2O + 6CO_2}$

8. $\begin{cases} \text{Ⓡ} \quad SO_2 + 2H_2O \longrightarrow SO_4^{2-} + 4H^+ + 2e^- \\ \text{Ⓞ} \quad Cl_2 + 2e^- \longrightarrow 2Cl^- \end{cases}$

   Ⓡ $+ $ Ⓞ $\Rightarrow \underline{Cl_2 + SO_2 + 2H_2O \longrightarrow H_2SO_4 + 2HCl}$

9. $2HgCl_2 + SnCl_2 \longrightarrow Hg_2Cl_2(白)\downarrow + SnCl_4$

10. $Hg_2Cl_2 + SnCl_2 \longrightarrow 2Hg(黒っぽくなる) + SnCl_4$

11. $\begin{cases} \text{Ⓡ} \quad [Cr(OH)_4]^- + 4OH^- \longrightarrow CrO_4^{2-} + 4H_2O + 3e^- \\ \text{Ⓞ} \quad H_2O_2 + 2e^- \longrightarrow 2OH^- \end{cases}$

   Ⓡ $\times 3 + $ Ⓞ $\times 2 \Rightarrow \underline{2[Cr(OH)_4]^- + 3H_2O_2 + 2OH^- \longrightarrow 2CrO_4^{2-} + 8H_2O}$

3. 反応の進む理由を考える

たいていの無機化学反応は前節の4つの反応に分類されるので，反応物質から2つの対応する物質（酸性物質，塩基性物質），（酸化剤，還元剤）などのペアを見つけ，反応の基本型に適用してやれば，ほとんどの反応式を誤りなく書くことができる。しかし，この4つの分類に当てはまらない反応や，別の視点から理解した方が反応式をより容易に書くことができる反応式もけっこうある。ここでは，反応が起こる理由をふまえて反応式を書く方法を述べてみよう。

1 分解反応

物質を構成している微粒子が ランダムな運動⇔熱運動 をしている点からすれば，物質⇔ツブの集団 がバラけていくのは当然であり，分解反応が起こっても不思議ではない。にもかかわらず，ある物質が常温で分解せずに存在しているのは，①分解物よりエネルギー的に安定である，②分解反応の途中のエネルギーが大きいので，分解する反応速度が小さい，のいずれかである。①は温度を上げて吸熱反応方向に平衡を移動させる，②は温度を上げたり，触媒を加えて速度を上げると分解反応が進行する。

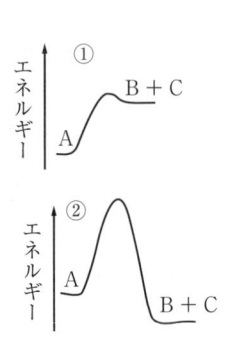

① 加熱による分解反応

どんな物質でも温度を上げていけば必ず次々と分解し，遂には原子などになっていく。したがって，1つの物質に限っても分解先はいくつもありえる。ここで取り上げる分解反応は，よく見かけるという程度の意味でしかない。さて，原子状態というゴールに向かって進んでいく一連の分解反応で考えられる途中分解物の中で，最初の分解状態とはどんな状態であろうか。

まず，ゆるく結合した物質，つまり配位子や水和水などが出て行った状態が考えられる。

例． $CaCl_2 \cdot 6H_2O \longrightarrow CaCl_2 + 6H_2O$

次に，発熱的に起こった反応が逆戻りした状態が考えられる。

例． $NH_4Cl \longrightarrow NH_3 + HCl$

さらに，酸化数的にやや無理のある状態から無理の少ない状態になることも考えられよう。

例． $\underset{+3}{H_2C_2O_4} \longrightarrow H_2O + \underset{+2}{CO} + \underset{+4}{CO_2}$

これらの分解反応は全体的には吸熱反応であるが，たいてい分解物の1つにエネルギー的には安定な気体がある。安定な気体分子が少しでも生じて，それらが系から逃げ去ると，反応が戻れなくなるために，この安定な気体が生じるような分解反応が進行するとも考えられる。

次によく出てくる分解反応を記しておく。

(1) 含水塩 ⟶ 無水塩 + H_2O

- $CuSO_4 \cdot 5H_2O$(青) $\xrightarrow{30℃}$ $CuSO_4 \cdot 3H_2O$ $\xrightarrow{190℃}$ $CuSO_4 \cdot H_2O$ $\xrightarrow{258℃}$ $CuSO_4$(白) *1
- $CaCl_2 \cdot 6H_2O$ $\xrightarrow{30℃}$ $CaCl_2 \cdot 4H_2O$ $\xrightarrow{175℃}$ $CaCl_2 \cdot H_2O$ $\xrightarrow{300℃}$ $CaCl_2$(乾燥剤)

(2) 金属元素の水酸化物 ⟶ 金属元素の酸化物 + H_2O

- $Mg(OH)_2 \longrightarrow MgO + H_2O$
- $2Al(OH)_3 \longrightarrow Al_2O_3 + 3H_2O$

(3) 炭酸塩 ⟶ 金属元素の酸化物 + CO_2

- $MgCO_3 \longrightarrow MgO + CO_2$
- $CaCO_3 \longrightarrow CaO + CO_2$ *2

(4) 炭酸水素塩 ⟶ 炭酸塩 + H_2O + CO_2

- $2NaHCO_3 \longrightarrow Na_2CO_3 + H_2O + CO_2$ *2

(5) シュウ酸(塩) ⟶ CO + CO_2 + H_2O(金属元素の酸化物)

- $H_2C_2O_4 \longrightarrow CO + CO_2 + H_2O$
- $Ca\underset{+3}{C}_2O_4 \longrightarrow \underset{+2}{C}O + \underset{+4}{C}O_2 + CaO$

(6) 硫酸塩 ⟶ 金属元素の酸化物 + SO_3

- $CuSO_4 \longrightarrow CuO + SO_3$
  $\quad\quad\quad\quad\quad\quad\quad\quad\hookrightarrow SO_2 + \frac{1}{2}O_2$

(7) アンモニウム塩

- $NH_4Cl \longrightarrow NH_3 + HCl$
- $\underset{-3}{N}H_4\underset{+3}{N}O_2 \longrightarrow \underset{0}{N}_2 + 2H_2O$ *3
- $\underset{-3}{N}H_4\underset{+5}{N}O_3 \longrightarrow \underset{+1}{N}_2O + 2H_2O$
  $\quad\quad\quad\quad\quad\quad\quad\hookrightarrow N_2 + \frac{1}{2}O_2$

*1 この結晶水のない硫酸銅(Ⅱ)$CuSO_4$ の白い粉末は,エタノール中の微量の水の検出に使える。つまり,加えて青くなれば水が含まれている。

*2 $CaCO_3$ と NaCl から Na_2CO_3 を合成する方法(アンモニアソーダ法,☞下 p.80)で出てくる反応である。

*3 上の反応の中で,この反応だけ発熱反応である。NH_4NO_2 に少量の水を加えて,70℃にすると N_2 が発生する。加熱するのは反応速度を上げるためである。この反応は,アニリンからジアゾニウム塩を合成し,さらにフェノールに至る反応と本質的には同じ反応である。(☞下 p.174)

$$\text{アニリン} \underset{-3}{NH_2} + \underset{+3}{NO_2^-} \xrightarrow{2H^+,\ 2H_2O} \underset{0}{N}^+\equiv\underset{0}{N}\ \text{(ベンゼンジアゾニウムイオン)} \xrightarrow[\text{熱}]{H_2O} \text{—OH} + \underset{0}{N}_2 + H^+ \text{ (フェノール)}$$

② 触媒による分解反応

$$\text{塩素酸塩・過酸化物} \longrightarrow A + O_2$$

例
- $2\,\overset{+5}{\underset{}{K}}\underset{+5}{\overset{-2}{Cl}O_3}(固) \xrightarrow[\text{熱}]{MnO_2(固)} 2\,K\underset{-1}{Cl} + 3\,\overset{0}{O_2}$

- $2\,H_2\underset{-1}{O_2}(aq) \xrightarrow{MnO_2(固)} 2\,H_2\underset{-2}{O} + \overset{0}{O_2}$

注) いずれも発熱反応であり触媒 MnO_2(固)を加えるだけで分解が起こるはずである。しかし $KClO_3$ はイオン性結晶であるから水へは K^+ と ClO_3^- となって溶け，触媒の表面への接触がうまくいかないので，水溶液の状態では分解は起こりにくい。したがって，$KClO_3$ の分解は水に溶かさずに行う。そうすると $KClO_3$ も MnO_2 も固体であるので，加熱しないと反応しない。一方，H_2O_2 は水溶液中で解離しない。そして，分子のまま自由に動けて触媒表面と大いに接触できるので，MnO_2 を加えるだけで反応は進行する。

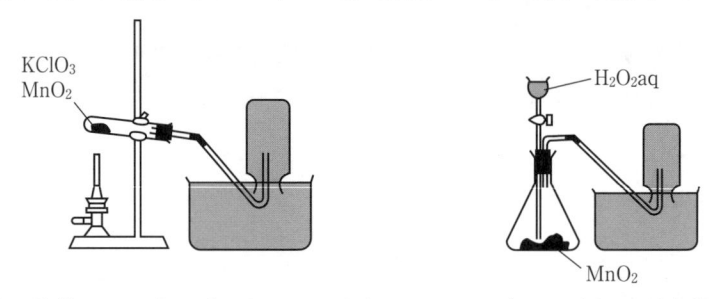

分解反応の特徴はその式の形にある。つまり A→… のように，左辺の反応物が1つに限られる反応は，ほとんど分解反応とみなしてよい。だから，A→… の形の反応式が出てきたらまず分解反応とみなし，分解生成物のいくつかの可能性を検討すれば反応式を完成させることができる。

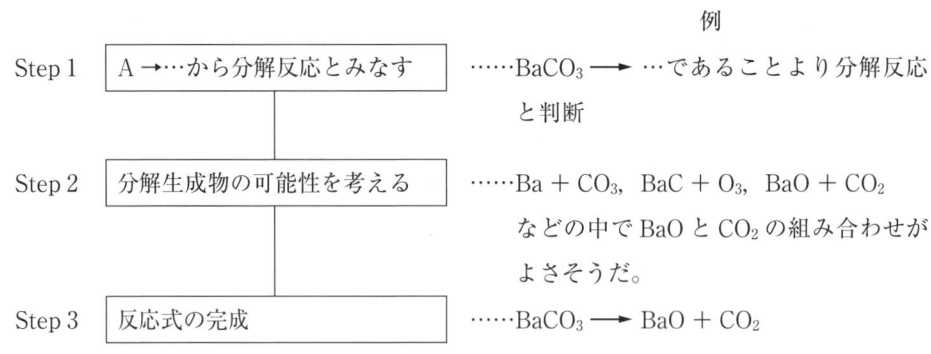

例

Step 1　A→… から分解反応とみなす　……$BaCO_3 \longrightarrow \cdots$ であることより分解反応と判断

Step 2　分解生成物の可能性を考える　……$Ba + CO_3$，$BaC + O_3$，$BaO + CO_2$ などの中で BaO と CO_2 の組み合わせがよさそうだ。

Step 3　反応式の完成　……$BaCO_3 \longrightarrow BaO + CO_2$

なお分解反応というのは，反応において物質がバラバラになることに注目し命名された反応名であるから，この反応で酸化数が変化するときもそうでないときもある。もちろん単体が生成する反応は酸化還元反応になる。

- 酸化還元反応である分解反応　　例　$2\,KClO_3 \longrightarrow 2\,KCl + 3\,O_2$
- 酸化還元反応でない分解反応　　例　$CaCO_3 \longrightarrow CaO + CO_2$

酸化数の変化をともなう分解反応は，酸化数の変化さえしっかり確認して生成物を予想すれば，わざわざ半反応式を書かなくても，反応式が書けることが多い。

2 平 衡 移 動

多くの化学反応は途中にいくつかの平衡反応を含んでいる。反応が左から右へ進むとき，ある物質を加えたり生成物を除いたりしたためにこの平衡が右へ移動したからだと考えるとよくわかる反応が多くある。ここでは，これらについて考えてみよう。

① **酸塩基平衡**（ただし H_3O^+ は便宜上 H^+ で表す。）

例1．$NaOH + HCl$

$$NaOH \longrightarrow Na^+ + OH^- \quad \cdots\cdots ①$$
$$OH^- + H^+ \rightleftarrows H_2O \quad \cdots\cdots ②$$
$$HCl \longrightarrow H^+ + Cl^- \quad \cdots\cdots ③$$

NaOH の水溶液では②の平衡がある。ここへ HCl を加えると，③より H^+ が増え②の平衡を右へ移動させる。よって，①+②+③より以下の反応が起こる。

$$NaOH + HCl \longrightarrow NaCl + H_2O$$

アレニウスの定義では NaOH は塩基，HCl は酸であるから，これは中和反応である。

$$酸 + 塩基 \longrightarrow 塩 + 水$$

例2．$CH_3COONa + HCl$

$$CH_3COONa \longrightarrow CH_3COO^- + Na^+ \quad \cdots\cdots ①$$
$$CH_3COO^- + H^+ \rightleftarrows CH_3COOH \quad \cdots\cdots ②$$
$$HCl \longrightarrow H^+ + Cl^- \quad \cdots\cdots ③$$

CH_3COONa の水溶液では②の平衡がある。ここへ HCl を加えると H^+ が増え②の平衡が右へ移動する。よって，①+②+③より，以下の反応が起こる。

$$CH_3COONa + HCl \longrightarrow CH_3COOH + NaCl$$

これは，「塩+酸」の反応であるが，この反応がほぼ100％起こるのは②の平衡が大きく右に傾いている，すなわち，CH_3COOH が弱酸であり，また加えた HCl の電離が③のようにほぼ完全であるからである。そこで，このようなタイプの反応を，アレニウスの定義からは一般に次のようにまとめることができる。

$$弱酸由来の塩 + 強酸 \longrightarrow 弱酸 + 強酸由来の塩$$

例3．$NH_4Cl + NaOH$

$$NH_4Cl \longrightarrow NH_4^+ + Cl^- \quad \cdots\cdots ①$$
$$NH_4^+ + OH^- \rightleftarrows NH_3 + H_2O \quad \cdots\cdots ②$$
$$NaOH \longrightarrow Na^+ + OH^- \quad \cdots\cdots ③$$

例2と同様に①+②+③より

$$NH_4Cl + NaOH \longrightarrow NH_3 + H_2O + NaCl$$

また，この場合もこのタイプの反応を次のようにまとめることができる。

$$弱塩基由来の塩 + 強塩基 \longrightarrow 弱塩基 + 強塩基由来の塩$$

② 沈殿平衡

例. $AgNO_3 + NaCl$

$AgNO_3 \longrightarrow Ag^+ + NO_3^-$ ……①

$Ag^+ + Cl^- \rightleftarrows AgCl(固)$ ……②

$NaCl \longrightarrow Na^+ + Cl^-$ ……③

②の平衡が右に大きく傾いているため，③で生じた Cl^- はほとんど AgCl となって沈殿する。①＋②＋③より，

$$AgNO_3 + NaCl \longrightarrow AgCl + NaNO_3$$

これは，単純な**沈殿(生成)反応**と呼ばれる。

③ 沈殿平衡 ＋ 酸塩基平衡

例1. $CaCO_3 + HCl$

$CaCO_3(固) \rightleftarrows Ca^{2+} + CO_3^{2-}$ ……①

$CO_3^{2-} + 2H^+ \rightleftarrows H_2O + CO_2$ ……②

$HCl \longrightarrow H^+ + Cl^-$ ……③

$CaCO_3(固) \rightleftarrows Ca^{2+} + CO_3^{2-}$
$H^+ \downarrow\uparrow$
$H_2O + CO_2$

HCl を加えると③より H^+ が生じ，そして H^+ が増すと②の平衡が右へ移動し CO_3^{2-} が減る。そこで，①の平衡も右へ移動し $CaCO_3$ の溶解が進む。①＋②＋③より

$$CaCO_3(沈殿) + 2HCl \longrightarrow CaCl_2(溶) + H_2O + CO_2\uparrow$$

この反応の場合，(弱酸の塩＋強酸)であるから右へ進むとか，溶解度の小さい気体が発生して系から逃げていくから右へ進むとか，いくつかの説明が可能である。

例2. $H_2S + CuSO_4$

$H_2S \rightleftarrows 2H^+ + S^{2-}$ ……①

$Cu^{2+} + S^{2-} \rightleftarrows CuS(固)$ ……②

$CuSO_4 \longrightarrow Cu^{2+} + SO_4^{2-}$ ……③

$H_2S \rightleftarrows 2H^+ + S^{2-}$
$Cu^{2+} \downarrow\uparrow$
$CuS \downarrow$

$CuSO_4$ を加えると③より Cu^{2+} が生じ，そして Cu^{2+} が増すと②が右へ移動する。そこで，S^{2-} も減少するから，①も右へ移動して沈殿が生じる。

$$H_2S + CuSO_4 \longrightarrow CuS(沈殿) + H_2SO_4$$

一方，この逆反応は，(弱酸の塩＋強酸)であるから，H_2SO_4 をたくさん加えると起こるはずである。実際，CuS の溶解度は強酸性にすると増加する。しかし，②の平衡が極めて大きく右に傾いている($K_{sp}^{CuS} = 8 \times 10^{-36}$)ため，強酸性にしても私たちの目には CuS の溶解量が増えたようには見えない。$Fe^{2+} + S^{2-} \rightleftarrows FeS(固)$ の平衡($K_{sp}^{FeS} = 5 \times 10^{-18}$)は $Cu^{2+} + S^{2-} \rightleftarrows CuS(固)$ よりは右への傾きが少ない。そこで FeS なら，

$FeS(固) \rightleftarrows Fe^{2+} + S^{2-}$
$H^+ \downarrow\uparrow$
H_2S

$$FeS + H_2SO_4 \longrightarrow FeSO_4 + H_2S\uparrow$$

の反応が起こる。すなわち $FeSO_4$ は希硫酸に溶ける。

例3．NaCl ＋ 濃硫酸

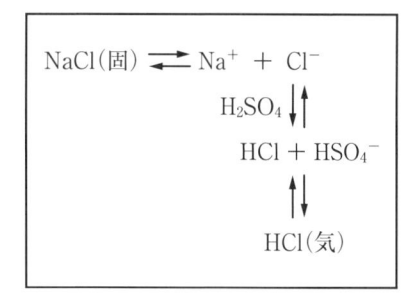

$$NaCl(固) \rightleftarrows Na^+ + Cl^- \quad \cdots\cdots ①$$
$$Cl^- + H_2SO_4 \rightleftarrows HCl + HSO_4^- \quad \cdots\cdots ②$$
$$HCl(液中) \rightleftarrows HCl(気体) \quad \cdots\cdots ③$$

H_2SO_4 は極性分子であり，濃硫酸中にほんの少量だが水もあるから，NaCl(固)に濃硫酸を加えてかきまぜると NaCl(固) は溶けて溶解平衡状態①になる。そして，H_2SO_4(第一電離定数 10^{10}) は HCl($K_a = 10^7$) より少し強い酸であるから，②の平衡状態ができる。ただ生じた HCl は，硫酸中によく溶けるので，液から HCl はほとんど出てこない。この液を加熱すると，HCl の溶解度が減少し，かつ，H_2SO_4 の沸点は約 300℃ と高くまた NaCl と $NaHSO_4$ はイオン性物質で沸点は高いので，HCl のみが液中から出てくる。こうしてこの反応は右へ進むようになる。

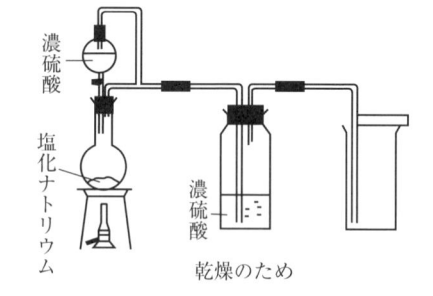

$$NaCl(固) + 濃 H_2SO_4 \xrightarrow{熱} NaHSO_4 + HCl\uparrow$$

これと同様な反応として次の2つがよく挙げられる。

$$NaNO_3(固) + 濃 H_2SO_4 \xrightarrow{熱} NaHSO_4 + HNO_3\uparrow$$

$$CaF_2(固) + 濃 H_2SO_4 \xrightarrow{熱} CaSO_4 + 2HF\uparrow$$

これら反応において，加熱すると，HCl，HNO_3，HF などが生じて気体となって出てくるのに H_2SO_4 が出てこないのは硫酸の沸点が高いからである。そこで，このタイプの反応は以下のようにまとめられている。

$$揮発性の酸の塩 ＋ 不揮発性の酸 \xrightarrow{熱} 揮発性の酸\uparrow ＋ 不揮発性の酸の塩$$

注）酸の強さは $H_2SO_4 \overset{10^{10}}{>} HCl \overset{10^7}{\gg} HSO_4^- \overset{10^{-2}}{>} HF \overset{10^{-3}}{}$ であるので(i)は事実上起こらないが(ii)は起こる。

(i) $Cl^- + HSO_4^- \xrightarrow{H^+}\!\!\!\!\!\!\times\ HCl + SO_4^{2-}$

(ii) $F^- + HSO_4^- \xrightarrow{H^+} HF + SO_4^{2-}$

④ 沈殿平衡 ＋ 錯イオン生成平衡

例 AgCl ＋ NH_3

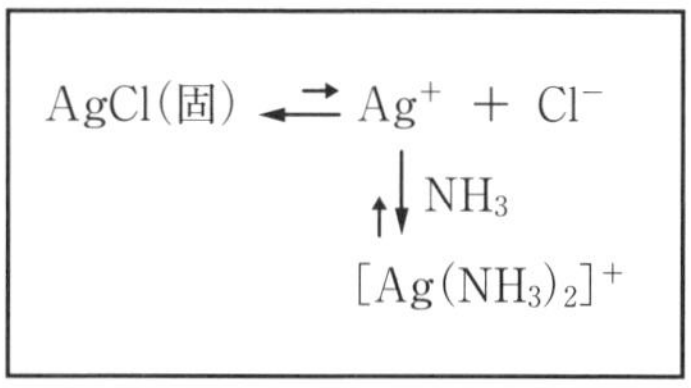

$$AgCl(固) \rightleftarrows Ag^+ + Cl^- \quad \cdots\cdots ①$$
$$Ag^+ + 2NH_3 \rightleftarrows [Ag(NH_3)_2]^+ \quad \cdots\cdots ②$$

NH_3 を加えると②の平衡が右へ移動して Ag^+ が減少するので①の平衡も右へ移動して AgCl の溶解が進む。

AgI も AgCl と同様にして NH_3 を加えることによってその溶解度を増やすことができる。ただし，AgI ($K_{sp}^{AgI} = 10^{-16}$) は AgCl ($K_{sp}^{AgCl} = 10^{-10}$) より①の平衡が左に傾いているため，私たちの目に見えるほどには溶解度は増えない。つまり，NH_3 水には事実上溶けない。

⑤ **気体生成平衡**

気体が生成するときは，この生成気体を常に系から逃がすようにしておくだけで反応が続行する。逆に，逃げられないようにすれば反応は止まる。

例1. $MCO_3(固) \rightleftarrows MO(固) + CO_2\uparrow$ （M = Ca, Ba, Pb, ……）

例2. $Na_2CO_3 + SiO_2 \rightleftarrows Na_2SiO_3 + CO_2\uparrow$

Na_2CO_3，SiO_2 は常温下では固体であり，混合しただけでは何も起こらない。加熱して融解状態にすると上の平衡ができる。このとき CO_2 は気体であるから開放系にしておくと去って行く。その結果反応は右へ進むことになる。

例3. $Zn(固) + H_2SO_4(水溶液) \rightleftarrows ZnSO_4(水溶液) + H_2(水溶液)$ ……①

  $H_2(水溶液) \rightleftarrows H_2(気体)$ ……②

①の平衡は，大きく右に傾いているため H_2 はどんどん生成してくる。そして，生じた H_2 は水に少ししか溶けないので，どんどん気体となって出て行く。ただし，もし密閉容器の中でこの反応をすれば，H_2(気体) がたまってくるので遂に平衡状態になって反応は止まる。

③ 2. と 3. のまとめ

多くの反応を理解するには，分類が必要である。その際，「型」でとらえることと「理由」でとらえることは車の両輪である。

基本［型］を押さえる	理 由 を 考 え る
① 中和反応 ② 酸化還元反応 ③ 沈殿生成反応 ④ 錯イオン生成反応	① 分解反応……加熱，触媒の意味を考える。 　　　　　　　分解物の安定性を考える。 ② 平衡移動反応……平衡がどう移動するか考える。 　(i) 酸塩基 $\begin{cases} 水生成（中和）\\ 弱酸, 弱塩基生成 \\ 揮発性酸生成 \end{cases}$ 　(ii) 沈殿再溶解 $\begin{cases} 弱酸生成 \\ 錯イオン生成 \end{cases}$ 　(iii) 気体生成

上表の右と左でいくつかは同じものがある。ダブリをできるだけ少なくして分類すると，

　　基本反応(①，②，③，④) ＋ 分解反応 ＋ 弱酸生成反応 ＋ 揮発性酸生成反応

を考えれば無機反応をほぼ100％含むことができることがわかるであろう。沈殿再溶解反応や気体生成反応はいろいろな反応が混ざっており，これらについては，もう一度次の4.応用で述べることにしよう。

4 酸塩基, 酸化剤還元剤の強さと反応予測 (補足説明)

 ブレンステッド・ローリーの定義による酸塩基反応と酸化還元反応についてもう一度考えてみよう。

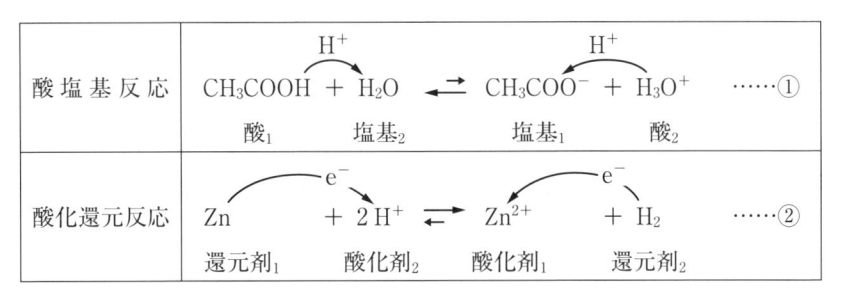

酸 塩 基 反 応	$CH_3COOH + H_2O \rightleftarrows CH_3COO^- + H_3O^+$ ……① 酸$_1$ 塩基$_2$ 塩基$_1$ 酸$_2$
酸化還元反応	$Zn + 2H^+ \rightleftarrows Zn^{2+} + H_2$ ……② 還元剤$_1$ 酸化剤$_2$ 酸化剤$_1$ 還元剤$_2$

 ブレンステッド・ローリーの定義によると,酸塩基反応は H^+ つまり ⊕(陽子)の移動する反応である。もちろん酸化還元反応は,電子の移動する反応であった。さて①の反応では平衡が左に傾いていて,それは,通常 CH_3COOH が弱酸であるからと説明される。ただ平衡が左に傾いているのは,左辺,右辺にある酸,塩基の強さを比べたとき,

 酸で考えると $CH_3COOH < H_3O^+$, 塩基で考えると $H_2O < CH_3COO^-$

であるからと説明することもできる。また,②の反応はほぼ 100% 右へ反応が進行するが,これは通常,イオン化傾向が $Zn > H_2$ であるからと説明される。ただ,この場合も,左辺,右辺にある還元剤,酸化剤の強さを比べたとき

 還元剤で考えると $Zn > H_2$, 酸化剤で考えると $H^+ > Zn^{2+}$

であるから,平衡が右に傾いたと説明することもできる。このように考えるならば,酸塩基反応も酸化還元反応も,酸・塩基の強さの順序,酸化剤・還元剤の強さの順序さえ知っていれば,その平衡がどちらに傾くかを予測できるわけである。力の差が大きい場合はほぼ一方的な方向に反応が進み,逆に力が接近しているならばいわゆる平衡反応になる。

① 酸塩基反応

 ㋑ ある酸の塩 + より強い酸 ⟶ ある酸 + より強い酸の塩
  (塩基)   (塩基)   (塩基)   (塩基)

   $CH_3COONa + HCl \longrightarrow CH_3COOH + NaCl$ ……③

の反応を考えよう。これは前節で以下の反応における平衡移動から解釈された。

   $CH_3COONa \longrightarrow CH_3COO^- + Na^+$ ……④
   $CH_3COO^- + H_3O^+ \rightleftarrows CH_3COOH + H_2O$ ……⑤
   $HCl + H_2O \longrightarrow H_3O^+ + Cl^-$ ……⑥

 しかし,次のように考えることもできる。④,⑤,⑥の中で主な平衡反応は⑤であるが,⑤の平衡は酸の強さで考えると $H_3O^+ \gg CH_3COOH$ であるので右に傾いている。したがって,④+⑤+⑥より事実上完全に右に進行するとみなせる式,つまり③式が得られる。

 このように水中で起こる主要な酸塩基反応を考え,両辺の酸の強さを比べてより強い方の酸が H^+ を放出する反応が起こると考えると,その反応が実際起こるかどうか予測することができる。

共役酸	K_a		共役塩基	K_b	
$HClO_4$	10^{20}	強い酸 ↑ 強い酸 ↓	ClO_4^-	10^{-34}	強い塩基
H_2SO_4	10^{10}		HSO_4^-	10^{-24}	
HCl	10^7		Cl^-	10^{-21}	
HNO_3	10^2		NO_3^-	10^{-16}	
H_3O^+	1		H_2O	10^{-14}	
HSO_4^-	10^{-2}	アレニウスの定義（私たちのよく使う定義）による	SO_4^{2-}	10^{-12}	
H_3PO_4	10^{-2}		$H_2PO_4^-$	10^{-12}	
$C_6H_4(OH)COOH$	10^{-3}		$C_6H_4(OH)COO^-$	10^{-11}	
◯-COOH	10^{-4}	弱い酸	$C_6H_5COO^-$	10^{-10}	
CH_3COOH	10^{-5}		CH_3COO^-	10^{-8}	
$H_2O + CO_2$	10^{-6}		HCO_3^-	10^{-8}	
NH_4^+	10^{-9}		NH_3	10^{-5}	
HCN	10^{-10}		CN^-	10^{-4}	
◯-OH	10^{-10}		$C_6H_5O^-$	10^{-4}	
HCO_3^-	10^{-10}		CO_3^{2-}	10^{-4}	
H_2O	10^{-16}		OH^-	10^2	強い塩基
C_2H_5OH	10^{-17}	酸でない	$C_2H_5O^-$	10^3	
$HC≡CH$	10^{-25}		$HC≡C^-$	10^{11}	
NH_3	10^{-36}		NH_2^-	10^{22}	
H_2	10^{-38}		H^-	10^{24}	
CH_4	10^{-40}		CH_3^-	10^{26}	

例1． ◯-ONa の水溶液に CO_2 を加えると ◯-OH（フェノール）が遊離するか？

$$◯-ONa + H_2O + CO_2 \xrightarrow{?} ◯-OH + NaHCO_3$$

この反応はイオン反応式で表すと，

$$◯-O^- + H_2O + CO_2 \longrightarrow ◯-OH + HCO_3^-$$
(s)塩基₁ 　(s)酸₂ 　　　　(w)酸₁ 　(w)塩基₂
　　　　　($K_a = 10^{-6}$) 　($K_a = 10^{-10}$)

$\begin{pmatrix} (s) \rightarrow stronger \\ (w) \rightarrow weaker \end{pmatrix}$

の反応である。表より酸の強さでは $H_2O + CO_2$ > ◯-OH （or 塩基の強さでは ◯-O⁻ > HCO_3^-） であるので，反応は右へ進むことになる。つまり，CO_2 を使うとフェノールを遊離させることができる。⇨ ◯

例2． ◯-COONa の水溶液に CO_2 を加えると安息香酸は遊離沈殿するか？

$$◯-COONa + H_2O + CO_2 \xrightarrow{?} ◯-COOH + NaHCO_3$$

この反応もイオン反応式で表すと，

$$◯-COO^- + H_2O + CO_2 \longrightarrow ◯-COOH + HCO_3^-$$
(w)塩基₁ 　(w)酸₂ 　　　　(s)酸₁ 　(s)塩基₂
　　　　　($K_a = 10^{-6}$) 　($K_a = 10^{-4}$)

の反応である。表より酸の強さでは $H_2O + CO_2$ < ◯-COOH であるので，この反応はほとんど右へは進まない。つまり CO_2 を使っては ◯-COONa を ◯-COOH に変えることはできない ⇨ ×

第 7 章 無機化学反応の系統的理解のために 195

例 3. 安息香酸ナトリウムに HCl を加えると安息香酸は沈殿するか？

$$\text{C}_6\text{H}_5\text{-COONa} + \text{HCl} \xrightarrow{?} \text{C}_6\text{H}_5\text{-COOH} + \text{NaCl}$$

この反応も，HCl は水中では $\text{H}_3\text{O}^+ + \text{Cl}^-$ となっていることを考えると，イオン反応式で表すと，

$$\underset{(s)塩基_1}{\text{C}_6\text{H}_5\text{-COO}^-} + \underset{(s)酸_2}{\text{H}_3\text{O}^+} \longrightarrow \underset{(w)酸_1}{\text{C}_6\text{H}_5\text{-COOH}} + \underset{(w)塩基_2}{\text{H}_2\text{O}}$$

の反応が起こるかどうかの問題である。表より，酸の強さは $\boxed{\text{H}_3\text{O}^+ > \text{C}_6\text{H}_5\text{-COOH}}$ であるので，平衡は右に傾いており，この反応は起こる。⇨ ○

例 4. NH_4Cl と Ca(OH)_2 を混ぜて加熱すると NH_3 が発生するか？

$$2\,\text{NH}_4\text{Cl} + \text{Ca(OH)}_2 \xrightarrow{?} 2\,\text{NH}_3 + 2\,\text{H}_2\text{O} + \text{CaCl}_2$$

この場合は

$$\underset{(s)酸_1}{\text{NH}_4^+} + \underset{(s)塩基_2}{\text{OH}^-} \longrightarrow \underset{(w)塩基_1}{\text{NH}_3} + \underset{(w)酸_2}{\text{H}_2\text{O}}$$

の酸塩基反応が，塩基の強さが $\text{OH}^- > \text{NH}_3$ であるので当然起こる。⇨ ○

ロ 塩の加水分解の度合と酸塩基の強さの関係

CH_3COONa，$\text{C}_6\text{H}_5\text{-ONa}$ など弱酸の塩を水に溶かすと塩基性を示す。これは

$$\text{CH}_3\text{COONa} + \text{H}_2\text{O} \longrightarrow \text{CH}_3\text{COOH} + \text{NaOH}$$

という中和反応の逆反応が起こったからと説明された。ここでは，加水分解反応をブレンステッド・ローリーの定義による酸塩基反応の立場から，その加水分解の程度が酸塩基の強さとどのように関係しているかを考えてみよう。塩を NaA とする。NaA は完全解離して $\text{NaA} \longrightarrow \text{Na}^+ + \text{A}^-$ となるが，A^- は塩基であるから水と次の反応を起こしうる。

$$\underset{塩基_1}{\text{A}^-} + \underset{酸_2}{\text{H}_2\text{O}} \rightleftarrows \underset{酸_1}{\text{HA}} + \underset{塩基_2}{\text{OH}^-}$$

この反応が右へ傾くかどうかは，H_2O に比べて HA の酸の強さがどれくらいかによる。

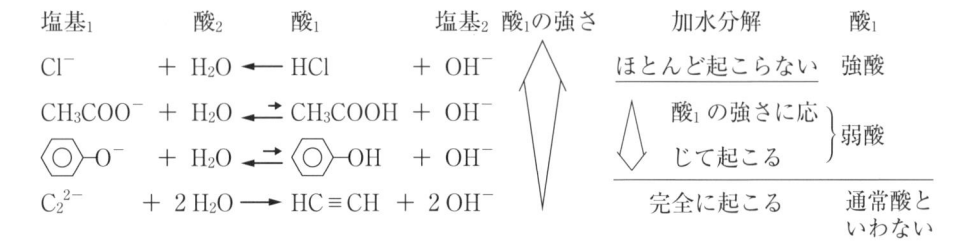

塩基$_1$	酸$_2$	酸$_1$	塩基$_2$	酸$_1$の強さ	加水分解	酸$_1$
Cl^-	$+ \text{H}_2\text{O}$	$\longleftarrow \text{HCl}$	$+ \text{OH}^-$	▲	ほとんど起こらない	強酸
CH_3COO^-	$+ \text{H}_2\text{O}$	$\rightleftarrows \text{CH}_3\text{COOH}$	$+ \text{OH}^-$		酸$_1$の強さに応じて起こる	弱酸
$\text{C}_6\text{H}_5\text{-O}^-$	$+ \text{H}_2\text{O}$	$\rightleftarrows \text{C}_6\text{H}_5\text{-OH}$	$+ \text{OH}^-$			
C_2^{2-}	$+ 2\,\text{H}_2\text{O}$	$\longrightarrow \text{HC}\equiv\text{CH}$	$+ 2\,\text{OH}^-$	▼	完全に起こる	通常酸といわない

つまり，HCl のような通常強酸といわれている酸は H_2O よりも圧倒的に強い酸なので，その塩の加水分解は起こらないと考えてよい。一方 H_3O^+ より弱いが，H_2O より強い酸——我々が通常弱酸と呼んでいる酸——は，酸の強さ(K_a)が弱くなるにしたがってその塩の加水分解反応が起こりやすくなり，水溶液の塩基性が大きくなることを示している。また炭化カルシウム(CaC_2)のような場合は，完全に加水分解してしまうのである。これは $\text{HC}\equiv\text{CH}(K_a = 10^{-25})$ が $\text{H}_2\text{O}(K_a = 10^{-16})$ に比べて圧倒的に弱い酸——私たちが通常酸と呼ばない物質——であるので，左向きの反応はほとんど起こらないからである。

② 酸化還元反応

　ブレンステッド・ローリーの定義による酸塩基反応は陽子の移動反応であり，陽子の放出力の強さによって酸の順序が決まった。そして，その順序から任意の酸塩基反応が起こりうるかどうかを予測することができた。

　一方，酸化還元反応は電子の移動反応であった。そこで，今度は e^- の放出力の強さによって還元剤の順序を決めることができる。この順序から，任意の酸化還元反応が起こりうるかどうかを予想することができる。たとえば次の反応を考えてみよう。

$$\underset{\text{還元剤}_1}{Ni} + \underset{\text{酸化剤}_2}{Cu^{2+}} \rightleftarrows \underset{\text{酸化剤}_1}{Ni^{2+}} + \underset{\text{還元剤}_2}{Cu}$$

（矢印は e^- の移動を示す）

　左辺の還元剤 Ni は右辺の還元剤 Cu よりかなり強い還元力を持っている。したがってこの反応はほとんど右へ進むことになる。この例は金属のイオン化傾向でも予想できるが，金属単体の還元力に限らず次のような一般的な酸化剤，還元剤の強さの序列の表があれば，任意の酸化還元反応が起こるのかどうかの判断を下すことができる。

還元剤		酸化剤
Li	$\longrightarrow$	$e^- + Li^+$
K	$\longrightarrow$	$e^- + K^+$
Na	$\longrightarrow$	$e^- + Na^+$
Mg	$\longrightarrow$	$2e^- + Mg^{2+}$
Al	$\longrightarrow$	$3e^- + Al^{3+}$
Fe	$\longrightarrow$	$2e^- + Fe^{2+}$
Ni	$\longrightarrow$	$2e^- + Ni^{2+}$
Sn	$\longrightarrow$	$2e^- + Sn^{2+}$
Pb	$\longrightarrow$	$2e^- + Pb^{2+}$
H_2	$\longrightarrow$	$2e^- + 2H^+$
$HCHO + H_2O$	$\longrightarrow$	$2e^- + HCOOH + 2H^+$
H_2S	$\longrightarrow$	$2e^- + S + 2H^+$
Sn^{2+}	$\longrightarrow$	$2e^- + Sn^{4+}$
Cu^+	$\longrightarrow$	$e^- + Cu^{2+}$
Cu	$\longrightarrow$	$2e^- + Cu^{2+}$
$2I^-$	$\longrightarrow$	$2e^- + I_2$
$CH_4 + H_2O$	$\longrightarrow$	$2e^- + CH_3OH + 2H^+$
H_2O_2	$\longrightarrow$	$2e^- + O_2 + 2H^+$
Fe^{2+}	$\longrightarrow$	$e^- + Fe^{3+}$
Hg	$\longrightarrow$	$2e^- + Hg^{2+}$
Ag	$\longrightarrow$	$e^- + Ag^+$
$NO + 2H_2O$	$\longrightarrow$	$3e^- + NO_3^- + 4H^+$
Pt	$\longrightarrow$	$2e^- + Pt^{2+}$
$Mn^{2+} + 2H_2O$	$\longrightarrow$	$2e^- + MnO_2 + 4H^+$
$2Cr^{3+} + 7H_2O$	$\longrightarrow$	$6e^- + Cr_2O_7^{2-} + 14H^+$
$2Cl^-$	$\longrightarrow$	$2e^- + Cl_2$
Au	$\longrightarrow$	$3e^- + Au^{3+}$
$Mn^{2+} + 4H_2O$	$\longrightarrow$	$5e^- + MnO_4^- + 8H^+$
$2H_2O$	$\longrightarrow$	$2e^- + H_2O_2 + 2H^+$
$2F^-$	$\longrightarrow$	$2e^- + F_2$

（左側：還元力が上ほど強い，右側：酸化力が下ほど強い）

例1. Cu は希硝酸で酸化されるか？

$$3\,\underset{\text{還元剤}_1}{Cu} + 2(\underset{\text{酸化剤}_2}{NO_3^- + 4\,H^+}) \xrightarrow{?} 3\,\underset{\text{酸化剤}_1}{Cu^{2+}} + 2(\underset{\text{還元剤}_2}{NO + 2\,H_2O})$$

(6 e⁻ の移動)

表より，還元力が Cu＞NO＋2H$_2$O であるので反応は右へ進む。つまり Cu は HNO$_3$ で酸化される。⇨ ○

例2. 白金は希硝酸に溶けるか？

$$3\,\underset{\text{還元剤}_1}{Pt} + 2(\underset{\text{酸化剤}_2}{NO_3^- + 4\,H^+}) \xrightarrow{?} 3\,\underset{\text{酸化剤}_1}{Pt^{2+}} + 2(\underset{\text{還元剤}_2}{NO + 2\,H_2O})$$

(6 e⁻ の移動)

表より，還元力が Pt＜NO＋2H$_2$O であるので反応は右へ進まない。つまり，Pt は硝酸では酸化されず，硝酸に溶けることはない。⇨ ×

例3. Cl⁻ は MnO$_2$ で酸化されるか？

$$2\,\underset{\text{還元剤}_1}{Cl^-} + (\underset{\text{酸化剤}_2}{MnO_2 + 4\,H^+}) \xrightarrow{?} \underset{\text{酸化剤}_1}{Cl_2} + (\underset{\text{還元剤}_2}{Mn^{2+} + 2\,H_2O})$$

表より MnO$_2$ は Cl$_2$ よりやや弱い酸化剤であるので，この平衡は左に傾いている。つまりこの反応は吸熱反応であり，常温では起こらない。HCl の濃度を高くし，つまり濃塩酸にし，さらに加熱して，吸熱反応方向に平衡を移動させ，かつ Cl$_2$ を気体として溶液から追い出せば，反応を右へ進めることができる。Cl⁻ の酸化は表からわかるように，Cl$_2$ より強い酸化剤である酸性下の KMnO$_4$ によってなら常温で可能である。にもかかわらず KMnO$_4$ は通常使わない。それは KMnO$_4$ の水溶液と HCl の水溶液を混合して Cl$_2$ を発生させると，その反応を停止させる手段がないため危険だからである。MnO$_2$ と HCl との反応なら，加熱を止めれば反応を停止させることができる。

このように還元剤（または酸化剤）の強さの順序を知っておけば，任意の酸化還元反応が起こりうるかどうかを予想することができる。両辺の還元剤の力に差がなければほぼ平衡，差が大きければ一方へ反応が進むと考えることができる。

練習問題 次の反応が進む理由を述べよ。

1　$AgNO_3 + HCl \longrightarrow AgCl + HNO_3$

2　$Ca(HCO_3)_2$（水溶液）$\longrightarrow CaCO_3 + H_2O + CO_2$

3　$2\,NH_4Cl + Ca(OH)_2 \longrightarrow CaCl_2 + 2\,H_2O + 2\,NH_3$

4　$NaCl + H_2SO_4 \longrightarrow NaHSO_4 + HCl$

5　$Ag_2O + H_2O + 4\,NH_3 \longrightarrow 2\,[Ag(NH_3)_2]OH$

6　$NH_4NO_2 \longrightarrow N_2 + 2\,H_2O$

(解)　1　沈殿生成　　2　熱分解，沈殿，気体生成　　3　弱塩基の塩＋強塩基

　　　4　揮発性の酸の塩 ＋ 不揮発性の酸 $\xrightarrow{熱}$

　　　5　錯イオン生成　　6　熱分解，気体生成（☞ 上.p.187 ＊3）

4. 応 用

1 気体の生成反応

たとえば SO_2 の発生反応は，S を含む頻出の物質を酸化数直線上に並べるとよくわかる。

$$\begin{array}{cccc} -2 & 0 & +4 & +6 \\ H_2S & S \longrightarrow SO_2 \longleftarrow ③ & SO_3 \\ & ① \uparrow & \uparrow \\ & H_2SO_3 & ② \\ & \uparrow & H_2SO_4 \\ & Na_2SO_3 & \end{array}$$

$\Rightarrow$ ① $S + O_2 \longrightarrow SO_2$ （化合）

② $SO_3^{2-} \xrightarrow{H^+} H_2SO_3 \longrightarrow H_2O + SO_2$ （弱酸イオン+H^+）

③ 熱濃 $H_2SO_4 \xrightarrow{Cu} SO_2$ （O - Ⓡ）

他の気体についてもこのような図をもとにすれば発生反応を無理なく導き出すことができるであろう。ただ，ここではこれまでに学んだ，反応の型別に発生反応を以下でまとめておこう。

① 分 解

加熱したり触媒を加えたりして，化合物がいくつかの物質に分解するとき気体ができる場合がある。

- O_2 $2H_2O_2 \xrightarrow{MnO_2} 2H_2O + O_2\uparrow$ $2KClO_3 \xrightarrow[熱]{MnO_2} 2KCl + 3O_2\uparrow$

- N_2 $\underset{-3}{NH_4}\underset{+3}{NO_2} \xrightarrow{熱} 2H_2O + \underset{0}{N_2}\uparrow$

- CO_2 $CaCO_3 \xrightarrow{熱} CaO + CO_2\uparrow$

② 弱酸の塩 + 強酸 or 弱塩基の塩 + 強塩基

弱酸 or 弱塩基と関係する気体は，それらの塩それぞれに強酸 or 強塩基を加えると発生する。

- CO_2 $CaCO_3 + 2HCl \longrightarrow CaCl_2 + CO_2\uparrow + H_2O$ ⇐ (H_2SO_4 はダメ，不溶性の $CaSO_4$ が生成し表面を覆うから。)
- SO_2 $Na_2SO_3 + H_2SO_4 \longrightarrow Na_2SO_4 + SO_2\uparrow + H_2O$
- H_2S $FeS + 2HCl \longrightarrow FeCl_2 + H_2S\uparrow$
- Cl_2 $CaCl(ClO) + 2HCl \longrightarrow CaCl_2 + Cl_2\uparrow + H_2O$
（サラシ粉）

(HClO は弱酸で $HCl + HClO \rightleftarrows H_2O + Cl_2$ の関係がある。)

- NH_3 $2NH_4Cl + Ca(OH)_2 \xrightarrow{熱} CaCl_2 + 2NH_3\uparrow + 2H_2O$
（固体）（固体）

③ 揮発性の酸の塩 + 不揮発性の酸（濃硫酸）$\xrightarrow{熱}$

- HCl $NaCl + H_2SO_4 \xrightarrow{熱} NaHSO_4 + HCl\uparrow$
（固体）（濃）

- HNO_3 $NaNO_3 + H_2SO_4 \xrightarrow{熱} NaHSO_4 + HNO_3\uparrow$ （HNO_3 は常温で液体）
（固体）（濃）

- HF $CaF_2 + H_2SO_4 \xrightarrow{熱} CaSO_4 + 2HF\uparrow$
（固体）（濃）

④ 濃硫酸による脱水（加熱必要）

- CO $HCOOH \xrightarrow{濃 H_2SO_4} H_2O + CO$

- C_2H_4 $C_2H_5OH \xrightarrow[160℃]{濃 H_2SO_4} H_2O + C_2H_4$

⑤ 酸化還元反応を行う

  ㋑ 電気分解（主に工業的製法）

- H_2 $2H^+ + 2e^- \longrightarrow H_2$ ⎫
- O_2 $4OH^- \longrightarrow O_2 + 2H_2O + 4e^-$ ⎬ 水の電気分解
- Cl_2 $2Cl^- \longrightarrow Cl_2 + 2e^-$ …NaCl 水溶液の電気分解
- F_2 $2F^- \longrightarrow F_2 + 2e^-$ …KHF_2 の融解塩電解

  ㋺ 酸化剤，還元剤を使う

- Cl_2 $2Cl^- \longrightarrow Cl_2 + 2e^-$

        $(4HCl + MnO_2 \xrightarrow{熱} MnCl_2 + Cl_2\uparrow + 2H_2O)$

- SO_2 $SO_4^{2-} + 4H^+ + 2e^- \xrightarrow{熱} SO_2 + 2H_2O$

        $(Cu + 2H_2SO_4(濃) \xrightarrow{熱} CuSO_4 + SO_2\uparrow + 2H_2O)$

- NO_2 $NO_3^- + 2H^+ + e^- \longrightarrow NO_2 + H_2O$

        $(Cu + 4HNO_3(濃) \longrightarrow Cu(NO_3)_2 + 2NO_2\uparrow + 2H_2O)$

- NO $NO_3^- + 4H^+ + 3e^- \longrightarrow NO + 2H_2O$

        $(3Cu + 8HNO_3(希) \longrightarrow 3Cu(NO_3)_2 + 2NO\uparrow + 4H_2O)$

（$M > H_2$ の金属を使うと H_2 や N_2，NH_3 も生成するので，$H_2 > M$ の Cu, Ag などを使う。）

⑥ そ の 他

- O_3 $3O_2 \xrightarrow{紫外線, 放電} 2O_3$ ($O_2 \xrightarrow{紫外線, 放電} O + O, O_2 + O \rightleftarrows O_3$)

- C_2H_2 $CaC_2 + 2H_2O \longrightarrow C_2H_2\uparrow + Ca(OH)_2$

        $\begin{pmatrix} CaC_2 \longrightarrow Ca^{2+} + C_2^{2-} \\ C_2^{2-} + 2H_2O \rightleftarrows HC\equiv CH\uparrow + 2OH^- \end{pmatrix}$ …弱酸($HC\equiv CH$)の塩の完全加水分解

- CH_4 $CH_3COONa + NaOH \xrightarrow{熱} CH_4\uparrow + Na_2CO_3$（脱炭酸反応，☞下．p.160, 161）
        （ソーダ石灰）

工業的製法（☞下.p.77〜）

- NH_3 $N_2 + 3H_2 \longrightarrow 2NH_3$ （ハーバー・ボッシュ法）

- NO $4NH_3 + 5O_2 \xrightarrow{Pt} 4NO + 6H_2O$ ⎫
       $2NO + O_2 \longrightarrow 2NO_2$ ⎬ （オストワルト法）

- HCl $H_2 + Cl_2 \longrightarrow 2HCl$

主な気体物質の製法

		実験室での主な製法	工業的製法
非金属単体	H_2	$Zn + 2\,HCl \longrightarrow ZnCl_2 + H_2$ など	水・食塩水の電解, 石油の分解
	N_2	$NH_4NO_2 \xrightarrow{熱} 2\,H_2O + N_2$	液体空気の分留
	O_2	$2\,H_2O_2 \xrightarrow{MnO_2} 2\,H_2O + O_2$ $2\,KClO_3 \xrightarrow[熱]{MnO_2(固体)} 2\,KCl + 3\,O_2$ (固体)	水の電気分解 液体空気の分留
	O_3	$3\,O_2 \xrightarrow{放電} 2\,O_3$	
	Cl_2	$MnO_2 + 4\,HCl \xrightarrow{熱} MnCl_2 + 2\,H_2O + Cl_2$ (濃) $CaCl(ClO) + 2\,HCl \longrightarrow CaCl_2 + H_2O + Cl_2$	食塩水の電解
非金属酸化物	CO	$HCOOH \xrightarrow[熱]{濃\,H_2SO_4} H_2O + CO$	炭素の酸化
	CO_2	$CaCO_3 + 2\,HCl \longrightarrow CaCl_2 + H_2O + CO_2$	$CaCO_3 \xrightarrow{熱} CaO + CO_2$
	NO	$3\,Cu + 8\,HNO_3 \longrightarrow 3\,Cu(NO_3)_2 + 4\,H_2O + 2\,NO$ (希)	$4\,NH_3 + 5\,O_2 \xrightarrow{Pt} 4\,NO + 6\,H_2O$ (オストワルト法)
	NO_2	$Cu + 4\,HNO_3 \longrightarrow Cu(NO_3)_2 + 2\,H_2O + 2\,NO_2$ (濃)	$2\,NO + O_2 \longrightarrow 2\,NO_2$
	SO_2	$Cu + 2\,H_2SO_4 \xrightarrow{熱} CuSO_4 + 2\,H_2O + SO_2$ (濃) $Na_2SO_3 + H_2SO_4 \xrightarrow{(熱)} Na_2SO_4 + H_2O + SO_2$	$S + O_2 \longrightarrow SO_2$ $4\,FeS_2 + 11\,O_2 \longrightarrow 2\,Fe_2O_3 + 8\,SO_2$
非金属水素化合物	HCl	$NaCl + H_2SO_4 \xrightarrow{熱} NaHSO_4 + HCl$ (固体) (濃)	電気分解で得た H_2 と Cl_2 を反応させる $H_2 + Cl_2 \longrightarrow 2\,HCl$
	H_2S	$FeS + H_2SO_4 \longrightarrow FeSO_4 + H_2S$	石油の H_2 による脱硫反応
	NH_3	$2\,NH_4Cl + Ca(OH)_2 \xrightarrow{熱} CaCl_2 + 2\,H_2O + 2\,NH_3$ (固体) (固体)	$N_2 + 3\,H_2 \xrightarrow{触媒} 2\,NH_3$ (ハーバー・ボッシュ法)
	C_2H_2	$CaC_2 + 2\,H_2O \longrightarrow Ca(OH)_2 + C_2H_2$	$2\,CH_4 \xrightarrow{熱} C_2H_2 + 3\,H_2$
	C_2H_4	$C_2H_5OH \xrightarrow[熱]{160\,℃,\,濃\,H_2SO_4} H_2O + C_2H_4$	石油の分解
	CH_4	$CH_3COONa + NaOH \xrightarrow{熱} Na_2CO_3 + CH_4$ (固体) (固体)	天然ガスの分離

注) 加熱が必要なのは, 固体間の反応, 濃硫酸を使う反応, $MnO_2 + 4\,HCl \longrightarrow \cdots$ の反応である。

2 気体検出法

1つの気体を他の気体と区別する際，見る（①色），嗅ぐ（②臭），反応させてから見る（③液性，④沈殿，⑤酸化還元）の方法が主にとられる。

① 色

  ほとんどの気体は無色だが有色は以下3つ
  - Cl_2 黄緑，O_3 微青，NO_2 赤褐

② 臭

  嗅覚で強く感じるには主に水溶性が必要
  - 刺激臭　Cl_2, NH_3, HCl, NO_2, SO_2
  - 腐卵臭　H_2S　・特異臭　O_3

③ 水溶性の物質は酸性か塩基性を示す
  - 酸性　……Cl_2, H_2S, HCl, HF, CO_2, NO_2, SO_2
  - 塩基性……NH_3

④ 沈殿反応

  - CO_2　　$Ca(OH)_2$, $Ba(OH)_2$ で白沈　　$Ca(OH)_2 + CO_2 \longrightarrow CaCO_3\downarrow + H_2O$
  　　　　　さらに加えると再溶解する　　$CaCO_3 + H_2O + CO_2 \longrightarrow Ca(HCO_3)_2$（溶）
  - H_2S　　$(CH_3COO)_2Pb$ で黒沈　　$(CH_3COO)_2Pb + H_2S \longrightarrow PbS\downarrow + 2CH_3COOH$
  　　　　　SO_2 で白濁　　$2H_2S + SO_2 \longrightarrow 3S$（白濁）$+ 2H_2O$
  - C_2H_2　NH_3 性の $AgNO_3$ で白沈　　$2AgNO_3 + C_2H_2 \longrightarrow AgC\equiv CAg\downarrow + 2HNO_3$
  - NH_3　　$CuSO_4$ 水溶液で青白沈　　$Cu^{2+} + 2NH_3 + 2H_2O \longrightarrow Cu(OH)_2\downarrow + 2NH_4^+$
  　　　　　さらに加えると再溶解し深青　　$Cu(OH)_2 + 4NH_3 \longrightarrow [Cu(NH_3)_4]^{2+} + 2OH^-$

⑤ 酸化性，還元性

  - Cl_2 ⎫
  　　　　⎬ ヨウ化カリウムデンプン紙青変（酸化力）　　$2I^- + Cl_2 \longrightarrow I_2 + 2Cl^-$
  - O_3 ⎭　　　　　　　　　　　　　　　　　　　　　$2I^- + H_2O + O_3 \longrightarrow I_2 + O_2 + 2OH^-$
  - SO_2　$KMnO_4$ の赤紫消える　　（還元力）　　$2MnO_4^- + 5SO_2 + 2H_2O$
  　　　　　　　　　　　　　　　　　　　　　　　　（赤紫）
  　　　上の3つの気体はリトマス紙を脱色する　　$\longrightarrow 2Mn^{2+} + 5SO_4^{2-} + 4H^+$
  　　　　　　　　　　　　　　　　　　　　　　　　　　　　　　（淡紅）

注）検出反応としてはあまり出てこないが，CO（高温），H_2（高温），H_2S も還元性気体である。以上のような考察をした上で，次ページの一覧表を理解し確認しておこう。

練習問題　〔A群〕の(a)～(h)には8種の異なる気体を発生させる実験操作が記されている。〔B群〕の(1)～(8)の項目の中から〔A群〕の気体に当てはまるものを1つずつ選び，その番号と発生する気体の分子式を記せ。（解答は p.205 の下）

〔A群〕(a) 過酸化水素水に二酸化マンガンを加える。(b) 亜硝酸アンモニウム NH_4NO_2 を熱する。(c) 硫化鉄(Ⅱ)の破片に希硫酸を加える。(d) 石灰石を加熱分解する。(e) 銅片に濃硫酸を加えて加熱する。(f) 銅片に濃硝酸を加える。(g) 塩化アンモニウムに水酸化カルシウムを混ぜて加熱する。(h) ギ酸に濃硫酸を加えて加熱する。

〔B群〕(1) 有色の気体が発生する。(2) キップの気体発生装置を用いるのに適している。
(3) A群の実験で生じる気体の中で最も重い気体が発生する。
(4) 用いた固体物質が全く変化しない。
(5) 窒素に最も近い密度をもつ有毒の気体が発生する。
(6) 空気中に約80%含まれている気体が発生する。
(7) 水酸化バリウム水溶液に通じると白い沈殿が生じる。
(8) 硫酸銅のうすい溶液に通じると濃青色になる。(解答はp.205の下)

主な気体物質の性質・検出法

		色	臭	水溶性	還元力	酸化力	毒性	検　出　法
非金属単体	H_2				高温で○			空気を混ぜ点火→爆発的に燃える
	N_2							
	O_2					○		燃えさし→再燃
	O_3	微青	特異臭			○		臭　KIデンプン紙青変
	Cl_2	黄緑	刺激臭	○		○	○	色　臭　湿ったリトマス紙を脱色 KIデンプン紙青変
非金属酸化物	CO				高温で○		◎	点火→青い炎→CO_2
	CO_2			○				石炭水で白沈　さらに加えると再溶解
	NO							空気中ですぐ赤褐色(NO_2)化
	NO_2	赤褐	刺激臭	○		○ (水中で)		色　臭　低温にすると無色化する （N_2O_4になる）
	SO_2		刺激臭	◎	○	(○)	○	H_2Sと反応し硫黄を析出 臭　$KMnO_4$の脱色 リトマス紙を脱色
非金属水素化合物	CH_4							
	C_2H_4		かすかな甘い臭気					臭素水を脱色
	C_2H_2		ほぼ無臭（不純物で悪臭）					・アンモニア性硝酸銀溶液に通じると 　$Ag_2C_2↓$（白色） ・明るい炎を上げて燃える　溶接に使う
	NH_3		刺激臭	◎				水溶液がアルカリ性　臭 濃塩酸で白煙　錯イオンをつくる
	H_2S		腐卵臭	○	○		○	臭　酢酸鉛溶液を塗った紙を黒変（PbS） SO_2でSを析出し白濁
	HCl		刺激臭	◎				臭　濃NH_3水で白煙 溶液はAg^+で白沈 水溶液強酸性

③ 両性元素の反応

両性というのは，相対立する2つの性質を条件によってとりうるという意味であるから，一般にはいろいろな場合が考えられる。ただし，化学で物質の性質として最も重要と考えられるのは酸・塩基との反応性であるため，化学で使われる両性は「条件によって酸(aq)，塩基(aq) どちらとも反応できる性質」という意味となる。ところで，元素一般，たとえば塩素元素の反応というものは何もない。あるのは，Cl_2，HCl，$HClO_4$，NaCl…という具体的に存在する物質の中にある塩素元素の反応であり，これらの物質の中での塩素元素の性質はすべて違っている。これと同様に，両性元素と酸，塩基との反応ということを考えるとき，これらの具体的な物質の姿（単体，酸化物など）と酸，塩基との反応を思い浮かべなくてはならない。また，酸，塩基についても，アレニウスの定義による物質であると同時に，それらが強酸，強塩基であることもまず確認しておく必要がある。

                     例

- ㋑ 強酸(aq)とも強塩基(aq)とも反応する単体 …………… Al，Zn，Sn，Pb
- ㋺ 強酸(aq)とも強塩基(aq)とも反応する酸化物 ………… Al_2O_3，ZnO，SnO，PbO，Cr_2O_3
- ㋩ 強酸(aq)とも強塩基(aq)とも反応する水酸化物 ……… $Al(OH)_3$，$Zn(OH)_2$，$Sn(OH)_2$，$Pb(OH)_2$，$Cr(OH)_3$
- ㋥ 強酸(aq)とも強塩基(aq)とも反応する物質 …………… NH_2CH_2COOH

両性元素とは㋑㋺㋩の性質を示す元素である。たとえば $Cr(OH)_3$ は両性水酸化物であるが，クロムの単体は塩基に溶けないので通常はクロムを両性元素と呼ばない。

さて高校で扱う両性元素は，Al，Zn，Sn，Pb の4つである。これらの元素には

(1) **イオン化傾向が水素より大きい金属元素である。**
(2) **イオンが濃 OH^- の水溶液で錯イオンをつくる。**

の2つの共通点がある。この共通点を基礎にすれば，両性元素がなぜ，㋑，㋺，㋩ の反応をするのかが理解できる。

① 両性水酸化物の反応

まず，これらの水酸化物は金属元素の水酸化物であるから当然塩基として働く。つまり，酸と中和反応し塩と水を生成する。

$Al(OH)_3 + 3\,HCl \longrightarrow AlCl_3 + 3\,H_2O$

$Zn(OH)_2 + H_2SO_4 \longrightarrow ZnSO_4 + 2\,H_2O$

$Ga(OH)_3 + 3\,HNO_3 \longrightarrow Ga(NO_3)_3 + 3\,H_2O$

$Sn(OH)_2 + H_2SO_4 \longrightarrow SnSO_4 + 2\,H_2O$

$Pb(OH)_2 + 2\,CH_3COOH \longrightarrow (CH_3COO)_2Pb + 2\,H_2O$

ところが，これら水酸化物は，高濃度の OH^- のもとで OH^- を配位子とした錯イオンに

なり，陰イオンとして水溶液中に溶解することもできる。高濃度の塩基と反応して塩を生成する反応を行ったから，これらの水酸化物は酸として働いたことになる。この場合の酸として働く反応は錯イオン生成反応であるから，その反応式を書くには，錯イオンの配位数を知る必要がある。

$$4\text{配位}\cdots\cdots Zn^{2+} \longrightarrow [Zn(OH)_4]^{2-} \longrightarrow Zn(OH)_2 + 2\,NaOH \longrightarrow Na_2[Zn(OH)_4]$$
$$Al^{3+} \longrightarrow [Al(OH)_4]^- \longrightarrow Al(OH)_3 + NaOH \longrightarrow Na[Al(OH)_4]$$

Al^{3+} は 6 配位であるので，本当は $[Al(OH)_4(H_2O)_2]^-$ という錯イオンだが，$[Al(H_2O)_6]^{3+}$ を Al^{3+} ですますことが多いのと同様に，水を省いて，このように表すことが多い。

$$6\text{配位}\cdots\cdots Sn^{4+} \longrightarrow [Sn(OH)_6]^{2-} \longrightarrow Sn(OH)_4 + 2\,NaOH \longrightarrow Na_2[Sn(OH)_6]$$
$$Pb^{4+} \longrightarrow [Pb(OH)_6]^{2-} \longrightarrow Pb(OH)_4 + 2\,NaOH \longrightarrow Na_2[Pb(OH)_6]$$

なお，$Pb(OH)_2$，$Sn(OH)_2$，$Be(OH)_2$ も両性であるが，錯イオンの構造はよくわかっていないのでその反応式は書けない（便宜的に $[M(OH)_4]^{2-}$ と書くことが多いが）。

② **両性酸化物の反応**

すでに何度も述べたように，酸化物は水を媒介にして水酸化物に変換される。

$$\left.\begin{array}{l} ZnO + H_2O \longrightarrow Zn(OH)_2 \\ Al_2O_3 + 3\,H_2O \longrightarrow 2\,Al(OH)_3 \end{array}\right\} \cdots \text{ⓐ}$$

ただし，ZnO，Al_2O_3 を水に入れても，$Zn(OH)_2$，$Al(OH)_3$ などは水に不溶性なので，この反応は表面で起こってすぐにストップする。しかし，そこに酸や塩基を加えると表面の水酸化物が①の反応で反応して溶解するので，止まっていたⓐの反応が次々と起こり，結局，酸化物は酸(aq)とも塩基(aq)とも反応するようになる。

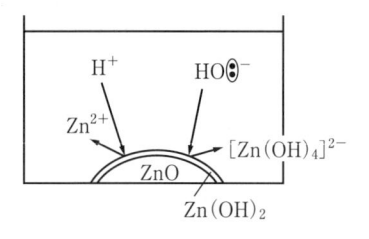

$$\begin{array}{l} ZnO + H_2O \rightleftarrows Zn(OH)_2 \\ +)\ Zn(OH)_2 + 2\,HCl \longrightarrow ZnCl_2 + 2\,H_2O \\ \hline ZnO + 2\,HCl \longrightarrow ZnCl_2 + H_2O \end{array} \qquad \begin{array}{l} ZnO + H_2O \rightleftarrows Zn(OH)_2 \\ +)\ Zn(OH)_2 + 2\,NaOH \longrightarrow Na_2[Zn(OH)_4] \\ \hline ZnO + 2\,NaOH + H_2O \longrightarrow Na_2[Zn(OH)_4] \end{array}$$

$$\begin{array}{l} Al_2O_3 + 3\,H_2O \rightleftarrows 2\,Al(OH)_3 \\ +)\ 2\,Al(OH)_3 + 6\,HCl \longrightarrow 2\,AlCl_3 + 6\,H_2O \\ \hline Al_2O_3 + 6\,HCl \longrightarrow 2\,AlCl_3 + 3\,H_2O \end{array} \qquad \begin{array}{l} Al_2O_3 + 3\,H_2O \rightleftarrows 2\,Al(OH)_3 \\ +)\ 2\,Al(OH)_3 + 2\,NaOH \longrightarrow 2\,Na[Al(OH)_4] \\ \hline Al_2O_3 + 2\,NaOH + 3\,H_2O \longrightarrow 2\,Na[Al(OH)_4] \end{array}$$

なお，上記の説明で，酸化物が酸と反応するとき，酸化物が水と反応して生じた水酸化物が酸と反応する，としたが，実際には，下図のように，酸化物中の O^{2-} が直接 H^+ と反応して H_2O となると考えられる。

$$\text{Ⓩⁿ}^{2+}\ \text{Ⓞ}^{2-} + \begin{array}{c} H^+ \\ H^+ \end{array} \longrightarrow Zn^{2+} + H_2O$$

③ **両性元素単体の反応**

これらの元素の単体はイオン化傾向が H_2 より大きい金属であるから，酸の溶液では

第7章 無機化学反応の系統的理解のために 205

$$M + nH^+ \longrightarrow M^{n+} + \frac{n}{2}H_2$$

の反応を起こして溶ける。つまり酸と反応する。

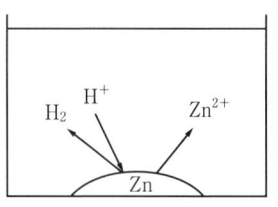

$$Zn + 2HCl \longrightarrow ZnCl_2 + H_2$$

$$2Al + 6HCl \longrightarrow 2AlCl_3 + 3H_2$$

$$Pb + 2CH_2ClCOOH \longrightarrow (CH_2ClCOO)_2Pb + H_2$$

さて,これらの金属を水に加えると,水から生じた H^+ と反応して H_2 を発生する反応を行わせることができた。(☞上.,p.169)

$$Zn + 2(H^+ + OH^-) \longrightarrow Zn(OH)_2 + H_2 \quad \cdots ⓑ$$

ただし,この反応は,生成した $Zn(OH)_2$ が水に不溶のため,表面で起こってすぐにストップした。また,濃アルカリ性の液では H^+ は純水より少ないので,この反応は純水中よりさらに起こりにくい。それでも金属表面でこの反応は少しは起こる。

そうすると,生成した $Zn(OH)_2$ は OH^- と錯イオンを形成し溶解するため,金属と水との反応ⓑは次々と起こり,結局,金属が塩基(aq)に溶ける反応が起こることになる。

$$Zn + 2H_2O \longrightarrow Zn(OH)_2 + H_2$$
$$+)\ Zn(OH)_2 + 2NaOH \longrightarrow Na_2[Zn(OH)_4]$$
$$\overline{Zn + 2NaOH + 2H_2O \longrightarrow Na_2[Zn(OH)_4] + H_2}$$

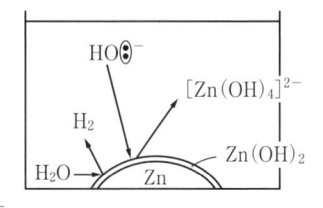

同様にして

$$2Al + 6H_2O \longrightarrow 2Al(OH)_3 + 3H_2$$
$$+)\ 2Al(OH)_3 + 2NaOH \longrightarrow 2Na[Al(OH)_4]$$
$$\overline{2Al + 2NaOH + 6H_2O \longrightarrow 2Na[Al(OH)_4] + 3H_2}$$

このようにして,これらの元素の単体もまた酸とも塩基(aq)とも反応することになる。ただし,この塩基と反応する反応は,金属と水との酸化還元反応を錯イオン生成反応の助けで起こしたのであり,あくまで酸化還元反応であることに注意しよう。

---

(1) 強酸,強塩基水溶液で生成する塩は,単体,酸化物のいずれの場合も同じである。

$$ZnCl_2 \xleftarrow{HCl} \begin{Bmatrix} Zn(OH)_2 \\ ZnO \\ Zn \end{Bmatrix} \xrightarrow[H_2O]{NaOH} Na_2[Zn(OH)_4]$$

$$AlCl_3 \xleftarrow{HCl} \begin{Bmatrix} Al(OH)_3 \\ Al_2O_3 \\ Al \end{Bmatrix} \xrightarrow[H_2O]{NaOH} Na[Al(OH)_4]$$

(2) ただし単体の反応は,酸化還元反応を含むから H_2 を発生する。

---

p.201〜202 の問の解答

(a) (4)O_2 (b) (6)N_2 (c) (2)H_2S (d) (7)CO_2 (e) (3)SO_2

(f) (1)NO_2 (g) (8)NH_3 (h) (5)CO

4 陽イオン分析

　何種類かの陽イオンが含まれている液から各イオンを分離し，イオンを決定することを陽イオンの定性分析という。含まれているイオンが既知でかつ2，3種類であるときはたいてい何通りもの分析方法がありえるが，含まれているイオンが未知であったり，既知ではあるが多種類であるときは，分析方法も限られ，それを系統分析という。複雑な問題では，たいてい，この系統分析を基礎にした方法がとられる。この方法の基本的操作は

　　(1) 沈殿によって陽イオンを6つのグループに分ける
　　(2) 各グループ内の沈殿を再溶解させる
　　(3) 新しい試薬で再沈殿させる

である。(1)では，**加える試薬，その順序，濃度やpHなどの条件**に十分注意を払い，また(2)では，**平衡移動の観点**からその方法を理解しておくとよいであろう。

① 沈　殿

㋑ 系統分析の主系列

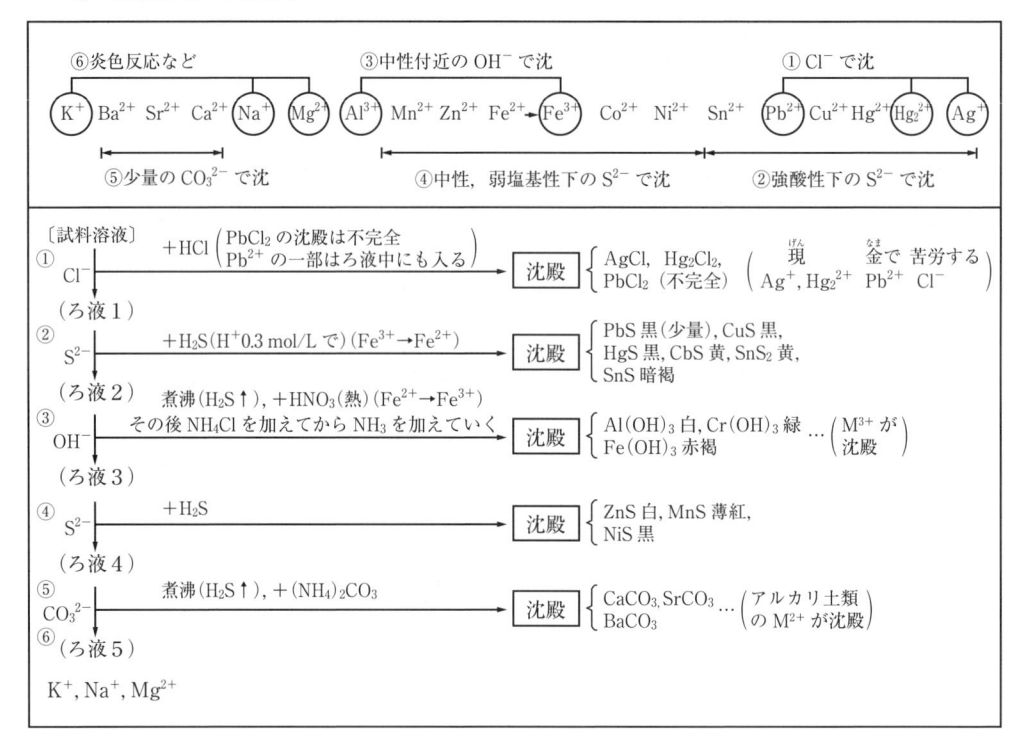

```
⑥炎色反応など          ③中性付近のOH⁻で沈          ①Cl⁻で沈
K⁺ Ba²⁺ Sr²⁺ Ca²⁺ Na⁺ Mg²⁺  Al³⁺ Mn²⁺ Zn²⁺ Fe²⁺→Fe³⁺ Co²⁺ Ni²⁺ Sn²⁺  Pb²⁺ Cu²⁺ Hg²⁺ Hg₂²⁺ Ag⁺
⑤少量のCO₃²⁻で沈      ④中性，弱塩基性下のS²⁻で沈      ②強酸性下のS²⁻で沈
```

① 〔試料溶液〕 Cl⁻ (ろ液1)	+HCl（PbCl₂の沈殿は不完全 Pb²⁺の一部はろ液中にも入る）	沈殿	AgCl, Hg₂Cl₂, PbCl₂(不完全) … (現金で苦労する Ag⁺, Hg₂²⁺, Pb²⁺ Cl⁻)
② S²⁻ (ろ液2)	+H₂S(H⁺0.3 mol/Lで)(Fe³⁺→Fe²⁺)	沈殿	PbS 黒(少量), CuS 黒, HgS 黒, CdS 黄, SnS₂ 黄, SnS 暗褐
③ OH⁻ (ろ液3)	煮沸(H₂S↑), +HNO₃(熱)(Fe²⁺→Fe³⁺) その後NH₄Clを加えてからNH₃を加えていく	沈殿	Al(OH)₃ 白, Cr(OH)₃ 緑 …(M³⁺が Fe(OH)₃ 赤褐　　　　　　沈殿)
④ S²⁻ (ろ液4)	+H₂S	沈殿	ZnS 白, MnS 薄紅, NiS 黒
⑤ CO₃²⁻ ⑥(ろ液5) K⁺, Na⁺, Mg²⁺	煮沸(H₂S↑), +(NH₄)₂CO₃	沈殿	CaCO₃, SrCO₃ …(アルカリ土類 BaCO₃　　　　　のM²⁺が沈殿)

(1) 一部の陽イオンを沈殿として選択的に分離できる理由

　　S²⁻は1，2，13族以外の金属イオンを沈殿させ，OH⁻はイオン化傾向でMg以下の陽イオンを沈殿させる（☞上.p.154）にもかかわらず操作②で一部の陽イオンの硫化物しか沈殿しなかったり，操作③で3価の陽イオンのみが水酸化物として沈殿するのはなぜであろうか。これらについて少し考えてみよう。

一般に難溶性の塩が沈殿し沈殿平衡が存在しているとき，その上澄み液のイオン濃度に関し次のような関係が成り立つ。（☞ 上 p.96，下 p.36，55，56）

- $AgCl(固) \rightleftarrows Ag^+ + Cl^-$　　　$[Ag^+][Cl^-] = 10^{-10}$　　　$(mol/L)^2$
- $Zn(OH)_2(固) \rightleftarrows Zn^{2+} + 2\,OH^-$　　$[Zn^{2+}][OH^-]^2 = 2 \times 10^{-17}$　$(mol/L)^3$
- $Al(OH)_3(固) \rightleftarrows Al^{3+} + 3\,OH^-$　　$[Al^{3+}][OH^-]^3 = 10^{-32}$　　$(mol/L)^4$
- $CuS(固) \rightleftarrows Cu^{2+} + S^{2-}$　　　$[Cu^{2+}][S^{2-}] = 6 \times 10^{-36}$　$(mol/L)^2$
- $NiS(固) \rightleftarrows Ni^{2+} + S^{2-}$　　　$[Ni^{2+}][S^{2-}] = 2 \times 10^{-21}$　$(mol/L)^2$

- AgCl で $[Cl^-] = 10^{-1}$ のときは $[Ag^+] = 10^{-10}/10^{-1} = 10^{-9}$ となるから，上澄み液には Ag^+ は $10^{-9}\,(mol/L)$ しか存在しない，あるいはできないのである。操作①で HCl をほぼ 0.1 mol/L にすると Ag^+ が事実上完全に沈殿するのはこのようにして理解される。

- pH = 6 としよう。$[OH^-] = 10^{-8}$ であるから，Zn^{2+}，Al^{3+} の最大溶解濃度は

$$[Zn^{2+}] = \frac{2 \times 10^{-17}}{10^{-16}} = 0.2\,(mol/L) \qquad [Al^{3+}] = \frac{10^{-32}}{10^{-24}} = 10^{-8}\,(mol/L)$$

である。Zn^{2+} は 0.2 mol/L まで存在できるのに，Al^{3+} は 10^{-8} mol/L しか存在できない。よって pH = 6 程度にすると，Zn^{2+} と Al^{3+} とを分離できる。

- H_2S は水溶液中で次の平衡をつくっている。

$$H_2S \rightleftarrows 2\,H^+ + S^{2-} \qquad K = \frac{[H^+]^2[S^{2-}]}{[H_2S]} = 10^{-21}$$

H_2S の飽和溶液では $[H_2S] = 0.1$ となることがわかっているので，$[H^+] = 0.3$ で H_2S を飽和させると $[S^{2-}] \fallingdotseq 10^{-21}$ となる。このとき，Cu^{2+}，Ni^{2+} の最大溶解濃度は

$$[Cu^{2+}] = \frac{6 \times 10^{-36}}{10^{-21}} = 6 \times 10^{-15}\,(mol/L) \qquad [Ni^{2+}] = \frac{2 \times 10^{-21}}{10^{-21}} = 2\,(mol/L)$$

である。Cu^{2+} は 6×10^{-15} mol/L しか存在できないのに，Ni^{2+} なら 2 mol/L まで存在できる。したがってこの条件（強酸性，H_2S を飽和）で Cu^{2+} と Ni^{2+} を分離させることができるのである。

このように，一般に難溶性の塩 M_mN_n の沈殿平衡 $M_mN_n(固) \rightleftarrows m\,M^{a+} + n\,N^{b-}\,(am = bn)$ では $[M^{a+}]^m[N^{b-}]^n = K_{sp}$（定数：溶解度積という）が成立するが，この K_{sp} の値は金属によって異なっているため，N^{b-} が弱酸由来のイオンであるときは，pH を調節して $[N^{b-}]$ を変化させると，イオンを分離させることができる。（☞ 下 p.56）

(2) **操作③で HNO_3 を加える理由**

操作②で Fe^{3+} と H_2S が混ざると

$$\underset{(s)\,還元剤}{2\,Fe^{3+}} + \underset{(w)\,還元剤}{H_2S} \longrightarrow 2\,Fe^{2+} + (S + 2\,H^+) \qquad \begin{pmatrix} s:stronger \\ w:weaker \end{pmatrix}$$

の反応が起こる。これは H_2S が Fe^{2+} より強い還元剤（☞ 上 p.196）であるからである。操作②のろ液から Fe^{3+} を $Fe(OH)_3$ として沈殿させるためには，H_2S を追い出してから HNO_3，Br_2，H_2O_2 のような酸化剤を加え，$Fe^{2+} \longrightarrow Fe^{3+}$ にする必要がある。

ロ 再溶解後の確認などに使われる沈殿反応

　　　　　　　　　　確認に使われる主なイオン
(1) CrO_4^{2-}　　　Ag^+（赤褐沈），Pb^{2+}（黄沈）
(2) SO_4^{2-}　　　Ba^{2+}，Ca^{2+}，Pb^{2+}（いずれも白沈）
(3) CO_3^{2-}　　　Ca^{2+}，Ba^{2+}（いずれも白沈）
(4) $[Fe(CN)_6]^{4-}$　Fe^{3+}（濃青沈），Cu^{2+}（赤褐沈）
(5) $[Fe(CN)_6]^{3-}$　Fe^{2+}（濃青沈）
(6) OH^-　　　　　イオン化列で Mg 以下の金属イオン（$Cu(OH)_2$ 青白，Ag_2O 黒褐）

② 再溶解

イ 溶解度の比較的大きな沈殿は熱湯を何度か通すと溶出する。

・AgCl と $PbCl_2$ の混合した沈殿から熱湯で $PbCl_2$ を溶出させる。

$$\begin{pmatrix} PbCl_2 : 25℃ & 1.1 & (g/dL) \\ 100℃ & 3.3 & (g/dL) \\ AgCl : 1.4 \times 10^{-4} & & (g/dL) \end{pmatrix}$$

ロ 陽イオンを錯イオンにして減少させ，沈殿平衡を移動させて溶かす。

$$MX(固) \rightleftarrows M^{n+} + X^{n-}$$
$$\downarrow L$$
$$錯イオン$$

・NH_3……1価，2価の d ブロック元素イオン（ただし CuS は溶かせない）
　Ag_2O，AgCl，$Zn(OH)_2$，$Cu(OH)_2$

・OH^-（強塩基性，NH_3 ではダメ）……両性元素イオン
　$Al(OH)_3$，$Zn(OH)_2$，$Sn(OH)_4$，$Pb(OH)_2$

・$S_2O_3^{2-}$……Ag^+ の沈殿（ただし，Ag_2S は溶かせない）
　AgCl，Ag_2O

ハ H^+ を増して弱酸由来のイオンを減少させ，沈殿平衡を移動させて溶かす。

$$MX(固) \rightleftarrows M^{n+} + X^{n-}$$
$$\downarrow H^+$$
$$H_nX$$

・$CaCO_3$ へ HCl または CO_2 を加えて溶かす。
　$CaCO_3 + H_2O + CO_2 \longrightarrow Ca^{2+} + 2HCO_3^-$

・FeS へ HCl を加える。
　$FeS + 2H^+ \longrightarrow Fe^{2+} + H_2S\uparrow$

ニ 陰イオンを不可逆的に別の物質に変化させることによって沈殿平衡を移動させて溶かす。

・CuS，PbS の再溶解の唯一の方法。
$$CuS \rightleftarrows Cu^{2+} + S^{2-}$$
$$\downarrow HNO_3$$
$$S$$

③ 炎色反応

沈殿が生成しにくいイオンは，炎色反応などで存在を確かめる。

　　リ　アカー　無き K 村　馬力で　勝とうと　努力する　もくれない
　　Li　赤　　Na 黄　K 紫　Ba 緑　　Ca 橙　　Cu 緑　　Sr　　紅

注）Ca^{2+}，Ba^{2+}，Cu^{2+} は沈殿反応などでも検出できる。

5 陰イオンの検出

陰イオンを検出する方法は、もちろん ①適切な陽イオンで沈殿させて色を見る方法 が基本である。しかし、②陰イオンを完全に別の物質に替えてみる方法 もよく使われる。

① 沈殿させる方法

(イ) Ag^+

$Cl^- + Ag^+ \longrightarrow AgCl\downarrow$ (白) ⎫　　　溶ける
$Br^- + Ag^+ \longrightarrow AgBr\downarrow$ (淡黄) ⎬ $\xrightarrow{NH_3}$ やや溶ける
$I^- + Ag^+ \longrightarrow AgI\downarrow$ (黄) ⎭　　　溶けない

AgCl, AgBr, AgI は感光性があり光を当てると分解して銀が生じ黒変する。

(ロ) Ba^{2+}

$SO_4^{2-} + Ba^{2+} \longrightarrow BaSO_4\downarrow$ (白) ⎫　　　溶けない
$CO_3^{2-} + Ba^{2+} \longrightarrow BaCO_3\downarrow$ (白) ⎬ $\xrightarrow{H^+}$ 溶ける、気体発生
$C_2O_4^{2-} + Ba^{2+} \longrightarrow BaC_2O_4\downarrow$ (白) ⎭　　　溶ける

② 変化させる

(イ) H^+

$CO_3^{2-} + 2H^+ \longrightarrow CO_2 + H_2O$

$2CrO_4^{2-}$ (黄) $+ 2H^+ \longrightarrow Cr_2O_7^{2-}$ (橙) $+ H_2O$ (☞ 下 p.95)

(ロ) OH^-

$Cr_2O_7^{2-}$ (橙) $+ 2OH^- \longrightarrow 2CrO_4^{2-}$ (黄) $+ H_2O$ (☞ 下 p.95)

(ハ) 酸化する

$2I^- \longrightarrow I_2 \xrightarrow{デンプン} 青色$ (☞ 下 p.220)

$2Br^- \longrightarrow Br_2$ (赤褐)

$SO_3^{2-} \longrightarrow SO_4^{2-} \xrightarrow{Ba^{2+}} BaSO_4\downarrow$ (白)

(ニ) 還元する

MnO_4^- (赤紫) $\longrightarrow Mn^{2+}$ (淡紅)

$Cr_2O_7^{2-}$ (橙) $\longrightarrow 2Cr^{3+}$ (緑)

索　　引

(あ)

亜塩素酸($HClO_2$)……173, 178
亜硝酸(HNO_2)………174, 177
アセチレン(C_2H_2)……
　　　　　　　199, 200, 201
アボガドロ………………………8
アボガドロ数……………………17
アボガドロの分子説……………7
アボガドロの法則………………77
亜硫酸……………………174, 177
アルコールとエーテル…………70
アルデヒドなどの沸点…………68
アレニウスの定義……………113
アンモニア(NH_3)……198～202

(い)

イオン化エネルギー………28, 30
イオン化傾向…………166, 171
イオン結合………………………39
イオン結晶の性質………………55
イオン半径………………………33
イオン半径と構造………………53
イオン反応式……………………14
イオン量…………………………16
一酸化炭素(CO)……
　　　　　　　199, 200, 202
一酸化窒素(NO)……
　　　　　　　199, 200, 202
陰イオンの検出………………209
陰性元素…………………………32

(え)

液体………………………………74
s 軌道……………………………23
sp^3 混成軌道……………59, 61
sp^2 混成軌道……………60, 63
sp 混成軌道………………60, 64
エチレン(C_2H_4)……
　　　　　　　199, 200, 202
エチレンジアミン四酢酸……
　　　　　　　　　　　　159
エネルギー準位…………………24
塩………………………………114
塩化水素…………199, 200, 202
塩基………………………113, 114
炎色反応………………………208
延性………………………………52
塩析……………………………111
塩素(Cl_2)……
　　197, 198, 199, 200～202
塩素酸($HClO_3$)………173, 178

(お)

塩素酸カリウム($KClO_3$)……188
塩の液性…………………129～131
塩の加水分解…………………130

(お)

オゾン(O_3)……………199～202
オルトケイ酸……………177, 178
オルトリン酸……………177, 178
温度…………………………52, 78

(か)

会合コロイド…………………107
会合度…………………………104
界面……………………………112
界面活性剤……………………112
解離度…………………………104
過塩素酸($HClO_4$)……
　　　　　　　173, 177, 178
化学式……………………………12
化学反応式………………………13
過酸化水素(H_2O_2)…………188
過リン酸石灰…………………155
簡易構造式………………………12
還元……………………138, 139
還元剤…………………………143

(き)

気液平衡………………………75, 89
希硝酸(HNO_3)………………168
気固平衡…………………………75
ギ酸………………………177, 178
気体………………………………74
気体の検出反応………201, 202
気体の生成反応………198～200
気体の法則の使い方……………79
気体反応の法則…………………7
吸着……………………………112
凝固点降下……………100～102
凝析……………………………110
共有結合…………………………37
共有結合半径……………………34
金属結合…………………………38
金属元素…………………………44
金属光沢…………………………52
(金属単体と)O_2との反応……
　　　　　　　　　　　　170
(金属単体と)金属イオンとの
　　反応……………………167
(金属単体と)酸との反応……168
(金属単体と)水との反応……169
金属単体の反応性……………166

(金属)単体への還元…………170

(け)

系統分析の主系列……………206
ゲーリュサック……………7, 76
結合酸素数と(水酸化物の)酸
　性度……………………173, 174
(結合の)方向性…………………49
結晶構造の見方…………………47
限外顕微鏡……………………108
原子…………………………6, 21
原子核……………………………21
原子説……………………………6
原子の大きさ……………………33
(原子の)質量……………………21
原子番号…………………………22
原子量………………………8, 15
原子量と質量数…………………21

(こ)

格子エネルギー…………………55
構造式……………………………12
固液平衡…………………………75
固体………………………………75
コロイド溶液…………………105
コロイド粒子…………………106
混成軌道………………59～65, 157

(さ)

最密構造……………………50, 51
再溶解…………………………208
錯イオン………………………156
錯イオン生成反応……
　　　　　　　156, 160, 182
錯塩……………………………114
錯化合物の色………………162, 163
サリチル酸………………………71
酸…………………………113, 114
酸塩基反応………………115, 193
酸化……………………………137～140
酸化還元滴定…………………151
酸化還元反応…………
　　　137～151, 183, 188, 192
酸化還元反応式………………145
酸化剤…………………………143
酸化数…………………………139
酸化数の定め方………………141
酸化物……………………46, 175
三重点……………………………75
酸素(O_2)………198, 199, 200, 202

(し)

次亜塩素酸(HClO) …… 172, 173, 177
式量 …… 16
σ結合 …… 60
指示薬 …… 133
示性式 …… 12
実験式 …… 12
実在気体 …… 82
実在気体を理想気体に近づける条件 …… 82
質量数 …… 21
質量百分率(%) …… 94
質量保存則 …… 5
質量モル濃度 …… 94
シャルルの法則 …… 76
周期 …… 27
周期表 …… 27
自由電子 …… 38
充填率 …… 51
昇華圧曲線 …… 75
昇華エネルギー …… 166
蒸気圧 …… 89, 90
蒸気圧曲線 …… 75
硝酸(HNO_3) …… 168, 177, 197, 198
状態図 …… 75
状態方程式 …… 82
蒸発 …… 91
親水コロイド …… 107, 111
浸透圧 …… 100〜102

(す)

水酸化物 …… 45, 173
水素(H_2) …… 199, 200, 202
水素イオン濃度($[H^+]$) …… 121〜129
水素化合物 …… 46, 70, 179
水素結合 …… 69〜72

(そ)

疎水コロイド …… 107, 111
組成式 …… 12

(た)

体心立方格子 …… 51
単塩 …… 114
(炭化水素の)沸点 …… 68
炭酸 …… 177
炭酸カルシウム($CaCO_3$) …… 187
炭酸水素ナトリウム($NaHCO_3$) …… 136, 187
炭酸ナトリウム(Na_2CO_3) …… 136
炭酸マグネシウム($MgCO_3$) …… 187

単体 …… 44, 165〜172

(ち)

窒素(N_2) …… 186, 198, 200, 202
中性 …… 122
中性子 …… 21
中和反応 …… 119, 181
チンダル現象 …… 108
沈殿生成反応 …… 152, 181
沈殿反応式の組立て方 …… 155

(て)

定比例(の法則) …… 5
滴定曲線 …… 133
テルミット法 …… 167
電解質 …… 113
電気陰性度 …… 40〜43
電気泳動 …… 109
電気伝導性 …… 52
電子殻の構造 …… 23
電子親和力 …… 28, 31
電子対 …… 37
電子の充填順序 …… 24
電子配置 …… 22〜26
電子配置表 …… 25, 26
展性 …… 52
電離定数 …… 117
電離度 …… 117

(と)

同位体 …… 22
透析 …… 108
当量 …… 15, 16
ドルトン …… 6
ドルトンの分圧の法則 …… 80

(に)

二酸化硫黄(SO_2) …… 198〜202
二酸化炭素(CO_2) …… 198, 200〜202
二酸化窒素(NO_2) …… 199, 200, 202
二酸化マンガン(MnO_2) …… 197, 198
乳化 …… 112

(ね)

熱伝導性 …… 52

(の)

濃硝酸(HNO_3) …… 168
濃度 …… 94
濃度間の換算 …… 95

(は)

配位結合 …… 37, 158

配位子 …… 156, 158
配位子交換反応 …… 160
配位数 …… 48, 50, 158
π結合 …… 60
倍数比例(の法則) …… 7
ハロゲン化物 …… 46
半導体 …… 44
半反応式 …… 145〜148

(ひ)

p軌道 …… 23
非金属 …… 44
非金属元素 …… 44, 171
非金属単体と陰イオンとの反応 …… 171
非金属単体と水との反応 …… 171
非金属単体の構造(まとめ) …… 172
非金属単体の生成 …… 172
非金属単体の反応性 …… 171
標準溶液 …… 135

(ふ)

ファンデルワールス半径 …… 34
ファンデルワールス力 …… 66
複塩 …… 114
フッ化水素(HF) …… 46, 191, 198
フッ素(F_2) …… 199
沸点 …… 68, 70, 91, 100, 101
沸点上昇 …… 100, 102
沸騰 …… 91, 100
不動態 …… 168
フマル酸 …… 71
ブラウン運動 …… 109
プルースト …… 5
ブレンステッド・ローリーの定義 …… 115
分圧 …… 80
分解反応 …… 186〜188
分散コロイド …… 107
分子間力 …… 66
分子コロイド …… 106
分子式 …… 12
分子説 …… 7
分子量 …… 16

(へ)

平均分子量 …… 104
pH …… 121
ヘンリーの法則 …… 98

(ほ)

ボイル・シャルルの法則 …… 79
ボイルの法則 …… 76, 79
ホウ酸 …… 177
放射性同位体 …… 22

(は)

保護コロイド……………112
ポーリング………………42

(ま)

マリケン…………………41
マレイン酸………………71

(み)

水の電離定数……………121

(め)

メタケイ酸…………177, 178
メタリン酸………………177
メタン(CH_4)……194, 199, 200
面心立方格子……………51

(も)

モル………………………17
モル沸点上昇……………101
モル分率…………………94

(ゆ)

有色錯イオンの色………163
融点………………45, 68, 73

(よ)

陽イオン分析………206〜208
溶液………………92〜112
溶解………………………92
溶解度……………96〜99
溶解度積………………152, 207
溶解平衡………………96, 97
陽子………………………21
溶質………………………92
陽性元素…………………32
溶媒………………………92
容量モル濃度……………94

(ら)

ラボアジェ………………5

(り)

理想気体………………76, 82
理想気体と実在気体………82
理想気体の状態方程式……78
立方最密(充填)構造………51
硫化水素(H_2S)……
　　　　　190, 198, 200〜202
硫酸銅……………………187
両性元素…………………203
両性元素単体の反応……204
両性酸化物の反応………204
両性水酸化物の反応……203

(れ)

冷却曲線…………………102

(ろ)

六方最密構造……………51

(A)

- Ag^+ ··················· 209
- AgBr ················ 153, 163
- AgCl ············ 155, 163, 207
- AgF ······················ 153
- AgI ················· 153, 163
- $[Ag(NH_3)_2]^+$ ········ 157〜159
- Ag_2O ··············· 163, 176
- $[Ag(S_2O_3)_2]^{3-}$ ······· 158, 159
- Al ················· 203〜205
- Al^{3+} ···················· 207
- Al_2O_3 ··········· 176, 187, 203
- $Al(OH)_3$ ····· 163, 176, 187, 203

(B)

- Ba^{2+} ··················· 206
- BaO ····················· 176
- $Ba(OH)_2$ ················ 176
- Br_2 ·············· 144, 171, 172

(C)

- Ca ······················ 169
- Ca^{2+} ··················· 206
- $CaCl_2$ ··················· 187
- $CaCl_2 \cdot 6H_2O$ ············ 187
- $CaCO_3$ ·················· 187
- $Ca(H_2PO_4)_2$ ············· 155
- CaO ····················· 176
- $Ca(OH)_2$ ················ 176
- $Ca_3(PO_4)_2$ ··············· 155
- CH_4 ················ 61, 199, 200
- C_2H_2 ············· 64, 200〜202
- C_2H_4 ············· 63, 199, 202
- Cl^- による沈殿 ············ 154
- Cl_2 ······ 143, 144, 147, 171, 199, 201, 202
- CO ················ 144, 199, 202
- Co^{2+} ··················· 206
- CO_2 ·············· 198, 200, 201
- $C_2O_4^{2-}$ ················· 148
- CO_3^{2-} による沈殿 ··········· 154
- $[Co(NH_3)_6]^{3+}$ ······· 65, 157, 158
- $(COOH)_2$ ················ 144
- CrO_4^{2-} ··············· 163, 209
- Cr_2O_3 ················ 167, 203
- $Cr_2O_7^{2-}$ ········ 144, 147, 163, 209
- $Cr(OH)_2$ ················ 174
- $Cr(OH)_3$ ··············· 163, 203
- Cu ··················· 166, 167
- Cu^{2+} ··················· 206
- $[Cu(NH_3)_4]^{2+}$ ······ 65, 158, 159, 163
- CuO ····················· 163
- Cu_2O ··················· 163
- $Cu(OH)_2$ ················ 163
- $CuSO_4$ ··················· 187
- $CuSO_4 \cdot 5H_2O$ ············ 187

(F)

- F_2 ·············· 144, 171, 199
- Fe^{2+} ················ 144, 206
- Fe^{3+} ··················· 206
- $[Fe(CN)_6]^{3-}$ ······ 158, 159, 163, 208
- $[Fe(CN)_6]^{4-}$ ······ 157〜159, 208
- FeO ················ 163, 176
- Fe_2O_3 ············ 163, 167, 176
- Fe_3O_4 ················ 163, 169
- $Fe(OH)_2$ ··············· 163, 176
- $Fe(OH)_3$ ··············· 163, 176
- $[Fe(SCN)_6]^{3-}$ ············ 159

(H)

- H_2 ·············· 148, 199, 202
- H_3BO_3 ·················· 177
- HBr ····················· 179
- HCl ·············· 198〜200, 202
- HClO ················ 173, 177
- $HClO_2$ ················ 173, 177
- $HClO_3$ ················ 173, 177
- $HClO_4$ ············· 173, 177, 178
- H_2CO_3 ··················· 177
- HF ············ 46, 179, 191, 198
- Hg^{2+} ··················· 206
- Hg_2^{2+} ················ 154, 206
- HgO ····················· 176
- HI ······················ 179
- HNO_2 ··················· 177
- HNO_3 ··············· 177, 188
- H_2O_2 ············ 144, 147, 148, 188
- HPO_3 ················ 177, 178
- H_3PO_4 ················ 176〜178
- H_2S ······ 65, 142, 179, 190, 198, 200〜202
- H_2SiO_3 ··············· 177, 178
- H_4SiO_4 ··············· 177, 178
- H_2SO_3 ··············· 174, 177
- H_2SO_4 ············· 142, 174, 177

(I)

- I^- ·················· 144, 209
- I_2 ··················· 144, 171

(K)

- K^+ ····················· 206
- $KClO_3$ ··················· 188
- $K_4[Fe(CN)_6]$ ············· 142
- KH ····················· 179
- KI ······················ 143
- $KMnO_4$ ··················· 142
- K_2O ····················· 176
- KOH ···················· 176

(L)

- LiH ····················· 179

(M)

- Mg ····················· 166
- Mg^{2+} ··················· 206
- $MgCO_3$ ·············· 186, 187
- MgO ················ 176, 187
- $Mg(OH)_2$ ············· 176, 187
- Mn^{2+} ··················· 206
- MnO_2 ····· 144, 147, 163, 187, 197
- MnO_4^- ····· 62, 144, 147, 163, 209
- $Mn(OH)_2$ ················ 174

(N)

- N_2 ············· 187, 200, 202
- Na ··············· 143, 144, 166
- Na^+ ····················· 206
- NaCl ···················· 190
- Na_2CO_3 ················· 136
- $Na_2C_2O_4$ ················· 149
- NaH ················ 179, 188
- $NaHCO_3$ ·············· 136, 187
- Na_2O ················ 165, 176
- NaOH ················ 165, 176
- Na_2SiO_3 ················· 192
- $Na_2S_2O_3$ ················· 149
- NH_3 ················ 199〜202
- NH_4^+ ···················· 62
- NH_4NO_2 ················· 187
- Ni ······················ 166
- Ni^{2+} ··················· 206
- NiO ····················· 176
- $Ni(OH)_2$ ················ 176
- NO ················ 199, 200, 202
- NO_2 ·············· 199, 200, 202
- NO_3^- ············· 144, 147, 209

(O)

- O_2 ············· 198〜200, 202
- O_3 ······ 144, 146, 147, 199, 200, 202
- OH^- による沈殿 ············· 154

(P)

- Pb ··················· 168, 203
- Pb^{2+} ··················· 206
- $PbCl_2$ ··················· 155
- $PbCrO_4$ ·················· 163
- PbO ················ 176, 203
- $Pb(OH)_2$ ·············· 176, 203

(S)

- S^{2-} ················· 144, 148
- Sn ··················· 176, 203
- Sn^{2+} ··················· 206

SnO ·················· 176, 203
Sn(OH)$_2$ ············ 176, 203
SO$_2$ ········· 143, 148, 198〜202
SO$_3^{2-}$ ················· 143, 148
SO$_4^{2-}$ ········ 62, 144, 148, 208
S$_2$O$_3^{2-}$ ················· 144, 148

SO$_4^{2-}$による沈殿 ············ 154
Sr^{2+} ························ 206

(**Z**)

Zn ·················· 166, 203
Zn^{2+} ······················ 206

[Zn(CN)$_4$]$^{2-}$ ················ 160
[Zn(NH$_3$)$_4$]$^{2+}$ ······· 62, 158, 159
ZnO ·················· 176, 203
Zn(OH)$_2$ ············ 176, 203
[Zn(OH)$_4$]$^{2-}$ ··········· 158, 159

MEMO

新理系の化学(上)　四訂版

著　者	石川　正明
発行者	冨田　豊
印　刷 製　本	株式会社日本制作センター

発　行　所　駿台文庫株式会社
〒101-0062　東京都千代田区神田駿河台1-7-4
小畑ビル内
TEL. 編集 03(5259)3302
　　　販売 03(5259)3301
http://www.sundaibunko.jp
≪四訂①-232pp.≫

Ⓒ Masaaki Ishikawa 1990
落丁・乱丁がございましたら，送料小社負担
にてお取り替えいたします。
ISBN978-4-7961-1649-7　　Printed in Japan

http://www.sundaibunko.jp
駿台文庫携帯サイトはこちらです→
http://www.sundaibunko.jp/mobile

1個の原子の世界

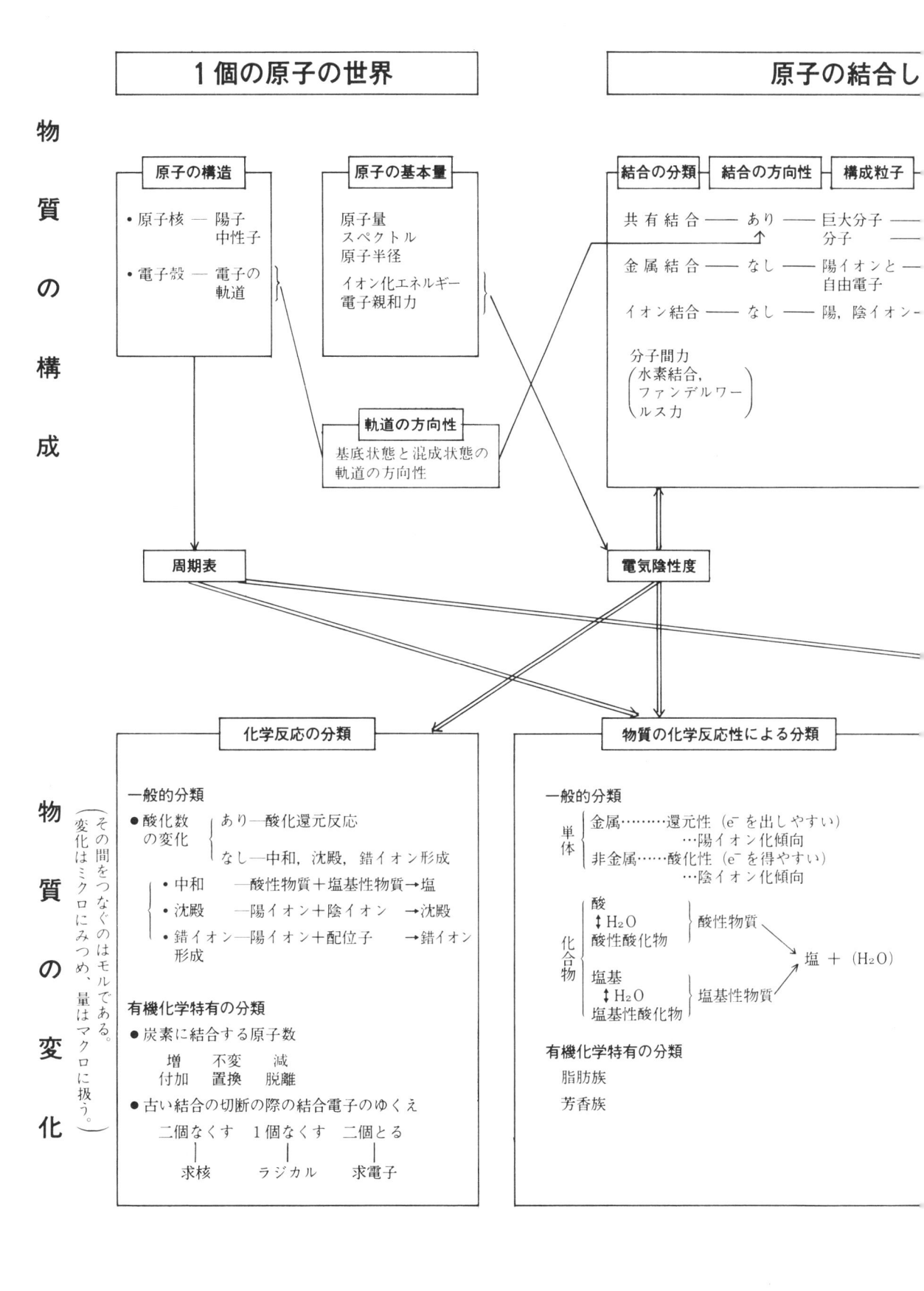

原子の結合し

物質の構成

原子の構造
- 原子核 ― 陽子
  中性子
- 電子殻 ― 電子の軌道

原子の基本量
原子量
スペクトル
原子半径
イオン化エネルギー
電子親和力

軌道の方向性
基底状態と混成状態の軌道の方向性

結合の分類	結合の方向性	構成粒子
共有結合	あり	巨大分子 分子
金属結合	なし	陽イオンと自由電子
イオン結合	なし	陽, 陰イオン

分子間力
(水素結合, ファンデルワールス力)

周期表

電気陰性度

物質の変化

（その間をつなぐのはモルである。変化はミクロにみつめ、量はマクロに扱う。）

化学反応の分類

一般的分類
- 酸化数の変化
  - あり―酸化還元反応
  - なし―中和, 沈殿, 錯イオン形成
  - 中和 ―酸性物質＋塩基性物質→塩
  - 沈殿 ―陽イオン＋陰イオン→沈殿
- 錯イオン―陽イオン＋配位子→錯イオン形成

有機化学特有の分類
- 炭素に結合する原子数

増	不変	減
付加	置換	脱離

- 古い結合の切断の際の結合電子のゆくえ

二個なくす	1個なくす	二個とる
求核	ラジカル	求電子

物質の化学反応性による分類

一般的分類
- 単体
  - 金属………還元性 (e^- を出しやすい)…陽イオン化傾向
  - 非金属……酸化性 (e^- を得やすい)…陰イオン化傾向
- 化合物
  - 酸
    $\updownarrow H_2O$
    酸性酸化物 ┐酸性物質
  - 塩基
    $\updownarrow H_2O$
    塩基性酸化物 ┘塩基性物質

  → 塩 ＋ (H_2O)

有機化学特有の分類
脂肪族
芳香族

た世界

多数の原子の集合した世界（我々の世界）

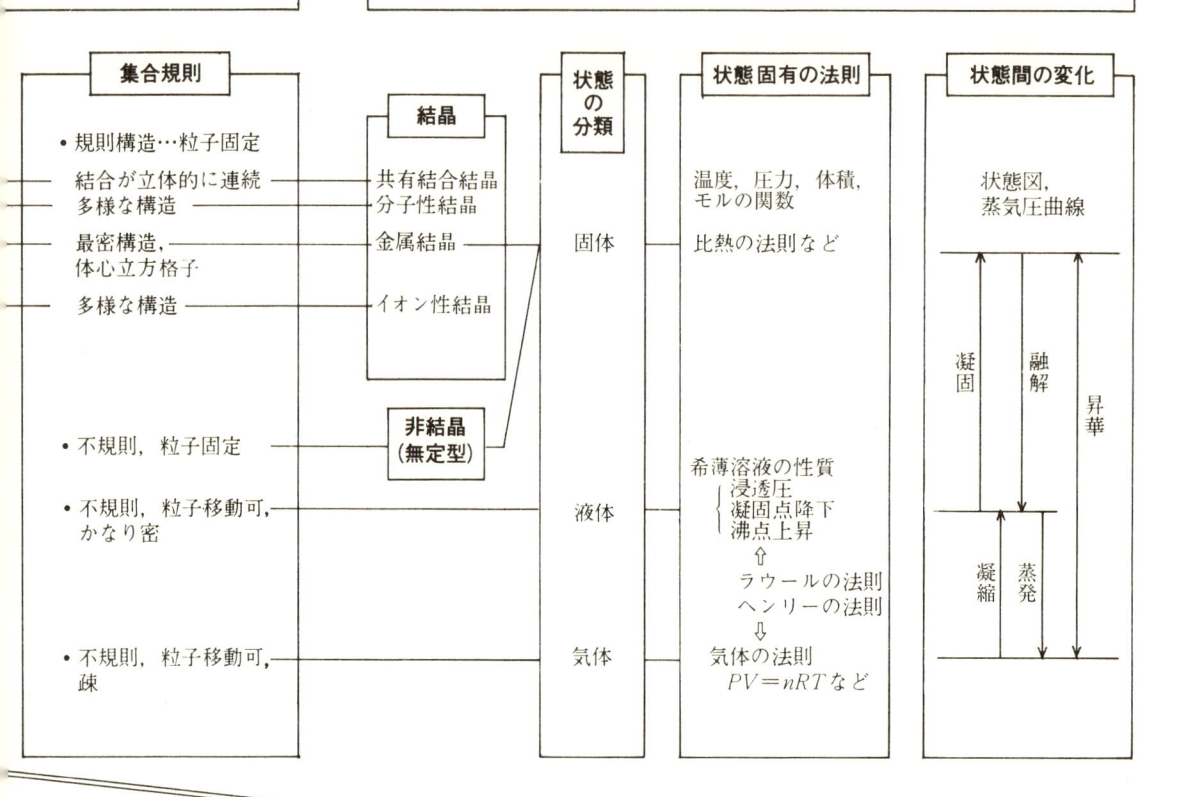

集合規則

- 規則構造…粒子固定
  - 結合が立体的に連続 → 共有結合結晶
  - 多様な構造 → 分子性結晶
  - 最密構造，体心立方格子 → 金属結晶
  - 多様な構造 → イオン性結晶

- 不規則，粒子固定 → 非結晶（無定型）

- 不規則，粒子移動可，かなり密

- 不規則，粒子移動可，疎

結晶

- 共有結合結晶
- 分子性結晶
- 金属結晶
- イオン性結晶

非結晶（無定型）

状態の分類

- 固体
- 液体
- 気体

状態固有の法則

温度，圧力，体積，モルの関数

比熱の法則 など

希薄溶液の性質
- 浸透圧
- 凝固点降下
- 沸点上昇

⇑
ラウールの法則
ヘンリーの法則
⇓

気体の法則
$PV = nRT$ など

状態間の変化

状態図，蒸気圧曲線

凝固 / 融解 / 昇華

凝縮 / 蒸発

化学反応の理論

- 熱化学……
  - 反応熱の定義
  - ヘスの法則

- 速度論……
  - 速度の定義と求め方
  - 速度定数の定義と求め方
  - 速度定数の解釈
    （温度，活性化エネルギーとの関係）
  - 反応機構と速度
    （多段階反応，素反応）
    律速段階

- 平衡論……
  - 速度と平衡の関係
  - 平衡移動の法則
  - 化学平衡の法則と平衡定数を使った計算
  - 熱力学…エネルギーと乱雑さによる反応の方向の考察

元素別反応

金属元素の単体，化合物

非金属元素の単体，化合物

化学反応の利用

酸化還元反応のエネルギーの利用
　電池，電気分解

化学工業
　塩，金属，高分子，薬品などの合成方法

化学の基礎確[立]

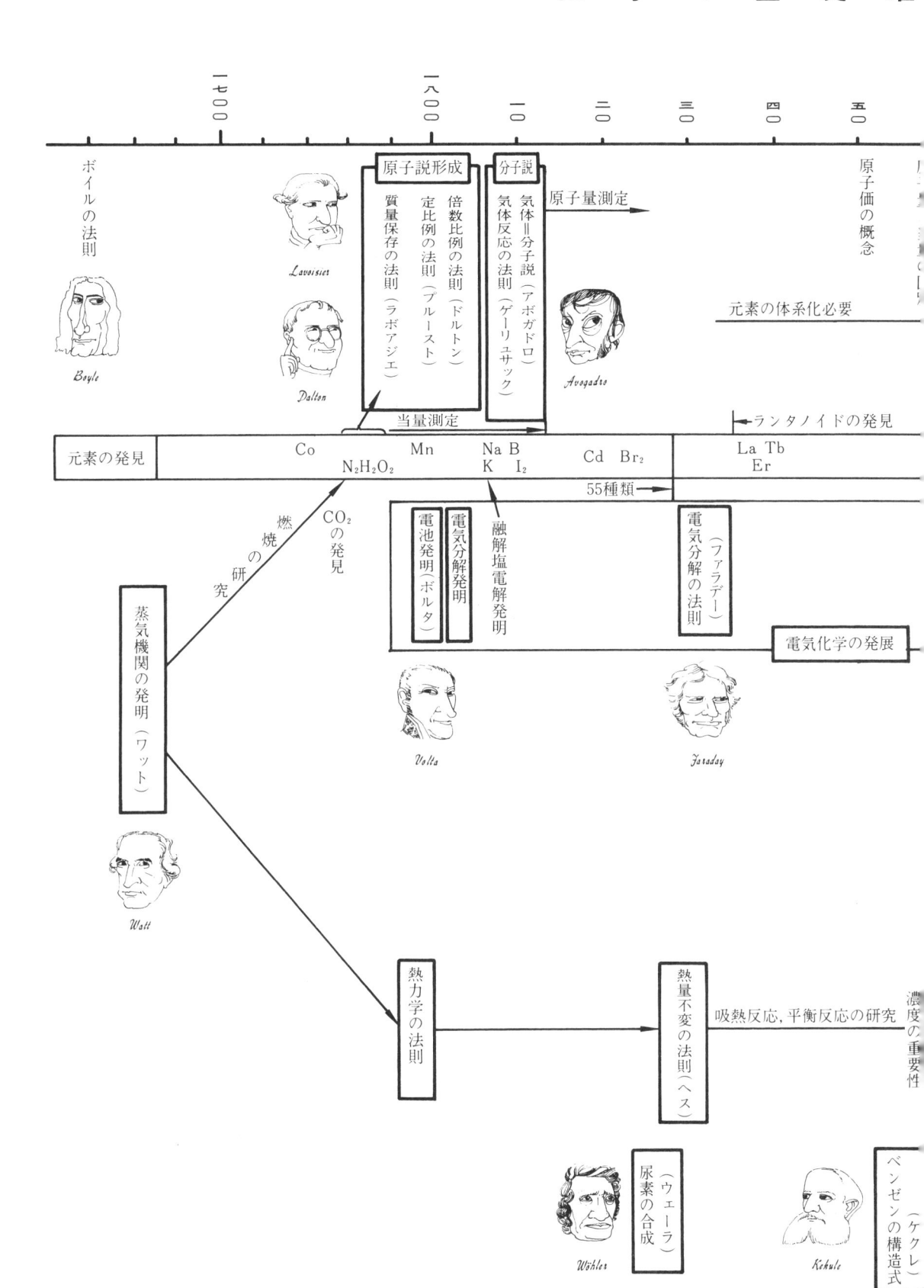

年代軸: 1700 — 1800 — 10 — 20 — 30 — 40 — 50

- ボイルの法則 (Boyle)
- 質量保存の法則（ラボアジェ）(Lavoisier)
- 原子説形成
  - 倍数比例の法則（ドルトン）(Dalton)
  - 定比例の法則（プルースト）
- 分子説
  - 気体＝分子説（アボガドロ）
  - 気体反応の法則（ゲーリュサック）(Avogadro)
- 原子量測定
- 原子価の概念
- 元素の体系化必要

当量測定

元素の発見：Co, N₂ H₂ O₂ | Mn | Na B K I₂ | Cd Br₂ | La Tb Er
→ ランタノイドの発見
55種類

- 蒸気機関の発明（ワット）(Watt)
  - 燃焼の研究
  - CO₂ の発見
- 電池発明（ボルタ）(Volta)
- 電気分解発明
- 融解塩電解発明
- 電気分解の法則（ファラデー）(Faraday)
- 電気化学の発展

- 熱力学の法則
- 熱量不変の法則（ヘス）
- 吸熱反応, 平衡反応の研究
- 濃度の重要性

- 尿素の合成（ウェーラ）(Wöhler)
- ベンゼンの構造式（ケクレ）(Kekulé)

立の歴史

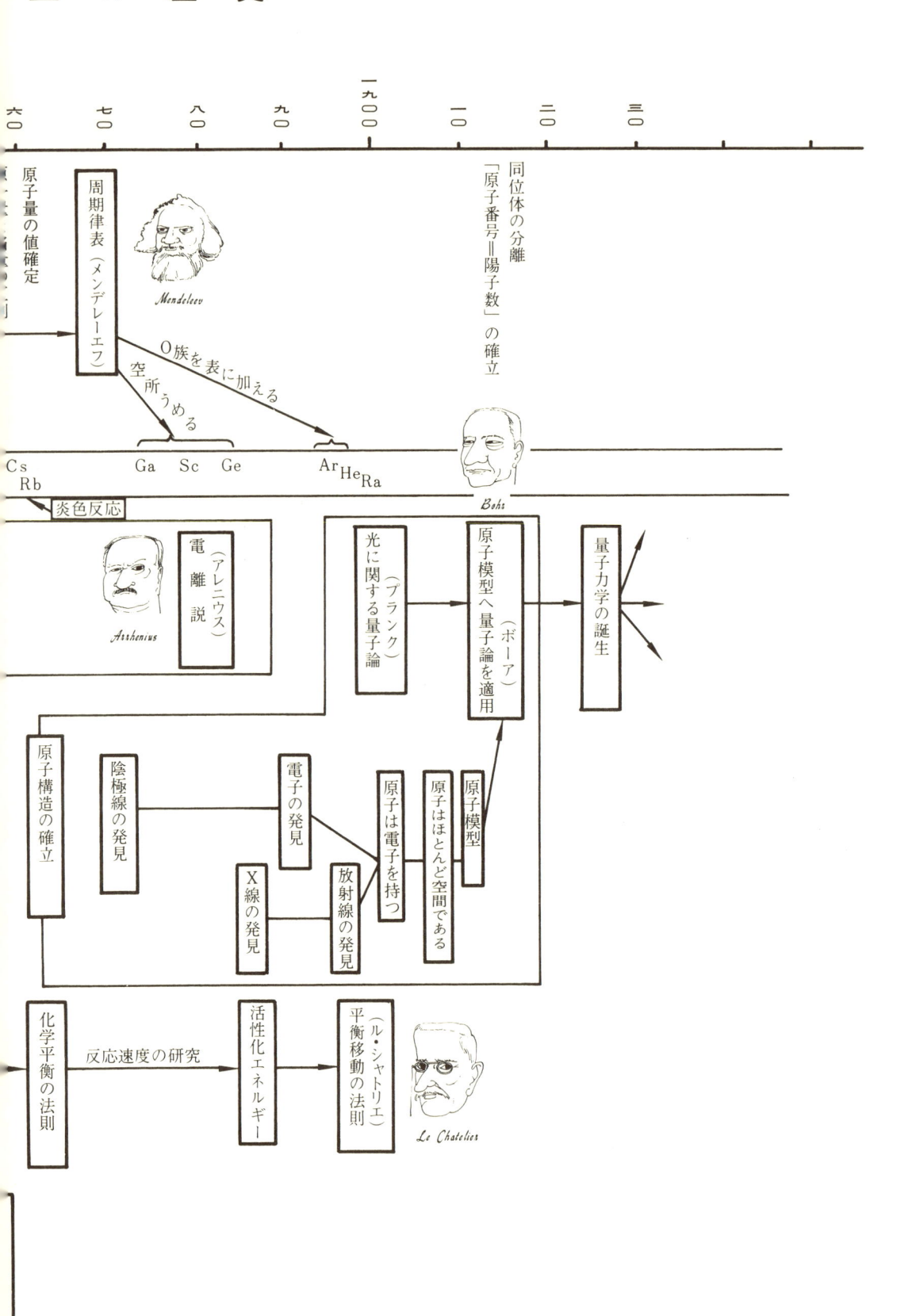

タイムライン: 一八六〇 ― 一九三〇

- 原子量の値確定
- 周期律表（メンデレーエフ）Mendeleev
  - 空所うめる → Ga, Sc, Ge
  - O族を表に加える → Ar, He, Ra
- Cs, Rb
- 炎色反応
- （アレニウス）電離説 Arrhenius
- 同位体の分離
- 「原子番号＝陽子数」の確立
- Bohr
- （プランク）光に関する量子論
- （ボーア）原子模型へ量子論を適用
- 量子力学の誕生

- 原子構造の確立
  - 陰極線の発見
  - 電子の発見
  - X線の発見
  - 放射線の発見
  - 原子は電子を持つ
  - 原子はほとんど空間である
  - 原子模型

- 化学平衡の法則 — 反応速度の研究 → 活性化エネルギー → 平衡移動の法則（ル・シャトリエ）Le Chatelier